普通高等教育信息技术类专业系列教材

Office 高级应用与 Python
综合案例教程

付 兵 蒋世华 主编

吕明辉 郑 静 张立新 刘晓明 副主编

科学出版社

北 京

内 容 简 介

　　本书将 Office 2016 高级应用与 Python 语言的入门知识相结合，通过精选案例循序渐进地剖析复杂知识。本书通俗易懂、条理清晰、详略得当，书中内容系统、全面，具有很强的知识性、实用性和可操作性。本书共 7 章，主要介绍 Word 2016、Excel 2016、PowerPoint 2016、微课制作软件 Camtasia Studio 和 Access 2016 的应用技巧，以及 Python 基础、Python 与 Office 的综合应用。各章均配有小结和习题，便于读者巩固所学知识。

　　本书可作为"Office 高级应用""数据库基础""程序设计入门"等课程的教材，同时本书较大篇幅介绍了课件设计、微视频制作，也可作为师范类学生"现代教育技术"课程的教材。

图书在版编目（CIP）数据

Office 高级应用与 Python 综合案例教程 / 付兵，蒋世华主编. —北京：科学出版社，2019.12
（普通高等教育信息技术类专业系列教材）
ISBN 978-7-03-063204-3

Ⅰ. ①O⋯　Ⅱ. ①付⋯　②蒋⋯　Ⅲ. ①办公自动化－应用软件－高等学校－教材②软件工具－程序设计－高等学校－教材　Ⅳ. ①TP317.1②TP311.561

中国版本图书馆 CIP 数据核字（2019）第 249333 号

责任编辑：戴　薇　吴超莉 / 责任校对：赵丽杰
责任印制：吕春珉 / 封面设计：东方人华平面设计部

科 学 出 版 社 出版
北京东黄城根北街 16 号
邮政编码：100717
http://www.sciencep.com

北京市京宇印刷厂 印刷
科学出版社发行　　各地新华书店经销
*
2019 年 12 月第 一 版　　开本：787×1092　1/16
2020 年 12 月第二次印刷　　印张：18 3/4
字数：442 000

定价：52.00 元
（如有印装质量问题，我社负责调换〈北京京宇〉）
销售部电话 010-62136230　编辑部电话 010-62135763-2015

前　言

"Office 高级应用与 Python 综合案例教程"是非计算机专业学生学习完"计算机基础"课程后，为提高其计算机应用能力而开设的一门课程。本书围绕高等学校培养应用型人才的教学宗旨进行编写。

在教育部高等学校非计算机专业计算机基础课程教学指导分委员会的指导下，"计算机基础"课程教学工作提倡"以应用为主线"，确定使用办公自动化软件、了解程序设计基础知识是所有大学生应具备的基本能力。《中国高等院校计算机基础教育课程体系 2014》中进一步提出"以应用能力培养为导向，完善复合型创新人才培养实践教学体系建设"的工作思路。许多高等学校将"Office 高级应用"课程纳入计算机基础教育课程体系，作为非计算机专业的公共基础课。该课程的教学目的在于通过教与学，使学生掌握办公自动化软件的高级应用，能综合运用办公自动化软件分析和解决实际问题，培养学生应用办公自动化软件处理办公事务、采集信息、进行程序设计的实际操作能力，以便日后能更好地胜任工作。

本书编者均是多年在教学一线从事计算机基础系列课程教学和教育研究的教师。在编写本书的过程中，编者将积累的教学经验和体会融入知识体系的各部分，力求知识结构合理，案例选择得当，突出以下特点：

1）精心设计不同专业的 Office 高级应用案例、Camtasia Studio 案例，将需要学习的理论知识系统地融入其中，并通过实践操作巩固提高。

2）精选适合程序设计零基础学生的 Python 基础知识。

3）通过简单的证券交易数据管理案例，用 Python 程序自动操作 Excel 和 Access，实现 Python 与 Office 的综合应用。

全书共 7 章，第 1 章以毕业论文的排版和合同、公文的制作为例，介绍 Word 文档的处理技巧，包括样式、多级列表、分页与分节、题注及交叉引用、域、页眉与页脚、目录生成、审阅与修订等；第 2 章以学生信息及成绩管理为例，介绍数据的导入、计算，以及各类图表制作技巧与数据管理等；第 3 章以毕业论文答辩演示文稿和征兵入伍演示文稿制作为例，介绍 PowerPoint 的设计原则、整体结构设计、优化设计、母版的设计、动画制作等；第 4 章以微课制作为例，介绍利用 Camtasia Studio 软件录制视频、编辑视频的方法；第 5 章以商品出入库管理数据库为例，介绍 Access 数据库设计的相关内容；第 6 章介绍 Python 语言的基础知识，包括数据运算、程序控制结构、列表、元组、字典、函数和模块等；第 7 章介绍 Python 与 Office 的综合应用。

本书将知识点与案例操作相结合，所选案例源于工作和生活实际，操作步骤详细，能够帮助学生快速实践。

本书由付兵、蒋世华担任主编，吕明辉、郑静、张立新、刘晓明担任副主编，何黎霞、熊守丽、王腾参与编写。具体分工如下：吕明辉、张立新编写第 1 章，何黎霞和熊守丽编写第 2 章，郑静编写第 3 章，蒋世华编写第 4 章，付兵编写第 5 章，刘晓明、王腾编写第 6 章，付兵、王腾编写第 7 章。付兵、蒋世华设计全书结构与整体内容，并负责统稿、定稿。

　　为便于开展教学，编者可为选用本书的教师提供课件及各案例的素材等相关教学资料，联系邮箱：fffbbb163@163.com。另外，本书有配套的实验指导书《Office 高级应用与 Python 综合案例实验指导》（付兵、吕明辉、何黎霞主编，科学出版社出版）。

　　由于 Office、Camtasia Studio 与 Python 应用范围广、发展快，本书在内容取舍与阐述上难免存在不足之处，恳请广大读者批评指正。

编　者

2019 年 8 月

目　　录

第1章　Word 2016 高级应用 ··· 1

1.1　文档排版 ·· 1
  1.1.1　排版原则 ··· 3
  1.1.2　图文混排 ··· 4
  1.1.3　页面设置 ··· 9
1.2　样式设置 ·· 10
  1.2.1　样式概述 ··· 11
  1.2.2　样式编辑 ··· 12
  1.2.3　主题 ·· 15
  1.2.4　模板 ·· 16
1.3　长文档编辑 ·· 17
  1.3.1　纲目结构 ··· 18
  1.3.2　多级列表 ··· 18
  1.3.3　分页与分节 ··· 20
  1.3.4　题注与交叉引用 ·· 22
  1.3.5　页码、页眉与页脚 ·· 25
  1.3.6　目录生成 ··· 28
  1.3.7　审阅修订 ··· 30
1.4　常用文档制作 ·· 33
  1.4.1　邀请函 ·· 33
  1.4.2　公文 ·· 37
  1.4.3　合同 ·· 41
本章小结 ·· 46
习题 ··· 46

第2章　Excel 2016 数据分析 ·· 52

2.1　数据获取与计算 ·· 52
  2.1.1　数据处理与分析基础 ··· 52
  2.1.2　数据获取 ··· 52
  2.1.3　数据计算 ··· 57
2.2　数据可视化 ·· 67
  2.2.1　图表概述 ··· 67
  2.2.2　图表组成 ··· 67

　　　2.2.3　图表类型 ·· 68

　　　2.2.4　图表制作 ·· 72

　2.3　数据管理与分析 ··· 82

　　　2.3.1　条件格式设置 ·· 83

　　　2.3.2　数据排序 ·· 87

　　　2.3.3　数据筛选 ·· 90

　　　2.3.4　分类汇总 ·· 94

　　　2.3.5　数据透视表与数据透视图 ·· 96

　本章小结 ··· 99

　习题 ··· 99

第 3 章　PowerPoint 2016 演示文稿制作 ·· 105

　3.1　演示文稿制作的构思与设计 ·· 105

　　　3.1.1　设计中常见的问题 ·· 105

　　　3.1.2　制作目的与设计原则 ·· 108

　　　3.1.3　整体结构设计 ·· 109

　　　3.1.4　优化设计 ·· 113

　3.2　报告式演示文稿制作 ··· 119

　　　3.2.1　从 Word 导入大纲文件生成演示文稿 ·· 120

　　　3.2.2　母版的设计 ··· 121

　　　3.2.3　报告式演示文稿的内容 ·· 125

　　　3.2.4　报告式演示文稿的动画 ·· 133

　　　3.2.5　报告式演示文稿的放映 ·· 135

　3.3　宣传广告演示文稿制作 ·· 135

　　　3.3.1　宣传广告演示文稿的内容 ··· 135

　　　3.3.2　宣传广告演示文稿的动画 ··· 140

　　　3.3.3　宣传广告演示文稿的放映 ··· 143

　本章小结 ··· 146

　习题 ··· 147

第 4 章　Camtasia Studio 微课制作软件 ··· 152

　4.1　Camtasia Studio 软件介绍 ··· 152

　　　4.1.1　下载与安装 ··· 152

　　　4.1.2　软件界面 ··· 153

　　　4.1.3　项目与文件格式 ··· 154

　4.2　录制视频 ·· 154

　　　4.2.1　录制屏幕和摄像头 ·· 154

　　　4.2.2　录制 PowerPoint 文件 ·· 158

4.3 编辑视频 ···158
　　4.3.1 媒体箱和库 ···159
　　4.3.2 时间轴 ···159
　　4.3.3 画布与播放面板 ···161
　　4.3.4 视觉效果 ···162
　　4.3.5 指针效果 ···165
　　4.3.6 注释 ···166
　　4.3.7 动画效果 ···168
　　4.3.8 音频处理 ···175
　　4.3.9 画中画 ···177
　　4.3.10 片头与片尾 ··177
　　4.3.11 字幕 ··179
　　4.3.12 标记与测验 ··183
4.4 分享视频 ··185
本章小结 ··185
习题 ··185

第 5 章 Access 2016 基础 ···187
5.1 数据库概述 ··187
　　5.1.1 关系型数据库 ··187
　　5.1.2 Access 2016 介绍 ···188
5.2 数据库设计 ··191
5.3 表 ··193
　　5.3.1 表的结构 ···193
　　5.3.2 数据类型 ···193
　　5.3.3 创建表 ···194
　　5.3.4 表间关联 ···196
　　5.3.5 表数据输入 ···197
5.4 查询 ··200
　　5.4.1 创建查询 ···201
　　5.4.2 计算查询 ···203
　　5.4.3 参数查询 ···205
　　5.4.4 操作查询 ···206
　　5.4.5 SQL 查询 ··207
5.5 窗体 ··210
　　5.5.1 窗体创建 ···210
　　5.5.2 命令按钮 ···212

5.6 报表 ··· 213
  5.6.1 报表结构 ··· 213
  5.6.2 报表向导创建报表 ·· 214
  5.6.3 报表设计器 ··· 217
5.7 宏 ·· 218
  5.7.1 独立宏 ·· 218
  5.7.2 嵌入宏 ·· 220
本章小结 ··· 221
习题 ·· 222

第 6 章 Python 基础 ·· 224

6.1 数据运算 ·· 224
  6.1.1 变量与常量 ·· 224
  6.1.2 基本数据类型 ·· 224
  6.1.3 操作符 ·· 226
6.2 程序控制结构 ··· 229
  6.2.1 顺序结构 ··· 229
  6.2.2 选择结构 ··· 229
  6.2.3 循环结构 ··· 233
6.3 列表、元组和字典 ·· 236
  6.3.1 列表 ··· 236
  6.3.2 元组 ··· 238
  6.3.3 字典 ··· 240
6.4 函数和模块 ··· 242
  6.4.1 函数的概念 ·· 242
  6.4.2 函数的定义 ·· 242
  6.4.3 函数的使用 ·· 246
  6.4.4 模块的概念 ·· 248
  6.4.5 模块的导入 ·· 249
本章小结 ··· 250
习题 ·· 251

第 7 章 Python 与 Office 的综合应用 ·· 254

7.1 Python 文件操作与扩展库 ·· 254
  7.1.1 Anaconda 环境 ··· 254
  7.1.2 PyCharm 的安装与使用 ··· 256
  7.1.3 文件的读写 ·· 258
  7.1.4 科学计算库 NumPy ·· 260

7.2　Python 面向对象程序设计 ···261
　　7.2.1　声明类 ··262
　　7.2.2　对象的创建与构造方法 ···262
　　7.2.3　访问限制 ···263
　　7.2.4　封装 ··265
　　7.2.5　继承 ··267
　　7.2.6　多态 ··268
7.3　Python 与 Excel 综合应用 ···269
　　7.3.1　DataFrame ··269
　　7.3.2　Python 读写 Excel 文件 ···272
7.4　Python 与 Access 综合应用 ··276
　　7.4.1　ODBC 简介与设置 ···276
　　7.4.2　Python 操作 Access 数据库 ···277
　　7.4.3　Python 与 Access 的综合应用案例 ·····································279
本章小结 ··285
习题 ···285

参考文献 ···288

第1章
Word 2016 高级应用

与之前的版本相比，Word 2016 为用户提供了更为丰富的编辑和排版功能，布局更为合理，不但可以帮助用户制作各种类型的文档，而且可以提高工作效率和用户体验，是人们日常办公的得力助手。

本章将以毕业论文、邀请函、公文、合同的编辑排版为例，介绍 Word 2016 排版的高级应用技巧。通过本章的学习，学生可以掌握固定版式长文档、固定版式短文档及批量文档的处理技巧。

1.1 文档排版

在工作与生活中，人们经常需要对公文、信函、投标书、合同、策划书等文档进行印制，在印制前应对文档内容进行编辑和排版。所谓排版，是指在固定的版面空间里，将文档内容按照构成元素（文本、图形、图片、表格等）进行设计，把构思与形式直观展现在版面上，使之符合人们的审美要求。通过 Word 2016 提供的图文处理功能，可以很方便地进行操作，从而高效、便捷地制作出优秀的作品。

通常情况下，文档可以按类型进行分类。在计算机联网的情况下，使用"文件"｜"新建"命令，可以看到联机提供的各种类型文档的模板。根据篇幅可以将文档分为长文档和短文档。长文档是指篇幅比较长的文档，一般包括封面、序（或摘要）、目录、正文、附录、参考文献等，如书稿、毕业论文等；而短文档的内容较少、形式多样，其组成不像长文档一样有固定的几个部分，如邀请函、宣传单等。

根据操作要求的不同，这里将文档分为固定版式文档、自由版式文档和统一版式文档等。

1. 固定版式文档

固定版式文档是指对排版布局有格式限制和约束的文档，包括对文档标题、正文、页眉、页脚等有标准的格式要求，如公文（图 1-1）、毕业论文等。

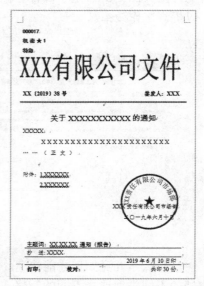

图 1-1　公文示例

2．自由版式文档

自由版式文档是布局不受格式限制和约束的文档，如宣传单、电子板报（图 1-2）等，主要依据文档的主题进行内容选择，将各种元素在页面上合理布局，达到良好的表现效果。

图 1-2　电子板报

3．统一版式文档

统一版式文档指内容框架固定、排版布局完全相同的文档，如利用邮件合并批量生成的信函（图 1-3）、电子邮件、标签、信封等。邮件合并操作主要进行文档的批量处理，可以提高工作效率。

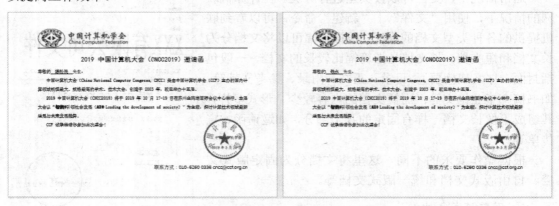

图 1-3　批量生成邀请函

那么，究竟如何才能快速、高效地制作出符合要求的文档呢？简单来说，可以根据文档的不同类型选择不同的策略，应用不同的技巧，多归纳总结，多学习，这样日积月累，才能制作出精美的文档。

一般来说，固定版式文档的编排需要根据文档类型和具体格式要求进行，基本上没有自由发挥的空间。

自由版式文档的编排可以根据主题确定基调。例如，严肃型主题的文档排版格式不宜花哨，而趣味性、娱乐性较强的文档，其版面设计可以灵活处理，如科技类、环保类主题可以使用蓝色、绿色为基调，金融类主题可以使用红色、金色为基调。这类文档可以根据所处的行业和背景进行设计。为了将这类文档设计得引人注目，设计人员除了应具备一定的文字排版能力外，还需要有较好的审美和创新能力，这样才能使版面设计新颖，颜色搭配和谐。

统一版式文档的编排是在基本模板设计的基础上，按照邮件合并的步骤进行设计的，可以高效、批量地生成文档。

1.1.1　排版原则

排版是为了让读者更好地抓住主题。也就是说，排版是在形式及视觉上形成对内容的良好表达，以突出中心思想。按照这一目的能够总结出在排版设计中需要注意的一些基本原则，遵循这些原则，可以更好地实现吸引阅读人员的注意，使其深入浏览的目的。

1. 对齐原则

对齐原则是指页面中相关内容要以某一基准线对齐，从而使页面中的元素建立视觉的关联，方便用户快速抓住主题，使用户一眼就能看到重要的信息。

2. 聚拢原则

聚拢原则是指将页面中相关联的内容聚集在一个区域，无论文字还是图片都是为内容服务的。

3. 对比原则

对比原则是指加大页面中不同元素的视觉差异，从而更好地突出视觉重点，方便用户快速浏览到重要信息。

4. 重复原则

重复原则是指使元素在整个设计过程中重复出现，可以重复颜色、形状、线条、字体、图片等。重复的目的是统一，并增强视觉显示效果。

5. 一致性原则

一致性原则是指在设计中要求同级别、同类型的内容具有相同的格式。使用"格式化""样式"功能就可以达到这种效果。

6. 可自动更新原则

对于文档中可能发生变化的内容，如目录、页码、图序等，在编辑时不应将其写"死"，而应该使用 Word 提供的自动化功能进行处理，以便在这些内容发生变化时可以由 Word 自动维护并更新，而无须用户手动逐一进行修改。

1.1.2 图文混排

图文混排是指将图片、文字等内容进行恰当的混合排列。在图文混排的文档中，文字和图片相辅相成，这是 Word 版面产生秩序、形成美感的关键。图片和文字能否恰当地组合在一起，更好地表达文档主题是排版的重点。

图文混排主要有两类：图片和文字的混排、艺术字和文字的混排。

1. 图片和文字的混排

图片和文字的混排一般要经过以下 3 个操作步骤。

（1）插入图片

通常情况下，文章中的图片来源于剪贴画、照片、网络下载的图片等，Word 2016 支持的图片格式包括.png、.jpg、.bmp、.gif 等。

1）在文档中单击，确定要插入图片的大致位置。

2）选择"插入"选项卡，插入图片所需的按钮就在该选项卡的"插图"组中，如图 1-4 所示。

图 1-4　"插入"选项卡

3）单击"图片"按钮，弹出"插入图片"对话框，如图 1-5 所示。

图 1-5　"插入图片"对话框

4）选择目标图片所在的位置，选中所需图片后单击"插入"按钮，将其插入文档。

（2）调整图片

图片插入后就可以对其进行适当的调整。选中要编辑的图片，系统自动切换到"图片工具-格式"选项卡，就可以对图片进行各种编辑，如缩放、移动、复制、设置图片样式和排列方式，并且可以对色调、亮度和对比度等进行调整。

一般调整图片涉及如下几个方面。

1）设置图片效果：锐化/柔化、亮度/对比度、背景、压缩图片、重设。

2）设置图片样式：图片形状、图片边框、图片效果。

3）设置图片排列方式：位置、环绕文字、对齐、旋转。

4）设置图片大小：剪裁、高度和宽度。

图1-6　"调整"组

通过"调整"组中的按钮可以对图片效果进行调整，如图1-6所示。

"调整"组中部分按钮介绍如下。

1）"校正"下拉按钮：单击该下拉按钮，在弹出的下拉菜单中选择相应的命令，可改善图片亮度、对比度或清晰度，如图1-7所示。

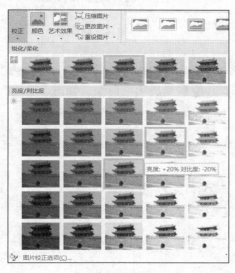

（a）"校正"下拉菜单

（b）亮度+20%对比度-20%效果

图1-7　校正图片

2）"颜色"下拉按钮：单击该下拉按钮，在弹出的下拉菜单中可为图片选择不同的颜色模式，如为图片重新着色，如图1-8所示。

3）"艺术效果"下拉按钮：单击该下拉按钮，在弹出的下拉菜单中可将艺术效果添加到图片，使其更像草图或油画。

4）"压缩图片"按钮：单击该按钮，可对选中图片的分辨率、大小进行调整，压缩图片，节省空间。

5）"更改图片"按钮：单击该按钮，可将目标图片更改为其他图片，但保存当前图片的格式和大小。

6）"重设图片"按钮：单击该按钮，将恢复原图片样式，取消对图片的一切调整操作。

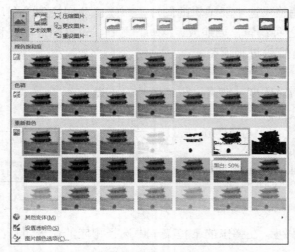

（a）"颜色"下拉菜单

（b）黑白 50%效果

图 1-8　设置图片颜色

（3）设置环绕方式

调整好图片的样式后，可根据需要改变环绕方式。单击"图片工具-格式"｜"排列"｜"环绕文字"下拉按钮，在弹出的下拉菜单中选择"其他布局选项"命令，弹出"布局"对话框，如图 1-9 所示。

图 1-9　"布局"对话框

由图 1-9 可知，图片的环绕方式有如下几种。

1）嵌入型：图片嵌入在文字中间。

2）四周型：文字环绕图片四周。

3）紧密型：文字紧密环绕图片四周。

4）穿越型：文字穿过图片。

5）上下型：图片占据独立的行。

6）衬于文字下方：图片作为文字背景衬托在文字下方。

7）浮于文字上方：图片浮在文字上，遮蔽文字。

【例 1-1】设置图片的环绕方式为四周型。

操作步骤：

1）双击要调整的图片，切换到"图片工具-格式"选项卡，如图 1-10 所示。

图 1-10　"图片工具-格式"选项卡

2）单击"排列"｜"环绕文字"下拉按钮，在弹出的下拉菜单中选择"四周型"命令，如图 1-11 所示。

3）将鼠标指针置于图片上，当指针变为双十字箭头时，把图片拖动到合适的位置即可，效果如图 1-12 所示。

图 1-11　"环绕文字"下拉菜单　　　　　图 1-12　插入图片后效果

2. 艺术字和文字的混排

人们经常会在广告、杂志中看到各种各样的艺术字，这些艺术字使文章具有强烈的视觉效果。在 Word 2016 中可以创建各种文字的艺术效果。用户可以将艺术字插入文档中并对其进行编辑，如可以把艺术字设置成各种各样的形状，或为其添加三维轮廓效果等。

插入艺术字的方法如下：

1）将光标定位到要插入艺术字的位置。

2）单击"插入"｜"文本"｜"艺术字"下拉按钮，在弹出的下拉菜单中选择需要的艺术字样式，如图 1-13 所示。

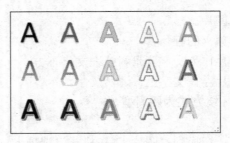

图 1-13　"艺术字"下拉菜单

3）在"请在此放置您的文字"文本框中输入需要创建的艺术字文本，如输入"荆州古城"。

注意，如果文档中内容已经存在，可直接选中该文字，单击"艺术字"下拉按钮，其他步骤同 1）和 2），此时不必再输入文字内容。

3. 编辑艺术字

创建好艺术字后，如果不满意艺术字的样式，可以对其进行编辑修改。选中艺术字，会出现"绘图工具-格式"选项卡，如图 1-14 所示，在其中可以对艺术字进行设置。

图 1-14　"绘图工具-格式"选项卡

（1）设置艺术字环绕方式

1）选中艺术字，如"荆州古城"（以下艺术字的编辑均以"荆州古城"为例），切换到"绘图工具-格式"选项卡。

2）单击"环绕文字"下拉按钮，在弹出的下拉菜单中选择所需命令，如选择"上下型环绕"命令，即可将艺术字设置为上下型环绕。

（2）编辑艺术字大小

单击艺术字，其四周会出现 8 个控制点，拖动控制点即可改变艺术字的大小，如向左上方拖动右下角的控制点可缩小艺术字。

（3）编辑艺术字位置

选中艺术字，当鼠标指针变为双十字箭头时，按住鼠标左键，拖动鼠标到适当位置即可。

（4）改变艺术字形状

选中艺术字，在"艺术字"下拉菜单中选择某种样式，如选择"填充：黑色，文本色1；边框：白色，背景色1；清晰阴影：白色，背景色1"样式，如图 1-15 所示。

也可单击"文本效果"下拉按钮，在弹出的下拉菜单中选择相应的效果，如设置转换效果，如图 1-16 所示。

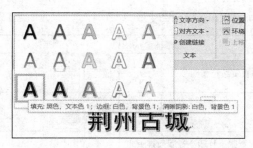

图 1-15 选择艺术字样式

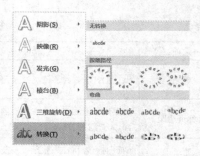

图 1-16 设置转换效果

（5）设置艺术字颜色

选中艺术字，单击"艺术字样式"｜"形状填充"下拉按钮，在弹出的下拉菜单中选择相应命令，即可设置艺术字的填充颜色。单击"形状轮廓"下拉按钮，在弹出的下拉菜单中选择相应的命令，即可设置艺术字的边框颜色。

荆州古城

艺术字"荆州古城"的最终效果如图 1-17 所示。 图 1-17 艺术字"荆州古城"的最终效果

1.1.3 页面设置

一篇完整的文档在输入文本前，需要在"页面设置"对话框中对页面进行设置，包括设置纸张大小、页边距、装订线、纸张方向、页眉与页脚位置、每页的行数、每行的字数等。"页面设置"对话框如图 1-18 所示。在该对话框中，"页码范围"组中的"多页"下拉列表框中有"普通""对称页边距""拼页""书籍折页""反向书籍折页"选项。各选项的含义如表 1-1 所示。

图 1-18 "页面设置"对话框

表 1-1 "多页"下拉列表框中选项的含义

选项	含义	图示
普通	默认的打印方式，每页打印到一张纸上，每页页边距相同	
对称页边距	主要用于双面打印，左侧页的"左页边距"与右侧页的"右页边距"相同，方便在左侧装订	
拼页	两页的内容拼在一张纸上一起打印，在大幅纸张上打印小幅版面排版的文字，如在 A3 纸张上打印 A4 的文件。用于制作不用裁剪的手册	
书籍折页	用来打印从左向右折页的开合式文档（如折合式贺卡、请柬、折页宣传广告等）。此时，纸张方向会自动变成"横向"	
反向书籍折页	与"书籍折页"类似的，但它是反向折页（如古代的书籍）	

注意，设置"多页"下拉列表框后，"页面设置"对话框中的页边距"左""右"或"上""下"可能会变成"内侧""外侧"，装订线设置也会有变化。

【例 1-2】打开素材文件夹中的"论文素材.docx"文档，并设置其页面的纸张大小为 A4（21 厘米×29.7 厘米），版心位置（正文位置）为上边界 3.5 厘米、下边界 3.0 厘米、左边界 3.0 厘米、右边界 2.5 厘米、装订线位置定义为 0 厘米，页眉距边界 2.0 厘米，页脚距边界 2.2 厘米，每页 36 行。

操作步骤：

1）单击"布局"｜"页面设置"｜对话框启动器按钮，弹出"页面设置"对话框。

2）切换到"纸张"选项卡，将纸张大小设置为 A4。

3）切换到"页边距"选项卡，将"页边距"组中的"上""下""左""右"数值框分别设置为 3.5 厘米、3.0 厘米、3.0 厘米、2.5 厘米，装订线设置为 0 厘米。

4）切换到"版式"选项卡，页眉距边界设置为 2.0 厘米，页脚距边界设置为 2.2 厘米。

5）切换到"文档网络"选项卡，点选"只指定行网格"单选按钮，将"行数"组中的"每页"数值框设置为 36。

6）单击"确定"按钮，并最后保存文档。

1.2 样式设置

样式是 Word 中的重要功能，其可以帮助用户快速格式化文档。当文档篇幅较短时，可以进行字体、段落等格式设置，且段落格式相同时可以使用"格式刷"工具。但是，当文档篇幅较长时，进行格式设置比较麻烦，这种情况下可以使用样式进行格式设置。样式是系统提供或用户自定义并保存的一系列排版格式，包括字体、段落对齐方式、制表位和边框等。使用样式不仅可以轻松、快捷地编排具有统一格式的段落，还可以使文档格式严格保持一致。Word 2016 中预定义了一些标准样式，如果用户有特殊要求，则可以根据自己的需要修改标准样式或重新定制样式。

1.2.1　样式概述

下面用一个简单的例子来说明样式的含义。例如，军队进行大换装时，涉及不同的兵种，其中有些设计是统一的，如帽徽、领花等，而有些设计是不同的，如为区分军官和士兵设计的肩章、臂章等，这时就需要根据不同的兵种、职位、季节设计品种繁多的服饰。我们可以把设计的不同系列的服饰类比为创建的多种样式。

Word 2016 中内置了很多样式，如标题 1、标题 2、正文等。单击"开始"｜"样式"｜"其他"下拉按钮，在弹出的下拉菜单中列出了常用的样式，如图 1-19 所示。单击"样式"｜对话框启动器按钮，弹出"样式"任务窗格，如图 1-20 所示。其中只列出了部分推荐的样式。系统中所有自带样式可以通过如下操作调出：

单击"样式"任务窗格右下角的"选项"链接，弹出"样式窗格选项"对话框，在"选择要显示的样式"下拉列表框中选择"所有样式"选项，如图 1-21 所示。单击"确定"按钮，即可使"样式"任务窗格中显示所有样式。

图 1-19　"样式"下拉菜单

图 1-20　"样式"任务窗格

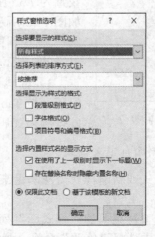

图 1-21　"样式窗格选项"对话框

1.2.2　样式编辑

1. 使用样式

下面以论文中公式的排版为例介绍样式的使用。撰写论文时，一般要求公式居中，编号右对齐，效果如图 1-22 所示。编辑公式时可以采用以下两种方法：第一种是表格法，即把公式和编号输入表格中，设置表格的对齐方式，然后去掉边框；第二种是使用样式设置制表位，即按照默认 A4 的纸张大小和页边距，在页面中间设置一个居中的制表位，页面右侧设置一个右对齐的制表位。本节仅介绍第二种方法。

$$f(x) = a_0 + \sum_{n=1}^{\infty} \left(a_n \cos \frac{n\pi x}{L} + b_n \sin \frac{n\pi x}{L} \right) \qquad (1\text{-}1)$$

$$(x + a)^n = \sum_{k=0}^{n} \binom{n}{k} x^k a^{n-k} \qquad (1\text{-}2)$$

$$E = \lim_{T \to \infty} \int_{-T}^{T} |f(t)|^2 \, \mathrm{d}t \quad (\mathrm{J}) \qquad (1\text{-}3)$$

$$P = \lim_{T \to \infty} \frac{1}{2T} \int_{-T}^{T} |f(t)|^2 \, \mathrm{d}t \quad (\mathrm{W}) \qquad (1\text{-}4)$$

图 1-22　公式效果

【例 1-3】使用样式设置公式及其编号格式。

操作步骤：

1）默认的 A4 纸张大小是 21 厘米×29.7 厘米，左、右页边距均为 3.17 厘米，为使公式居中对齐，需要在 7.33［(21-2×3.17)/2］厘米处设置第一个制表位。单击"样式"任务窗格左下角的"新建样式"按钮，弹出"根据格式设置创建新样式"对话框，输入新的样式名称"公式样式"，然后单击"格式"下拉按钮，在弹出的下拉菜单中选择"制表位"命令，弹出"制表位"对话框，将制表位位置设置为 7.33 厘米，对齐方式设置为居中，单击"设置"按钮，如图 1-23 所示。设置完后系统会自动将单位由厘米换成字符。

图 1-23　设置制表位

2）使用同样的方式在 17.83（21-3.17）厘米处设置一个右对齐的制表位，单击"确定"按钮。

3）样式设置完成后，就可以输入公式了。将光标定位到段落，按 Tab 键，输入公式，再按 Tab 键，输入编号，此时就能得到公式居中、编号右对齐的效果。

2. 修改或删除自定义样式

如果内置样式或新建样式无法满足某格式设置的要求，可以在现有样式的基础上进行修改。

在"样式"下拉菜单的"样式库"列表或"样式"任务窗格中右击要修改的样式，在弹出的快捷菜单中选择"修改"命令，弹出图 1-24 所示的"修改样式"对话框，修改相关的格式即可。

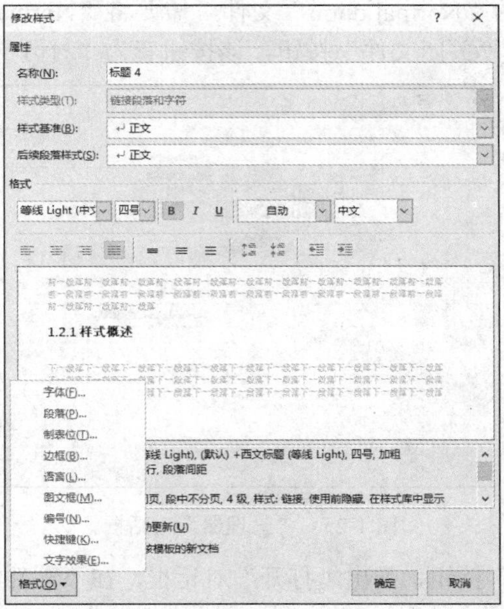

图 1-24　"修改样式"对话框

在"样式"任务窗格中右击要删除的样式,在弹出的快捷菜单中选择"删除"命令,即可删除样式,但 Word 内置的样式无法通过此方法删除。

3. 复制样式

可以利用导入、导出的方式将一个 Word 文档中的样式复制到另一个 Word 文档中。

【例 1-4】在素材文件夹中有"会计电算化.docx"和"样式标准.docx"两个文档。利用这两个文档进行如下操作:

1)将"标题 3"样式的格式更改为小四号、宋体、加粗、段前 12 磅、段后 6 磅、行距最小值 12 磅。

2)将"样式标准.docx"中的"标题 1,标题样式一"和"标题 2,标题样式二"复制到"会计电算化.docx"文档样式库中。

3)"会计电算化.docx"中包含 3 个级别的标题,分别用"(一级标题)""(二级标题)""(三级标题)"字样标出。按要求对各级标题分别应用"标题 1,标题样式一""标题 2,标题样式二""标题 3"样式。

4)应用样式后,将"会计电算化.docx"中各级标题后面括号中的提示文字及括号"(一级标题)""(一级标题)""(三级标题)"全部删除。

操作步骤:

1)打开"会计电算化.docx"文档,右击"样式"列表中的"标题 3",在弹出的快捷菜单中选择"修改"命令,弹出"修改样式"对话框。将字体的格式设置为小四号、宋体、加粗。单击"格式"下拉按钮,在弹出的下拉菜单中选择"段落"命令,在弹出的"段落"对话框中设置段间距和行距。

2)打开"样式"任务窗格,单击"管理样式"按钮,弹出"管理样式"对话框,单击"导入/导出"按钮,弹出"管理器"对话框,如图 1-25 所示。其左侧是"会计电算化.docx"

中的样式，右侧是默认的"Normal.dotm"文件，需要将"Normal.dotm"文件替换"样式标准.docx"。单击右侧的"关闭文件"按钮，该按钮变为"打开文件"按钮。

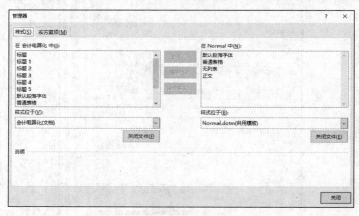

图 1-25　"管理器"对话框

3）单击"打开文件"按钮，弹出"打开"对话框，在"文件类型"下拉列表框中选择"所有文件"选项，定位到文件夹，双击"样式标准.docx"。

4）选择"管理器"对话框右侧"样式标准.docx"文件样式列表中的"标题 1,标题样式一"，然后单击"复制"按钮。使用同样的方法复制"标题 2,标题样式二"样式。在左侧的样式列表中可以看到复制的样式。关闭"管理器"对话框。

5）"会计电算化.docx"中一级标题的共同特点是标题后有"（一级标题）"，可使用替换的方式批量设置样式。按 Ctrl+H 组合键，弹出"查找和替换"对话框，查找内容设置为（一级标题），"替换为"设置为空格，如图 1-26 所示。单击"格式"下拉按钮，在弹出的下拉菜单中选择"样式"命令，弹出"查找样式"对话框，选择"标题 1,标题样式一"选项，如图 1-27 所示。单击"确定"按钮，返回"查找和替换"对话框。单击"全部替换"按钮，完成标题 1 样式的设置。

图 1-26　"查找和替换"对话框

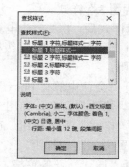

图 1-27　"查找样式"对话框

6）依照步骤 5）的方法，完成标题 2 和标题 3 样式的设置，保存文件。

4. 选择所有的样式实例

在"样式"任务窗格中，光标移动到某个样式时，在右侧会出现下拉按钮，单击该下拉按钮，在弹出的下拉菜单中选择"选择所有×个实例"命令，选中文档中应用了该样式的段落文本。选择"清除×个实例格式"命令，清除应用了该样式的段落文本的格式。

1.2.3　主题

在创建一个文档时，每个文档均有一个想要表达的主题，为了在排版过程中使 Office 与文档主题更加协调，可以改变 Office 的外观，通过改变应用程序颜色、字体、图形及其他文档格式效果以达到修改主题的目的。用户除了可以更改主题外，还可以自定义主题字体、颜色或效果。

实际上，更改主题与使用手机时修改个性主题是一样的。其操作步骤为选择"文件"｜"账户"命令，打开"账户"面板，默认 Office 主题为"彩色"，可以将其修改为其他主题效果，如图 1-28 所示；或选择"文件"｜"选项"命令，弹出"Word 选项"对话框，选择"常规"选项卡，进行 Office 主题的修改，如图 1-29 所示。

图 1-28　更改 Office 主题

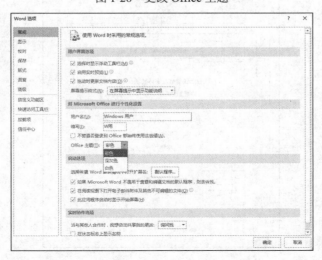

图 1-29　"Word 选项"对话框

1.2.4　模板

在编辑文档时，有些格式是固定的，如考试试卷、请假条、公文、公函等，为了后续能够方便地创建这些文档，这时模板的应用就显得很重要了。Word 2016 中内置了许多标准模板文件，它们包含固定格式和版式，可以帮助用户快速生成特定类型的 Word 文档。Word 2016 中除了通用型的空白文档之外，还内置了多种文档模板，如博客文章模板、书法模板等。另外，Office 网站提供了证书、奖状、名片、简历等特定功能模板。借助这些模板，用户可以创建比较专业的 Word 文档，选择"文件"｜"新建"命令，打开"新建"面板，即可看到 Office 内置和用户自定义的模板文件，如图 1-30 所示。

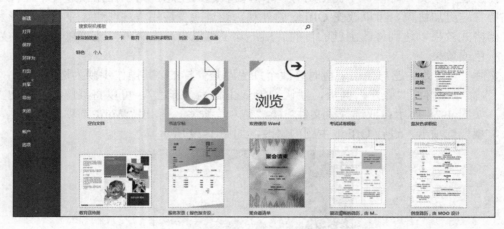

图 1-30　模板文件

【例 1-5】创建试卷模板，效果如图 1-31 所示。

图 1-31　试卷模板效果

操作步骤：

1）进行页面设置，将纸张大小设置为 19.5 厘米×27 厘米，左、右边距分别设置为 3 厘米、2 厘米，上、下边距均设置为 2 厘米。

2）输入试卷标题、试卷名称等信息，设置字体为三号、黑体，居中对齐。输入本试卷使用专业、年级、考试时间、考试方式等信息。

3）编辑分数记录栏，插入一个 2 行 10 列的表格，包含题号、总分、评卷人、得分等信息。

4）创建密封线。插入一个横排文本框，文字内容为

系（部）_____ 班级_____ 姓名_____ 学号_____ 序号_____

换行后，继续输入"密封线" 3 个字和若干省略号，文字内容为

……………………………密……………封……………线………………………………

选中文本框，单击"绘图工具-格式" | "文本" | "文字方向"下拉按钮，在弹出的下拉菜单中选择"将所有文字旋转 270°"命令，如图 1-32 所示，适当调整文本框宽度与高度。

5）设置页眉与页脚，页眉为学校名称，页脚为页码。

6）选择"文件" | "另存为"命令，打开"另存为"面板，选择"浏览"选项，弹出"另存为"对话框，将路径设置为"C:\Users\用户名\AppData\Roaming\Microsoft\Templates"（不同计算机修改为自己用户名），输入文件名称，如"考试试卷模板"，保存类型为"启用宏的 Word 模板"，如图 1-33 所示。

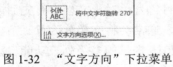

图 1-32　"文字方向"下拉菜单　　　　　　　　图 1-33　"另存为"对话框

7）选择"文件" | "新建"命令，打开"新建"面板，切换到"个人"选项卡，即可看到创建的考试试卷模板。

如果要在打开 Word 时默认使用新模板，只需在刚才的路径位置将文档另存为"Normal.dotm"即可。推荐用户将模板保存到"自定义 Office 模板"中，作为个人模板来使用。

1.3　长文档编辑

在日常办公过程中，制作长文档是人们常常要面临的任务，如制作项目策划书、高新

技术企业申报书、总结报告、毕业论文等。长文档的纲目结构复杂，内容较多，长达几十页甚至数百页。若不使用正确的方法，长文档排版工作可能费时费力，而且效果不佳。

本节以本科学位论文排版为例，讲解长文档排版中涉及的各项知识。通过本节内容的学习，学生应理解分节和分页的作用；学会利用样式快速设置文档的格式，建立多级编号；利用引用功能自动生成目录、题注等；利用域快速设置不同节的页眉、页码；利用批注与修订功能查看原文档的修改情况。

1.3.1 纲目结构

实践证明，在编制长文档时应先制作文档的纲目结构，再进行具体内容的编写。纲目结构可以让编者理清思路。

在空白文档中输入各章节标题，单击"视图"|"视图"|"大纲视图"按钮，进入大纲视图，利用"大纲工具"为各段文字设置级别，如图 1-34 所示。Word 内置了 1～9 级和正文文本共 10 个级别，分别对应标题 1～标题 9 及正文 10 个样式。设置后可以按 Tab 键或单击"降级"按钮降低文本大纲级别，也可以按 Shift+Tab 组合键或按"升级"按钮提升文本的大纲级别。

在空白文档中建立纲目结构，如图 1-35 所示。

图 1-34　大纲工具　　　　　　　　图 1-35　纲目结构

1.3.2 多级列表

对于文档中为并列关系的段落，可以在段落前添加项目符号；对于文档中有先后顺序的段落，可以在段落前添加项目编号。当文档内容较多时，通常会将文档分为章、节、小节等多个层次，并为每一层次编号。此时可以使用 Word 2016 提供的多级列表功能自动为各级标题编号。

在使用多级列表功能前，应先将各级标题设置为对应的大纲级别或样式，如标题 1、标题 2、标题 3 等。设置好样式后，选中任意一段标题，单击"开始"|"段落"|"多级列表"下拉按钮，在弹出的下拉菜单中选择某个列表样式或定义新的列表样式。在理工类论文中一般使用"列表库"列表中第 2 行第 3 列的列表样式。选择"定义新的多级列表"命令，弹出"定义新多级列表"对话框，如图 1-36 所示。其中设置的一级标题前只有数字编号，若需要在一级标题前自动出现"第 1 章""第 2 章"之类的内容，应在"输入编号的格式："文本框的数字 1 前后分别输入"第""章"。

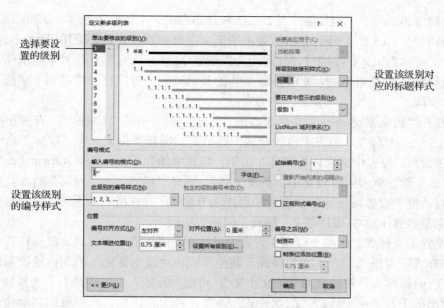

图 1-36　"定义新多级列表"对话框

在某些文科论文中，需要一级标题前用编号"第一章，第二章……"，而二级标题使用"1.1，1.2，…"，如图 1-37 所示。在"定义新多级列表"对话框中将"级别 1"的编号格式样式设置为"一，二，三，…"，可以看到"级别 2"的编号样式变成了"一.1"，如图 1-38 所示。此时勾选"正规形式编号"复选框，"级别 2"将还原成"1.1"样式效果。

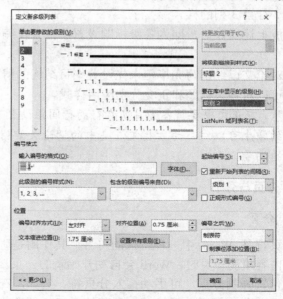

图 1-37　多级列表效果　　　　图 1-38　"定义新多级列表"对话框

【例 1-6】设置素材文件夹中"论文素材.docx"各级标题和正文的格式。要求如下：正文标题采用阿拉伯数字标引（阿拉伯数字与标题文字之间空一个字空，不加标点符号），字号为一级标题小二号、二级标题三号、三级标题小四号，字体均为黑体、加粗、顶格排列，段前、段后间距为0.5行或6磅；各级标题中的英文字母和阿拉伯数字采用 Times New Roman 字体。正文文本为宋体、小四号，行间距为固定值22磅，所有标点符号采用宋体，英文字母和阿拉伯数字采用 Times New Roman 字体的要求排版，每段首行缩进两个字符。

操作步骤：

1）打开"论文素材.docx"文档，右击"样式"列表中的"标题 1"，在弹出的快捷菜单中选择"修改"命令，弹出"修改样式"对话框。选择"格式"｜"字体"命令，弹出"字体"对话框，设置中文字体为黑体、加粗，西文字体为 Times New Roman（此处一定要使用"字体"对话框来同时设置中、英文字体）。选择"格式"｜"段落"命令，在弹出的"段落"对话框中设置段前间距和段后间距均为 0.5 行，特殊格式为无。

2）重复步骤 1），完成标题 2、标题 3 的格式修改。

3）设置正文样式。虽然"样式"列表中已经存在"正文"的样式，但该样式是其他样式的基准样式，若修改该"正文"样式，其他样式也会发生变化。因此，建议新建一个基于"正文"的新样式，并命名为"论文正文"。单击"开始"｜"样式"｜"其他"下拉按钮，在弹出的下拉菜单中选择"创建样式"命令，弹出"根据格式设置创建新样式"对话框。名称设置为论文正文，样式基准设置为正文，选择"格式"｜"字体"命令，在弹出的"字体"对话框中设置中文字体为宋体，西文字体为 Times New Roman，字号为小四。选择"格式"｜"段落"命令，在弹出的"段落"对话框中设置特殊格式为首行缩进 2 字符，行间距为固定值 22 磅。

4）选中论文的一级标题，单击"段落"｜"多级列表"下拉按钮，选择"列表库"列表中第 2 行第 3 列的样式。

完成上述操作后，即为各级标题设置了格式及编号。此后，用户即可开始正文的撰写工作。

针对论文已经撰写完毕但未先设置纲目结构的情况，可以进入大纲视图设置各标题级别，也可以对各级标题和正文分别应用样式。

注意，在正文中要将各图片所在行的行间距设置为单倍行距，否则图片只显示一部分。感兴趣的学生可以练习为素材文件夹中的"论文素材_未排版.docx"文件应用样式，并删除多余的编号。

1.3.3　分页与分节

1. 分页

分页符是 Word 中一种特殊的符号，其作用是强制开始下一页。当内容填满一页时，Word 会自动开始新的一页。如果要在某个特定位置强制分页，可手动插入分页符。例如，在书稿的每个章名前插入分页符后，无论前面章节的内容如何变化，都可以确保每一章的内容总是从新的一页开始。

通过单击"布局"｜"页面设置"｜"分隔符"下拉按钮，在弹出的下拉菜单的"分页符"列表（图 1-39）中选择分页符，

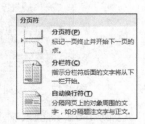

图 1-39　"分页符"列表

或使用 Ctrl+Enter 组合键来插入分页符。

2. 分节

Word 是以节为单位来设置页面格式的。在默认情况下，Word 文档只有一节。在该节中各页文字、图形的大小、颜色可能不同，但页面大小、页边距、纸张方向、页码格式等是相同的。若文档前后页的纸张大小、纸张方向、页边距、页面边框、页面的垂直对齐方式、页码样式、页眉等不同，则需要分节。

分节符一般是隐藏的，将文档切换到大纲视图或草稿视图就可以看到分节符。图 1-40 为查看分栏效果。

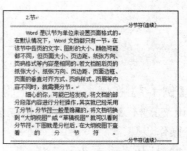

（a）页面视图下分栏效果　　　　（b）大纲视图下分栏效果

图 1-40　查看分栏效果

通过单击"布局"｜"页面设置"｜"分隔符"下拉按钮，在弹出的下拉菜单的"分节符"列表中选择分节符，如图 1-41 所示。Word 中有 4 种分节符可供选择，如表 1-2 所示。

图 1-41　"分节符"列表

表 1-2　Word 的分节符

选项	作用
下一页	光标当前位置之后的全部内容将移到下一页，同时完成了分节和分页。在书稿和学位论文中，一般在每一章的末尾添加这样的分节符，使下一章从新页开始
连续	在光标当前位置插入分节符，只分节，不分页
奇数页	新节从下一个奇数页开始，同时完成了分节和分页。光标当前位置之后的内容将转到下一个奇数页上。如果下一页是偶数页，则自动插入一张空白页。默认情况下，各节起始页码均为 1。有些书稿每个章标题总是打印在奇数页，就是使用的该分节符
偶数页	功能与"奇数页"类似，只是新节从一个偶数页开始

若要删除分节符，可以进入大纲视图或草稿视图，选中要删除的分节符，按 Delete 键

即可。

毕业论文包含封面、中文摘要、英文摘要、目录、正文、参考文献、致谢、附录等内容，各部分的分页和分节情况如图 1-42 所示。

图 1-42 各部分内容的分页和分节情况

【例 1-7】在例 1-6 的基础上将素材文件夹中"封面.docx"和"摘要.docx"的内容复制到"论文素材_3.docx"文档的标题前面，然后按照图 1-42 所示的结构进行分页和分节操作。

操作步骤：

1）打开"封面.docx""摘要.docx""论文素材_3.docx"文档，分别将封面和摘要中的内容复制到"论文素材_3.docx"中。在英文关键字之后，另起一段输入文字"目录"，以方便下面的分节操作。

2）将光标定位到中文摘要内容的标题前，按 Ctrl+Enter 组合键插入分页符。使用同样的方法，在中、英文摘要前插入分页符。

3）将光标定位到"目录"前，单击"布局"｜"页面设置"｜"分隔符"下拉按钮，在弹出的下拉菜单中选择"下一页"命令。将光标定位到正文第一段文字前，采用同样的方法插入"下一页"分节符。

4）重复步骤 2），在各章之间、参考文献、致谢、附录中插入分页符，确保各部分在另起的新页上。

1.3.4 题注与交叉引用

一般要对论文、书稿中的图片、表格进行编号，如图 1-1、图 1-2、表 1-1 等，在文中也会引用如图 1-1 所示、如表 1-1 所示等内容。如果文中图、表很多，在插入或删除图、表时，手动修改图、表的编号和引用很容易出错。此时，可以使用 Word 提供的题注和交叉引用功能。

题注就是为图片、表格、公式等添加的名称和编号，可以方便读者查找和阅读。

交叉引用可以将文档插图、表格、公式等内容与相关正文的说明建立对应关系。例如，可以为标题、脚注、题注、编号段落等创建交叉引用，既方便阅读，又为编辑操作提供自动更新手段。

1. 插入题注

一般论文中，图片和图形的题注标注在其下方，表格的题注在其上方。单击"引用"｜

"题注"｜"插入题注"按钮，弹出"题注"对话框，如图 1-43 所示。可在"标签"下拉列表框中选择标签名称，默认的标签有表格、公式、图表。若 Word 自带的标签无法满足需要，可单击"新建标签"按钮，自定义标签，如自定义"图"标签。题注标签后的编号自动按阿拉伯数字顺序编号。如果希望标签后的编号自动包含章节号，可以单击"编号"按钮，在弹出的"题注编号"对话框中勾选"包含章节号"复选框，如图 1-44 所示。

图 1-43　"题注"对话框

图 1-44　"题注编号"对话框

2. 自动插入题注

上述插入题注的方法在每次插入图、表后，均需单击"插入题注"按钮，操作烦琐。因此，可以利用自动插入题注功能，使 Word 在插入图形或其他项目对象时能够自动加入含有标签及编号的题注。在"题注"对话框中单击"自动插入题注"按钮，弹出"自动插入题注"对话框，如图 1-45 所示。

在"插入时添加题注"列表框中勾选对象类别（可选的选项由安装 OLE 应用软件确定），通过"新建标签"按钮和"编号"按钮，设置所选选项的标签、位置和编号方式。

设置完成后，一旦在文档插入设置类别的对象，Word

图 1-45　"自动插入题注"对话框

会自动根据所设置的格式为该对象加上题注。若要中止自动添加题注，可在"自动插入题注"对话框中取消对象类别的勾选。

图 1-46　"交叉引用"对话框

3. 题注的交叉引用

为图片插入题注后，需要在正文中添加"如图×-×所示"的说明性文字，此时可以使用交叉引用功能来实现。操作步骤如下：

1）将光标置于正文的介绍文字"如所示"的"如"字之后。

2）单击"引用"｜"题注"｜"交叉引用"按钮，弹出"交叉引用"对话框，如图 1-46 所示。

3）"引用类型"下拉列表框中有"编号项""标题""尾注"等多个选项，但没有"题注"选项，题注的标签直接显示在该下拉列表框中。直接选择需要引用的标签即可，如选择"图"。

4）"引用内容"下拉列表框中有"整项题注""只有标签和编号""只有题注文字"等选项。其中，"整项题注"包含标签、编号和题注文字。"只有标签和编号"包含标签、编号。"只有题注文字"包含题注文字。通常选择"只有标签和编号"选项。

5）在"引用哪一个题注"列表框中选择要引用的指定项目。

6）单击"插入"按钮，完成设置。

【例 1-8】对素材文件夹中的"论文素材_3.docx"文档做如下操作：

1）分别在前 2 张表格上方和前 4 张图片下方的说明文字左侧添加形如"表 1-1""表 2-1""图 1-1""图 2-1"的题注，其中连字符"-"前面的数字代表章序号，后面的数字代表图表序号，各章节图和表分别连续编号。

2）将样式"题注"的格式修改为楷体、五号、加粗、居中。

3）在文档中用红色标出文字的适当位置，为前 2 张表格和前 3 张图片设置自动引用题注号。

操作步骤：

1）打开"论文素材_3.docx"文档，将光标置于第一张表格的表名前，单击"引用"｜"题注"｜"插入题注"按钮，弹出"题注"对话框。新建"表"标签，单击"编号"按钮，在弹出的"题注编号"对话框中勾选"包含章节号"复选框。完成第一个表格题注的设置。将光标置于第二个表格的表名前，单击"插入题注"按钮，完成第二个表格题注的设置。

2）新建"图"标签，采用与步骤 1）类似的方法完成图题注的设置。

3）右击"样式"列表中的"题注"，在弹出的快捷菜单中选择"修改"命令，弹出"修改样式"对话框，将字体格式设置为楷体、五号、加粗，对齐方式设置为居中。

4）为表设置交叉引用。将光标置于文中"如所示"的"如"字之后，单击"交叉引用"按钮，弹出"交叉引用"对话框，引用类型设置为表，引用内容设置为只有标签和编号，在"引用哪一个题注"列表框中选择一个题注，单击"插入"按钮，完成表格的交叉引用。

5）采用步骤 4）的方法完成其他图、表的交叉引用。

4. 编号项的交叉引用

论文中的参考文献可以通过交叉引用到编号项来实现与正文位置的一一对应。操作步骤如下：

1）为论文中的参考文献编号。选中全部参考文献，右击，在弹出的浮动工具栏中单击"编号"按钮右侧的下拉按钮，在弹出的下拉菜单中选择"定义新编号格式"命令，弹出"定义新编号格式"对话框。由于论文规范要求编号项两侧使用中括号，需要在"编号格式"文本框中自定义编号，即在编号项两边输入中括号。

2）打开"交叉引用"对话框，在"引用类型"下拉列表框中选择"编号项"选项，引用内容设置为段落编号，如图 1-47 所示。

3）在"引用哪一个编号项"列表框中选择要引用的指定项目，单击"插入"按钮，完成设置。

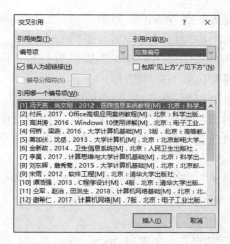

图1-47　"交叉引用"对话框（编号项类型）

5. 更新编号和交叉引用

题注和交叉引用发生变更后不会自动更新，需要用户设置更新域，此后 Word 才会进行自动调整。对于域内容的更新可以采用统一的方法处理，具体如下：

在该域上右击，在弹出的快捷菜单中选择"更新域"命令即可。如果有多处域需要更新，可以选中整篇文档（按 Ctrl+A 组合键），然后按 F9 键或右击，在弹出的快捷菜单中选择"更新域"命令。

1.3.5　页码、页眉与页脚

1. 页码

书籍一般在每页印有页码，单击"插入"|"页眉和页脚"|"页码"下拉按钮，在弹出的下拉菜单中选择页码的位置和样式（如页面底端的"普通数字1"）即可插入页码。

在论文中，目录和正文部分的页码格式一般是不同的，如正文部分页码使用阿拉伯数字，目录部分页码使用大写罗马数字（Ⅰ，Ⅱ，Ⅲ，…），在 Word 中如何实现呢？

要实现同一文档的不同部分使用不同的页码格式，必须为文档分节。对于论文来说，需要设置目录部分为一节，正文部分为一节。分节后，在为每一节插入页码前，还需要设置页码格式。单击"页码"下拉按钮，在弹出的下拉菜单中选择"设置页码格式"命令，弹出"页码格式"对话框，如图1-48所示，在其中设置编号格式和页码编号。在为"后一节"内容设置页码格式时，若页码的编号没有接着上一节内容继续编号，则必须点选"起始页码"单选按钮，并在其后的数值框中输入1。

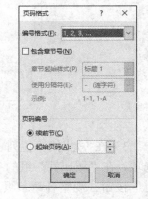

图1-48　"页码格式"对话框

2. 页眉与页脚

页眉与页脚是文档中每个页面页边距的顶部和底部区域。用户可以在页眉、页脚位置插入章节标题、页码、日期等。在 Word 文档中添加页眉与页脚时，只要输入一次，Word 就会自动在本节内的所有页中添加相同的页眉与页脚。

本节主要介绍使用域在页眉中引用标题、为奇偶页设置不同的页眉和为不同节设置不同的页眉与页脚这 3 种页眉与页脚的应用情形。

（1）使用域在页眉中引用标题

一般情况下，页眉是用户手动输入的。例如，要求以论文的一级标题作为各章节的页眉，可以先分节，然后逐节设置页眉。当一级标题内容发生变化时，需要及时更改页眉，操作非常烦琐。

采用域功能可以很方便地实现上述要求。域就是引导 Word 在文档中自动插入文字、图形、页码或其他信息的一组代码。每个域有一个唯一的名称，其功能与 Excel 中的函数类似。

【例 1-9】为素材文件夹中的"论文素材.docx"设置页眉，要求用一级标题作为各章节的页眉。

操作步骤：

1）打开"论文素材.docx"文档，双击页眉区域，进入页眉与页脚编辑状态。

2）单击"插入"｜"文本"｜"文档部件"下拉按钮，在弹出的下拉菜单中选择"域"命令，弹出"域"对话框，如图 1-49 所示。

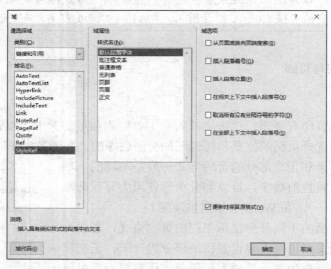

图 1-49　"域"对话框

3）在"类别"下拉列表框中选择"链接和引用"选项，在"域名"列表框中选择"StyleRef"选项，在"域属性"组的"样式名"列表框中选择"标题 1，标题样式一"选项，单击"确定"按钮。观察各章节页眉的变化，然后更改某个一级标题的文本，再次观察页眉的变化情况。

4）此时，添加的页眉只有标题文字，而没有"第 1 章"之类的编号。需要重复步骤 2）和 3）再次插入域，并在"域"对话框的"域选项"组中勾选"插入段落编号"复选框。

5）双击正文部分，退出页眉与页脚编辑状态。

设置好页眉后，如果要删除页眉部分的横线，可以利用"段落"组"边框"下拉菜单中的"无框线"命令来进行操作，如图 1-50 所示。

（2）为奇偶页设置不同页眉

在论文和书稿中一般奇数页的页眉是章节标题，偶数页的页眉是论文名称或书名。进入页眉与页脚编辑状态后，勾选"页眉和页脚工具-设计"选项卡"选项"组中的"奇偶页不同"复选框，如图 1-51 所示。此时，正文的页眉部分分为"奇数页页眉"和"偶数页页眉"，需要分别设置它们的内容，特别是插入页码时，奇数页和偶数页要分两次插入页码。

图 1-50　边框设置

图 1-51　勾选"奇偶页不同"复选框

学生可以练习为例 1-9 中的文档设置奇偶页不同的页眉。奇数页的页眉是章节一级标题，偶数页页眉为论文标题。

（3）为不同节设置不同的页眉与页脚

即便对文档内容进行了分节，在默认情况下各个节之间的页眉也是链接的，修改某一节的页眉，其他节页眉也会随之变化。只有在修改某一节的页眉前，取消其与前一节的链接，新修改的内容才不会影响前一节的页眉。单击"页眉和页脚工具-设计"｜"导航"｜"链接到前一条页眉"按钮，如图 1-52 所示，可以取消前后节页眉的链接关系。

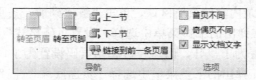

图 1-52　"链接到前一条页眉"按钮

【例 1-10】在例 1-9 的基础上，设置"论文素材.docx"的目录和页码，按要求完成如下操作：

1）页眉从正文开始，奇数页以各章一级标题作为页眉，偶数页以论文标题"学生党建基本数据管理系统"为页眉。

2）页码从目录页开始，目录与正文的页码分别独立编排，目录页码使用大写罗马数字（Ⅰ，Ⅱ，Ⅲ，…），正文页码使用阿拉伯数字（1，2，3，…）且各章节间连续编码，所有页码居中对齐。

操作步骤：

1）打开"论文素材.docx"文档，双击正文的页眉区域，进入页眉与页脚编辑状态。在"页眉和页脚工具-设计"选项卡的"选项"组中勾选"奇偶页不同"复选框。

2）将光标定位到奇数页页眉区域，单击"链接到前一条页眉"按钮取消链接。单击"插

入"|"文本"|"文档部件"下拉按钮，在弹出的下拉菜单中选择"域"命令，弹出"域"对话框。

3）在"类别"下拉列表框中选择"链接和引用"选项，在"域名"列表框中选择"StyleRef"选项，在"域属性"组的"样式名"列表框中选择"标题 1"选项，单击"确定"按钮，如图 1-53 所示。

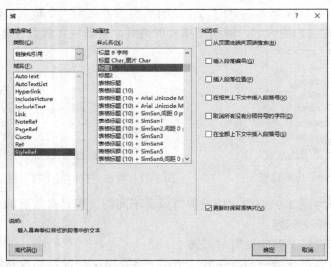

图 1-53　"域"对话框设置

4）将光标定位到偶数页页眉区域，单击"链接到前一条页眉"按钮取消链接，在页眉区域输入"学生党建基本数据管理系统"。

5）将光标定位到目录内容的页脚区域，单击"链接到前一条页眉"按钮取消链接。单击"页码"下拉按钮，在弹出的下拉菜单中选择"设置页码格式"命令，弹出"页码格式"对话框，将编码格式设置为Ⅰ，Ⅱ，Ⅲ，…，起始页码设置为Ⅰ，单击"确定"按钮。单击"页码"下拉按钮，在弹出的下拉菜单中选择"页面底端"|"普通数字 2"命令。

注意，此时只完成了为奇数页添加页码，在插入目录后如果目录超过 1 页，还需要为偶数页插入页码。

6）将光标定位到正文第 1 章奇数页的页脚部分。单击"页码"下拉按钮，在弹出的下拉菜单中选择"设置页码格式"命令，弹出"页码格式"对话框，将"编码格式"设置为 1，2，3，…，起始页码设置为 1，单击"确定"按钮。单击"页码"下拉按钮，在弹出的下拉菜单中选择"页面底端"|"普通数字 2"命令。

7）将光标定位到正文偶数页的页脚部分，单击"页码"下拉按钮，在弹出的下拉菜单中选择"页面底端"|"普通数字 2"命令，为偶数页添加页码。

8）保存文件。

1.3.6　目录生成

当文档中的内容非常繁杂时，编制一个目录可以帮助读者快速了解文档的主要内容。在目录中将显示各级标题（需要先对标题应用标题样式或设置大纲级别）及其对应的起始页码，用户可以通过目录中的超链接直接跳转到想要查看的内容。

1. 根据内置标题样式或大纲级别编制目录

对标题应用内置标题样式或大纲级别格式后再插入目录，是生成目录最简单的方法。操作步骤如下：

1）将光标定位到要插入目录的位置。

2）单击"引用"｜"目录"｜"目录"下拉按钮，在弹出的下拉菜单中选择目录样式，即可在光标所在位置插入指定样式的目录。

2. 自定义标题样式编制目录

当对各级标题应用了自定义标题样式，并希望应用自定义标题样式的标题出现在目录中时，可以根据自定义标题样式编制目录。操作步骤如下：

1）将光标定位到要插入目录的位置。

2）单击"引用"｜"目录"｜"目录"下拉按钮，在弹出的下拉菜单中选择"自定义目录"命令，弹出"目录"对话框，如图 1-54 所示。

3）在"显示级别"数值框中输入目录中要显示的标题级别或大纲级别，如输入 3，此时目录中将显示标题 1～标题 3 或大纲级别 1～大纲级别 3 的内容。

4）单击"选项"按钮，弹出图 1-55 所示的"目录选项"对话框。

图 1-54　"目录"对话框　　　　　　　　图 1-55　"目录选项"对话框

5）在"有效样式"组中查找要出现在目录中的标题样式，然后在其右方的"目录级别"文本框中输入相应的样式级别（即出现目录中的级别）。

6）对每个要出现在目录中的标题样式重复步骤 5）的操作。

7）单击"确定"按钮，返回"目录"对话框，再次单击"确定"按钮。

3. 更新目录

当更改了文档中的标题内容和样式，或标题的页码发生变化时，需要及时更新目录以

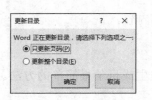

图 1-56 "更新目录"对话框

反映这些变动。操作步骤如下：

1）在页面视图中右击目录的任意位置，此时目录区域将变灰，并弹出快捷菜单，选择"更新域"命令，弹出图 1-56 所示的"更新目录"对话框。

2）选择更新类型，如果点选"更新整个目录"单选按钮，则目录将根据所有标题内容及页码的变化进行更新。

除了上述方法外，还可以单击"引用" | "目录" | "更新目录"按钮，对目录进行更新。单击该按钮后也将弹出图 1-56 所示的"更新目录"对话框，根据需要选择更新方式，然后单击"确定"按钮即可。

4. 删除目录

要删除目录时，可以手动选中需要删除的整个目录，然后按 Delete 键。

【例 1-11】在例 1-10 的基础上，在"论文素材.docx"的目录页插入目录。

操作步骤：

1）打开"论文素材.docx"文档，单击"引用" | "目录" | "目录"下拉按钮，在弹出的下拉菜单中选择"自定义目录"命令，弹出"目录"对话框。

2）将显示级别设置为 3，单击"确定"按钮。

1.3.7 审阅修订

论文的撰写和排版工作完成后，一般会将论文发给指导老师审阅。审阅者一般不会直接修改原稿，而是使用审阅功能进行更改。

审阅者可使用批注或修订功能进行修改，原稿中会出现相应的符号或标记。待作者收到审阅者修订的文档后，通过"审阅"选项卡对批注和修订进行操作，可"接受"或"拒绝"审稿者的修订。

1. 修订

进入修订状态后，文档保留并标记用户对文档所做的操作，如插入、删除、更改等。而退出修订状态后，文档不再保留对文档所做的修改，也不再提供对修改进行接受或拒绝的选项，但是，已修改的内容仍然保留。

单击"审阅" | "修订" | "修订"按钮，即可进入修订状态，如图 1-57 所示。如果已经开启修订状态，再次单击后将关闭该状态。

图 1-57 进入修订状态

在修订状态下，不同的修改操作以不同的形式和颜色来体现，其中修订的内容一般会在页面右侧的空白处显示，如图 1-58 所示。

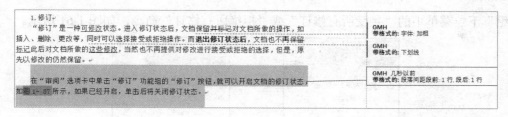

图 1-58 修订文档

Word 2016 的修订功能非常强大，其支持多个用户对同一文档同时进行修订，并以不同颜色来区分不同用户的修订内容，且会在修订标记上显示该修订用户的名称，从而避免因为多人修订而造成的混乱。

此外，Word 2016 允许用户对修订内容的样式进行设置。操作步骤如下：

1）单击"修订"|对话框启动器按钮，弹出"修订选项"对话框，如图 1-59 所示，此时可以控制显示修订的内容，如批注、墨迹、插入和删除、格式等。

2）单击"高级选项"按钮，弹出"高级修订选项"对话框，如图 1-60 所示。此时可以进行更为精确的设置，以满足不同用户的浏览习惯和具体的显示要求。

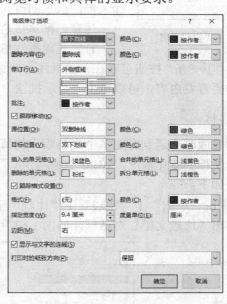

图 1-59 "修订选项"对话框   图 1-60 "高级修订选项"对话框

文档修订完后，作者还需要对文档的修订状态进行最终审阅。可以按照如下步骤有选择地接受或拒绝修订的内容。

1）单击"审阅"|"更改"|"上一条"或"下一条"按钮，即可定位到文档中的对应修订内容。

2）对于修订内容可以单击"更改"|"接受"或"拒绝"按钮，选择接受或拒绝当前修订对文档的更改。

3）重复 1）和 2）步骤，直到处理完文档中的所有修订。

如果要接受或拒绝对当前文档所做的所有修订，可以在"更改"组中选择"接受"或

"拒绝"下拉菜单中的"接受所有修订"或"拒绝所有修订"命令,如图 1-61 所示。

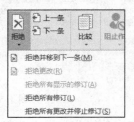

图 1-61　"接受"和"拒绝"下拉菜单

2. 批注

批注与修订的最大不同在于,修订是在原文上修改,而批注相当于加旁白,即在文档页面的空白处添加一些注释信息。

图 1-62　"批注"组

如果要添加批注,应选中目标对象,单击"审阅"|"批注"|"新建批注"按钮,如图 1-62 所示,在批注文本框中直接输入批注信息即可。

注意,批注信息会自动显示做出该批示的用户名称。

若要删除批注信息,可以直接单击"删除"按钮。使用"上一条"和"下一条"按钮可以在多条批注之间进行切换。默认情况下,批注是隐藏的,以 显示,如要查看内容,可以单击"显示批注"按钮。

3. 比较

有时排版时会遇到存在多个文档版本的情况,这时,用户希望通过对比的方式查看修订前、后文档的变化情况。Word 2016 提供了精确比较功能,可以显示两个文档的差异。操作方法如下:

1)单击"审阅"|"比较"|"比较"下拉按钮,在弹出的下拉菜单中选择"比较"命令,弹出"比较文档"对话框,如图 1-63 所示。

图 1-63　"比较文档"对话框

2)在"原文档"下拉列表框和"修订的文档"下拉列表框中分别选择要进行比较的文档。

3)单击"确定"按钮,此时在比较视图左侧的审阅窗格中,自动统计了原文档和修订文档之间的具体差异情况。

1.4　常用文档制作

1.4.1　邀请函

在日常生活和工作中需要制作大量基本框架相同但具体内容不同的信函、通知书，如准考证、成绩单、入学通知书和邀请函（图 1-64）等。利用 Word 2016 提供的邮件合并功能，可以快速创建多份信函、通知书等。

图 1-64　邀请函样例

1. 邮件合并的含义

邮件合并是在批量处理邮件文档时出现的，是指在邮件主文档的固定内容中合并与发送信息相关的一组通信资料（数据源为 Excel 表格、Access 数据表等），从而批量生成需要的邮件文档，大大提高工作效率。

利用邮件合并功能除了可以批量处理信函、信封等与邮件相关的文档外，还可以轻松地批量制作标签、工资条、成绩单等。

2. 邮件合并适用的场合及步骤

邮件合并功能适用于制作数量大且文档内容可分为固定部分和变化部分（如打印信封，寄信人信息是固定不变的，而收信人信息是变化的），且变化内容来自数据表中含有标题行的数据记录表。

邮件合并的 3 个步骤如图 1-65 所示。

图 1-65　邮件合并的 3 个步骤

（1）准备数据源

数据源是指数据记录表，其中包含相关字段和记录，如 Excel 表格、Outlook 联系人或 Access 数据库等。图 1-66 是使用 Excel 表格记录邀请人员的基本信息。

	A	B	C	D
1	编号	姓名	单位	性别
2	A001	陈松民	天津大学	男
3	A002	钱永	武汉大学	男
4	A003	王立	西北工业大学	男
5	A004	孙英	桂林电子学院	女
6	A005	张文莉	浙江大学	女
7	A006	黄宏	同济大学	男

图 1-66　使用 Excel 表格记录邀请人员的基本信息

（2）制作主文档

主文档是指邮件合并内容的固定部分，如信函中的通用部分、信封上的落款等。建立主文档的过程和创建一个 Word 文档一样，在进行邮件合并之前它只是一个普通的文档。

（3）将数据源合并到主文档中

利用邮件合并工具将数据源合并到主文档中，得到用户的目标文档。合并完成后文档的份数取决于数据表中记录的条数。

【例 1-12】制作一份邀请函。

邀请函俗称请柬或请帖，是单位、组织或个人邀请他人参加某项活动时发送的书面邀请。一份普通的邀请函通常含有标题、称谓、正文、落款几个部分。

标题：在第一行的正文注明"×××邀请函"字样，或使用单独页作为封面。

称谓：被邀请者的姓名，如"尊敬的×××"。

正文：主要说明邀请的事由，并交代活动时间、地点等相关内容，并使用礼貌用语结束。

落款：发送邀请的人名或单位名和发送日期。

下面以中国计算机大会邀请函为例，讲解如何利用邮件合并工具批量制作邀请函。

操作步骤：

1）创建新文档，在"页面设置"对话框中将纸张大小设置为信封 C5。

2）输入邀请函基本内容，保存文件为"主文档.docx"。

3）段落格式设置。设置标题为黑体、三号、居中，其余部分为宋体、五号，称谓左对齐，正文首行缩进 2 字符，落款右对齐，行距为固定值 22 磅。

4）插入邀请单位电子图章。将图片设置为底端靠右，四周型文字环绕。

5）页眉与页脚设置。在页眉中插入计算机学会的 Logo，左对齐；在页脚中插入联系方式及网址，右对齐。

6）打开 Excel，输入图 1-66 中的数据内容，保存文件为"数据源.xlsx"。

注意，在制作 Excel 邮件合并数据源时，第一行必须是字段名，数据中间不允许有空行。

7）选择文档类型。打开"主文档.docx"，单击"邮件"｜"开始邮件合并"｜"开始邮件合并"下拉按钮，在弹出的下拉菜单中选择"信函"命令，如图 1-67 所示。

8）选择数据源。单击"选择收件人"下拉按钮，在弹出的下拉菜单中选择"使用现有列表"命令，如图 1-68 所示。在弹出的"选择表格"对话框中选择"数据源.xlsx"，选中其中的 Sheet1$工作表，如图 1-69 所示，单击"确定"按钮，导入 Excel 数据。

图 1-67 选择"信函"命令   图 1-68 选择"使用现有列表"命令

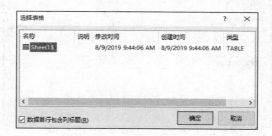

图 1-69 "选择表格"对话框

此时,单击"编辑收件人列表"按钮,弹出"邮件合并收件人"对话框,如图 1-70 所示,用户可以选择相应的数据行,单击"确定"按钮。

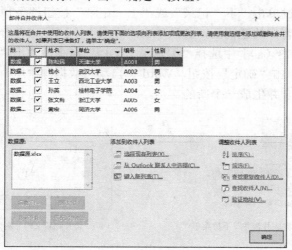

图 1-70 "邮件合并收件人"对话框

9)插入合并域。单击"编辑和插入域"|"插入合并域"下拉按钮,弹出图 1-71 所示的下拉菜单。

在"主文档.docx"中"尊敬的"后面插入列表中的"姓名"字段。方法为将光标定位到"尊敬的"3 个字后,单击"邮件"|"编写和插入域"|"插入合并域"下拉按钮,在弹出的下拉菜单中选择"姓名"命令。

下面为邀请函添加"先生"或"女士"。

图 1-71 "插入合并域"下拉菜单

将光标定位到"姓名"域后,单击"邮件"|"编写和插入域"|"规则"下拉按钮,在弹出的下拉菜单中选择"如果…那么…否则…"命令,弹出"插入 Word 域:IF"对话框,将域名设置为性别,比较条件设置为等于,比较对象设置为男,并在"则插入此文字"文本框中输入"先生",在"否则插入此文字"文本框中输入"女士",如图 1-72 所示。单击"确定"按钮。

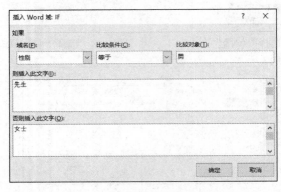

图 1-72 "插入 Word 域:IF"对话框

10)完成数据合并。单击"预览结果"|"预览结果"按钮,"主文档.docx"中带有"《》"符号的字段将变成数据源中的具体数据。可以通过单击"预览结果"按钮来查看合并后的结果,也可以通过单击"下一记录"或"上一记录"按钮逐条预览。

如果要生成所有客户的邀请函,必须单击"完成"|"完成并合并"下拉按钮,在弹出的下拉菜单 [图 1-73(a)] 中选择"编辑单个文档"命令,弹出"合并到新文档"对话框 [图 1-73(b)],单击"确定"按钮,Word 会自动将数据源中所有收件人的信息添加到邀请函的正文中,并合并生成一个新的文档。

(a)"完成并合并"下拉菜单

(b)"合并到新文档"对话框

图 1-73 选择合并完成

选择"打印文档"或"发送电子邮件"命令,用户即可直接打印出全部的邀请函或批量发送邮件。如果邀请函需要邮寄,用户可以利用邮件合并功能制作信封。

3. 制作标签

利用邮件合并分步向导制作的信函,无论内容多少,每一封信件至少占一页。如果制作的主体内容很少,如考试座位安排表、工资条、资产标签等,每份文档打印后单独占用一张纸会造成很大的浪费。因此,可以把多份主体文件的内容制作在同一个页面中,如图 1-74 所示。但是,在默认情况下,利用邮件合并功能制作的内容并不会正确显示,而是全部显示为数据域中同一条记录数据。

图 1-74　多份主体文件的内容制作在同一个页面中

　　为了将多条记录的数据源正确地对应到同一页面，在"撰写信函"时，将第一份信函的相关数据插入主文档对应位置后，在插入第二份信函的第一项数据域前，单击"邮件"｜"编写和插入域"｜"规则"下拉按钮，在弹出的下拉菜单中选择"下一记录"命令，插入一个分隔符，使第二份信函的内容与第一份信函的内容放置在同一页面。同理，在同一个页面的任何两份相邻信函之间都需要插入这个分隔符来实现同页设置，如图 1-75 所示。此时需要注意的是，在创建主文档时，其内容需要以表格形式进行创建，而不能使用文本框来实现。

图 1-75　插入"下一记录"分隔符效果

1.4.2　公文

1. 公文的定义

　　公文俗称红头文件，主要包括命令、决定、决议、指示、公告、布告、通告、通知、通报、报告、请示、批复、函、会议纪要等。公文有固定的格式，一般由份号、机密等级、紧急程度、发文机关、公文编号、签发人、分隔线、标题、主送机关、正文、附件、印章、发文日期、抄送机关、印发机关、印发日期、页码等组成。在实际应用中，一份公文不一定包含所有内容元素。

2. 公文的结构

我国国家标准《党政机关公文格式》（GB/T 9704—2012）对公文布局、排版做了详细的规定。该标准将公文格式按各要素分为版头、主体、版记 3 个部分，如图 1-76 所示。

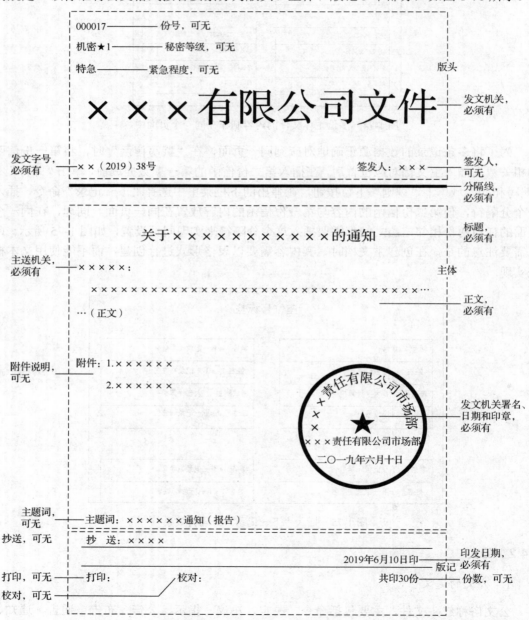

图 1-76 公文各要素及简要说明

（1）版头

公文首页红色分隔线以上的部分称为版头，一般包括份号、机密等级、紧急程度、发文机关、公文编号、签发人等。

（2）主体

公文首页红色分隔线以下，公文末页首条分隔线以上的部分称为主体，一般包括标题、主送机关、正文、附件、印章、发文日期等。

（3）版记

公文末页首条分隔线以下部分称为版记，一般包括抄送机关、印发机关、印发日期、页码等。

【例 1-13】制作一份公文。

操作步骤：

1）设置页边距。GB/T 9704—2012 中规定纸张为 A4，尺寸为 21 厘米×29.7 厘米，页边与版心尺寸为天头 3.7 厘米±0.1 厘米、订口 2.8 厘米±0.1 厘米、版心尺寸 15.6 厘米×22.5 厘米。公文页边距计算如图 1-77 所示。

右页边距=纸张宽度-左边距-版心宽度=21-2.8-15.6=2.6（厘米）

下页边距=纸张高度-上边距-版心高度=29.7-3.7-22.5=3.5（厘米）

打开“页面设置”对话框，设置纸张为 A4，左、右边距分别为 2.8 厘米、2.6 厘米，上、下页边距分别为 3.7 厘米、3.5 厘米。

2）页眉与页脚边距设置。选择“页面设置”对话框的“版式”选项卡，设置页眉边距为 1.5 厘米，页脚边距为 2.55 厘米，如图 1-78 所示。如果公文的页码不一致，还需勾选“奇偶页不同”复选框。

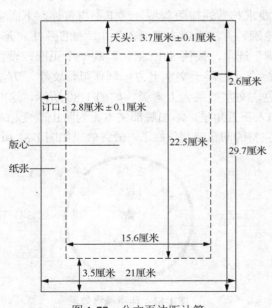

图 1-77　公文页边距计算

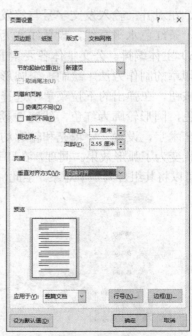

图 1-78　设置页眉与页脚边距

3）正文设置。公文各要素一般用三号、仿宋字体，每页 22 行，每行 28 个字符。可在"页面设置"对话框的"文档网格"选项卡中进行设置，如图 1-79 所示。

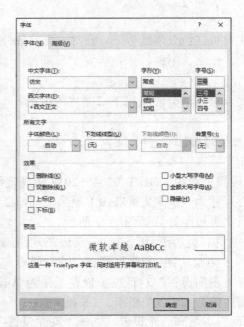

图 1-79　每页字数及字体、字号设置

4）版头编排。输入份号、密级和紧急程度，分别占据文档前 3 行，设置字体为三号、黑体、左对齐；输入发文字号与签发人，文字对齐方式为分散对齐，左右各缩进 1 字符；插入一条红色水平直线，设置线宽为 3 磅。

5）主体编排。公文主体各要素的格式要求与普通排版类似，这里不再赘述。下面主要介绍印章的制作方法。绘制一个圆形印章轮廓，方法为单击"插入"｜"插图"｜"形状"下拉按钮，在弹出的下拉菜单中选择"椭圆"选项，按住 Shift 键，绘制一个正圆，设置无填充色，圆形轮廓为红色，线宽 3 磅，环绕方式为浮于文字上方；制作弧形文字，方法为插入艺术字，设置文字填充和轮廓均为红色，文字效果为上弯弧，如图 1-80 所示，这时艺术字就变为了弧形效果。同理，在印章中加入正五角星，添加底部文本，为防止改变相对位置，可以将其组合为一个对象。至此，一个完整的印章就制作好了，最终效果如图 1-81 所示。

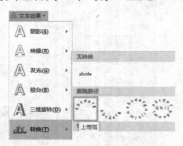

图 1-80　设置文本效果　　　　　　　　图 1-81　印章最终效果

注意，除了使用 Word 外，还有很多软件可以制作印章，如可以用专门的电子印章生成工具，或使用 Photoshop、CorelDraw、illustrator 等专业的图像处理工具，有兴趣的学生可以自行尝试。

6）按照之前的方法，为版记加入分隔符，输入抄送机关、印发机关、印发日期和其他信息。

7）为了以后工作方便，可以将其存为模板。选择“文件”|“另存为”命令，打开“另存为”面板，选择“浏览”选项，弹出“另存为”对话框，设置保存类型为 Word 模板，其扩展名为.dotx。这样，以后如要还要编制公文，只需打开这个模板，修改相应的内容即可。

1.4.3　合同

在商务活动中，合同（图 1-82）是常见的商务文档之一。合同与普通 Word 文档的不同之处在于，其中大部分内容是不需要更改，甚至不允许更改的。另外，合同中的一些内容，如公司的名称、地址、账号等不允许出错，其中还包括一些可选项目等。

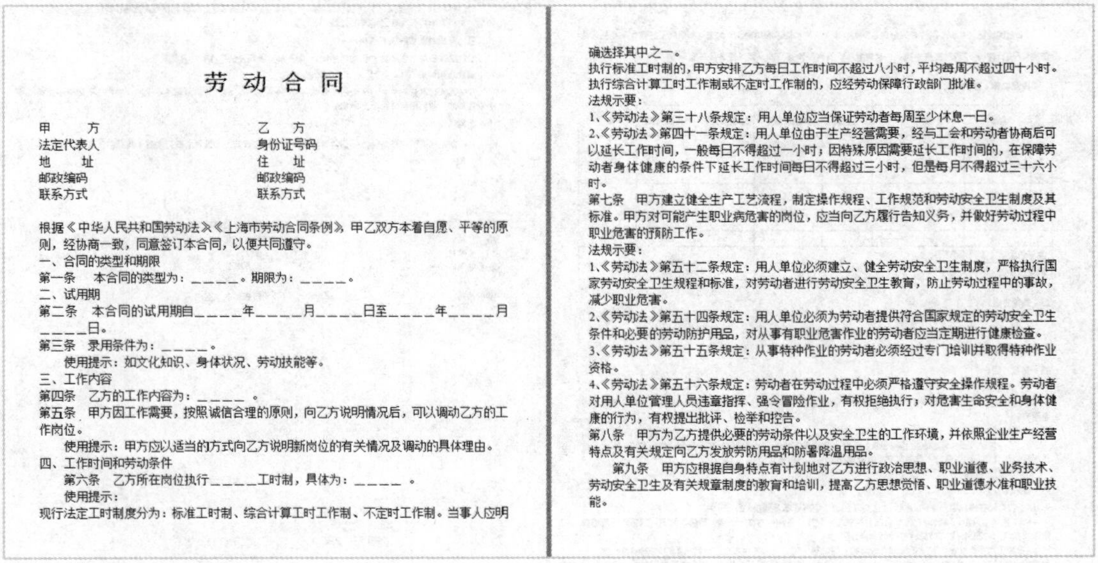

劳 动 合 同

甲　　方　　　　乙　　方
法定代表人　　　身份证号码
地　　址　　　　住　　址
邮政编码　　　　邮政编码
联系方式　　　　联系方式

根据《中华人民共和国劳动法》《上海市劳动合同条例》，甲乙双方本着自愿、平等的原则，经协商一致，同意签订本合同，以便共同遵守。
一、合同的类型和期限
第一条　本合同的类型为：_____。期限为：_____。
二、试用期
第二条　本合同的试用期自_____年_____月_____日至_____年_____月_____日。
第三条　录用条件为：_____。
使用提示：如文化知识、身体状况、劳动技能等。
三、工作内容
第四条　乙方的工作内容为：_____ 。
第五条　甲方因工作需要，按照诚信合理的原则，向乙方说明情况后，可以调动乙方的工作岗位。
使用提示：甲方应以适当的方式向乙方说明新岗位的有关情况及调动的具体理由。
四、工作时间和劳动条件
第六条　乙方所在岗位执行_____工时制，具体为：_____ 。
使用提示：
现行法定工时制度分为：标准工时制、综合计算工时工作制、不定时工作制。当事人应明确选择其中之一。
执行标准工时制的，甲方安排乙方每日工作时间不超过八小时，平均每周不超过四十小时。
执行综合计算工时工作制或不定时工作制的，应经劳动保障行政部门批准。
法规示要：
1、《劳动法》第三十八条规定：用人单位应当保证劳动者每周至少休息一日。
2、《劳动法》第四十一条规定：用人单位由于生产经营需要，经与工会和劳动者协商后可以延长工作时间，一般每日不得超过一小时；因特殊原因需要延长工作时间的，在保障劳动者身体健康的条件下延长工作时间每日不得超过三小时，但是每月不得超过三十六小时。
第七条　甲方建立健全生产工艺流程，制定操作规程、工作规范和劳动安全卫生制度及其标准。甲方对可能产生职业病危害的岗位，应当向乙方履行告知义务，并做好劳动过程中职业危害的预防工作。
法规示要：
1、《劳动法》第五十二条规定：用人单位必须建立、健全劳动安全卫生制度，严格执行国家劳动安全卫生规程和标准，对劳动者进行劳动安全卫生教育，防止劳动过程中的事故，减少职业危害。
2、《劳动法》第五十四条规定：用人单位必须为劳动者提供符合国家规定的劳动安全卫生条件和必要的劳动防护用品，对从事有职业危害作业的劳动者应当定期进行健康检查。
3、《劳动法》第五十五条规定：从事特种作业的劳动者必须经过专门培训并取得特种作业资格。
4、《劳动法》第五十六条规定：劳动者在劳动过程中必须严格遵守安全操作规程。劳动者对用人单位管理人员违章指挥、强令冒险作业，有权拒绝执行；对危害生命安全和身体健康的行为，有权提出批评、检举和控告。
第八条　甲方为乙方提供必要的劳动条件以及安全卫生的工作环境，并依照企业生产经营特点及有关规定向乙方发放劳防用品和防暑降温用品。
第九条　甲方应根据自身特点有计划地对乙方进行政治思想、职业道德、业务技术、劳动安全卫生及有关规章制度的教育和培训，提高乙方思想觉悟、职业道德水准和职业技能。

图 1-82　合同样例

在商务活动中，许多人为了追求效率而忽视合同制作的一些流程。实际上，很多交易双方仅仅签署一份内容不是很完整的合同文本，且忽视与合同相关的重要资料。这样一旦在合同履行过程中出现纠纷，就会导致风险增加。

一份完整的合同至少应该包括以下几个方面的内容：

1）有关交易双方的身份资料。

2）签约当事人的授权委托书。

3）有关对方主体资格、资质的证件。

4）合同条款。

5）合同条款的解释。

6）合同的法律适用。

7）格式条款。

8）免责条款。

【例 1-14】制作一份贸易合同。

公司员工小李需要和其他公司签订一份采购合同，因此公司领导要求小李尽快制作一份合同。但是，小李并没有制作合同的经验，所以她查找了部分资料后发现制作合同有许多需要注意的地方。下面分析一般性合同制作的步骤。

（1）设计合同内容

在文档中输入"合同编号：CN201709001""××公司采购合同书""公司名称"等相关内容，并设置字体格式，即将"合同编号：CN201709001"等内容的字体设置为楷体 GB2312、小三号。其他内容可参照图 1-83 所示效果输入。

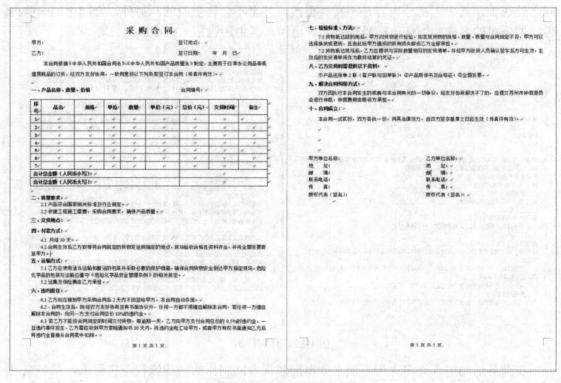

图 1-83　采购合同（其他内容）

（2）添加水印

劳动合同是普通合同，一般不添加水印。对于机密合同，如技术转让合同，通常在合同每页加上"机密"或其他水印字样，以提示合同双方必须承担相应的保密责任。

Word 2016 内置有多种水印，如机密、紧急等，但这些水印有时并不能满足用户的需要。此时，用户可以根据实际需要在 Word 2016 文档中插入文字形式的自定义水印，操作步骤如下：

1）打开 Word 2016 文档窗口，单击"设计"｜"页面背景"｜"水印"下拉按钮，在弹出的下拉菜单中选择"自定义水印"命令，如图 1-84 所示，弹出"水印"对话框。

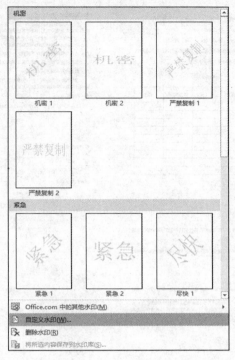

图 1-84　"水印"下拉菜单

2）点选"文字水印"单选按钮，在"文字"文本框中输入自定义水印文字，如"保密"，然后分别设置字体、字号和颜色。勾选"半透明"复选框，使水印呈现比较隐蔽的显示效果，不影响正文内容的阅读。设置水印版式为斜式或水平，并单击"确定"按钮，如图 1-85 所示。完成后的效果如图 1-86 所示。

图 1-85　"水印"对话框

图 1-86　水印效果

（3）设置合同保护

通过以上步骤小李将采购合同中的所有内容添加完毕，且合同的所有区域也设置完成了。此时，采购合同基本完成了 80%，还有部分内容需要完善。

客户拿到的合同文本应该是部分锁定的，即仅允许用户插入修订和插入批注，这就需要对文档进行保护。

操作步骤：

1）单击"审阅"｜"保护"｜"限制编辑"按钮，弹出"限制编辑"任务窗格，如图 1-87 所示。

2）勾选"2.编辑限制"组下的"仅允许在文档中进行此类型的编辑："复选框，同时在下方的下拉列表框中选择"修订"选项。

3）单击"是，启动强制保护"按钮，弹出"启动强制保护"对话框，输入新密码后再次确认新密码，单击"确定"按钮，如图 1-88 所示。

如果用户要停止保护状态，单击"限制编辑"任务窗格中的"停止保护"按钮，在弹出的"取消保护文档"对话框（图 1-89）中输入密码，即可以取消保护状态。

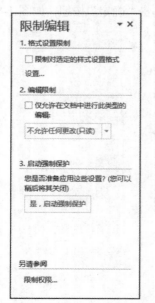

图 1-87　"限制编辑"任务窗格

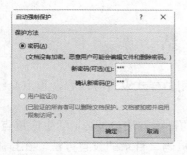

图 1-88　"启动强制保护"对话框　　　　图 1-89　"取消保护文档"对话框

（4）审阅合同

在收到合同后，应审阅合同。如果对合同文本中的部分内容不满意，想自行修改部分内容但是又不想删除原有内容，这时可以利用 Word 2016 的修订功能。合同审阅者可以在 Word 中对文档进行修改，而保留文档原貌。作者收到修改过的文档后，不仅可以清楚地知道审阅者所做的修改，还可以选择性地接受或拒绝修改。

如果要修订相关内容，应选中需要修订的文字，单击"审阅"｜"修订"｜"修订"按钮。本章已经介绍了审阅修订的功能，这里不再赘述，学生可以自行操作。

（5）保存合同模板

完成文档中的各种设置后，可以将最后的文档作为文件模板保存。

操作步骤：

1）清除合同中不必要的内容，如甲方、乙方的具体名称，只保留合同的条目或其他可以共用的部分内容。

2）选择"文件"｜"另存为"命令，打开"另存为"面板，选择"浏览"选择，在弹出的"另存为"对话框中选择保存类型为 Word 模板（该类型为 2007 格式模板，如需 2003 格式，请选择 Word 97-2003 模板），输入模板的名称并单击"保存"按钮，如图 1-90 所示。

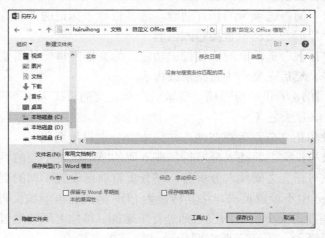

图 1-90　模板保存

如果日后需要制作相同类型的文档，仅需要打开 Word 软件，选择"文件"｜"新建"命令，在"新建"面板中双击所保存的模板即可。

本 章 小 结

　　本章从排版的基本原则入手，介绍了排版应用、样式设置等内容，重点介绍了长文档的排版及常用文档的制作。

　　在长文档的排版部分，重点介绍了毕业论文的排版方法与技巧。学生应重点掌握样式、多级列表、题注、交叉引用、节、页眉与页脚、页码、目录的设置方法。在排版完成之后可以根据需要使用审阅修订功能，以便于多用户对文档的操作。

　　在常用文档部分，从邀请函、公文、贸易合同 3 个案例入手，需要重点掌握邮件合并、常见公文排版、合同制作的方法。

　　通过本章的学习，学生应系统地掌握 Word 2016 的排版技巧，能对毕业论文、公文、书稿、策划书、申报书、讲义、小说等长文档及形式不定的短文档进行有效的排版。

习 题

一、选择题

　　1. 在修改工作报告的过程中，希望在原始文档显示修改的内容和状态，最优的操作方法是（　　）。

　　　　A. 利用"审阅"选项卡的批注功能，为文档中每一处需要修改的地方添加批注，将自己的意见写到批注框中

　　　　B. 利用"插入"选项卡的文本功能，为文档中每一处需要修改的地方添加文档部件，将自己的意见写到文档部件中

　　　　C. 利用"审阅"选项卡的修订功能，选择带显示标记的查看方式后单击"修订"按钮，然后在文档中直接修改内容

　　　　D. 利用"插入"选项卡的修订标记功能，为文档中每一处需要修改的地方插入修订符号，然后在文档中直接修改内容

　　2. 利用 Word 2016 编辑一份书稿，要求目录和正文的页码采用不同格式，且均从第 1 页开始，最优的操作方法是（　　）。

　　　　A. 将目录和正文分别保存在两个文档中，分别设置页码

　　　　B. 在目录与正文之间插入分节符，在不同的节中设置不同的页码

　　　　C. 在目录与正文之间插入分页符，在分页符前后设置不同的页码

　　　　D. 在 Word 中不设置页码，将其转换为 PDF 格式后再增加页码

　　3. 某学生的毕业论文分别请两位老师进行了审阅。每位老师均通过 Word 2016 的修订功能对该论文进行修改。现在需要将两份经过修订的文档合并为一份，最优的操作方法是（　　）。

　　　　A. 在一份修订较多的文档中，将修订较少文档中的修改内容手动补充进去

　　　　B. 请一位老师在另一位老师修订后的文档中再进行一次修订

C．利用 Word 2016 的比较功能，将两位老师的修订合并到一个文档中

D．将修订较少的部分舍弃，只保留修订较多的那份论文作为终稿

4．高考结束后，各学校给每位录取的考生发放录取通知书，制作录取通知书最简单的方法是（　　　）。

    A．复制　　　　　　　B．信封　　　　　　　C．标签　　　　　　　D．邮件合并

5．毕业论文完成后，需要在正文前添加论文目录以便检索和阅读，最优的操作方法是（　　　）。

    A．利用 Word 2016 提供的手动目录功能创建目录

    B．直接输入作为目录的标题文字和相对应的页码创建目录

    C．将文档的各级标题设置为内置标题样式，然后基于内置标题样式自动插入目录

    D．不使用内置标题样式，直接基于自定义样式创建目录

6．某毕业论文为两栏页面布局，现需在分栏之上插入一横跨两栏内容的论文标题，最优的操作方法是（　　　）。

    A．在两栏内容之前空出几行，打印出来后手动写上标题

    B．在两栏内容之上插入一个分节符，然后设置论文标题位置

    C．在两栏内容之上插入一个文本框，输入标题，并设置文本框的环绕方式

    D．在两栏内容之上插入一个艺术字标题

7．某 Word 文档的结构层次为"章-节-小节"，如章"1"为一级标题、节"1.1"为二级标题、小节"1.1.1"为三级标题，采用多级列表的方式完成了对第一章中章、节、小节的设置，如需完成剩余几章内容的多级列表设置，最优的操作方法是（　　　）。

    A．复制第一章中的"章-节-小节"段落，分别粘贴到其他章节对应的位置，然后替换标题内容

    B．将第一章中的"章-节-小节"格式保存为标题样式，并将其应用到其他章节对应段落

    C．利用格式刷功能，分别复制第一章中的"章-节-小节"格式，并应用到其他章节对应段落

    D．逐个对其他章节对应的"章-节-小节"标题应用多级列表格式，并调整段落结构层次

8．在使用 Word 进行文字排版时，下面叙述中错误的是（　　　）。

    A．可以将一个编辑好的 Word 文档另存为一个模板文件

    B．既可以手动插入目录又可以自动插入目录

    C．进行打印预览时，打印机必须是已经开启的

    D．允许同时操作多个文档

9．在 Word 文档中将应用了"标题 1"样式的所有段落格式调整为段前、段后各 12 磅，单倍行距，最优的操作方法是（　　　）。

    A．将每个段落逐一设置为段前、段后各 12 磅，单倍行距

    B．将其中一个段落设置为段前、段后各 12 磅，单倍行距，然后利用格式刷功能将格式复制到其他段落

C. 修改"标题 1"样式，将其段落格式设置为段前、段后各 12 磅，单倍行距

D. 利用查找和替换功能，将"样式：标题 1"替换为"行距：单倍行距，段落间距段前：12 磅，段后：12 磅"

10. 如果希望为一个多页的 Word 文档添加页面图片背景，最优的操作方法是（　　　）。

A. 在每一页中分别插入图片，并设置图片的环绕方式为衬于文字下方

B. 利用水印功能，将图片设置为文档水印

C. 利用页面填充效果功能，将图片设置为页面背景

D. 单击"设计"｜"页面背景"按钮，将图片设置为页面背景

二、操作题

1. 按照如下需求完成公司年度报告的制作。

（1）打开"Word_素材.docx"文件，将其另存为"Word.docx"，之后所有的操作均在"Word.docx"文件中进行。

（2）查看文档中含有绿色标记的标题，如"致我们的股东""财务概要"等，将其段落格式保存为"样式 1"。

（3）修改"样式 1"样式，设置其字体为黑体，颜色为黑色，并为该样式添加 0.5 磅的黑色、单线条下划线边框，使该下划线边框应用于"样式 1"所匹配的段落，将"样式 1"重命名为"报告标题 1"。

（4）为文档中所有含有绿色标记的标题文字段落应用"报告标题 1"样式。

（5）在文档的第 1 页与第 2 页之间，插入新的空白页，并将文档目录插入该页。文档目录仅包含"报告标题 1"样式所示的标题文字。为自动生成的目录应用"目录标题"样式。

（6）设置文档第 5 页"现金流量表"区域内的表格标题行可以自动出现在表格所在页面的表头位置。

（7）在"产品销售一览表"区域的表格下方，插入一个产品销售分析图，图表样式请参考"分析图样例.jpg"文件所示，并将图表调整到与文档页面宽度相匹配。

（8）修改文档页眉，要求文档第 1 页不包含页眉，目录页不包含页码，从文档第 3 页开始在页眉的左侧区域包含页码，在页眉的右侧区域自动填写该页中为"报告标题 1"样式所示的标题文字。

（9）为文档添加水印，水印文字为"机密"，并设置为斜式版式。

（10）根据文档内容的变化，更新文档目录的内容与页码。

2. 根据某杂志论文样式对素材文件夹下的"素材.docx"进行排版，具体要求如下：

（1）将"素材.docx"文档另存为"论文正样.docx"，保存于考生文件夹下，并在此文件中完成所有操作，最终页码不超过 5 页，样式可参考考生文件夹下的"论文正样 1.jpg"～"论文正样 5.jpg"。

（2）论文页面设置为 A4，上、下、左、右边距分别为 3.5 厘米、2.2 厘米、2.5 厘米和 2.5 厘米。论文页面只指定行网格（每页 42 行），页脚距边距为 1.4 厘米，在页脚居中位置设置页码。

（3）论文正文前的内容，段落不设置特殊格式，其中论文标题、作者、作者单位的中

英文部分均居中，其余两端对齐。文章编号为黑体、小五号；论文标题（红色字体）大纲级别为 1 级、样式为标题 1，中文字体为黑体，西文字体为 Times New Roman，字号为三号。作者姓名的字号为小四，中文字体为仿宋，西文字体为 Times New Roman。作者单位、摘要、关键字、中图分类号等中英文部分字号为小五，中文字体为宋体，西文字体为 Times New Roman。其中，摘要、关键字、中图分类号等中英文内容的第一个词（冒号前面的部分）设置为黑体。

（4）参考"论文正样 1.jpg"示例，将作者姓名后面的数字和作者单位前面的数字（含中文、英文两部分）设置正确的格式。

（5）自正文开始到参考文献列表为止，页面分为对称两栏。正文（不含图、表、独立成行的公式）字号为五号（中文字体为宋体，西文字体为 Times New Roman），首行缩进 2 字符，行距为单倍行距；表注和图注字号为小五号（表注中文字体为黑体，图注中文字体为宋体，西文字体均为 Times New Roman），居中显示。正文中的"表 1""表 2"与相关表格有交叉引用关系（注意，"表 1""表 2"的"表"字与数字之间没有空格），参考文献列表字号为小五号，中文字体为宋体，西文字体均为 Times New Roman，采用项目编号，编号格式为[序号]。

（6）素材中黄色字体部分为论文的第一层标题，大纲级别 2 级，样式为标题 2，多级项目编号格式为 1，2，3，…，字体为黑体、黑色、四号，段落行距为最小值 30 磅，无段前、段后间距；素材中蓝色字体部分为论文的第二层标题，大纲级别 3 级，样式为标题 3，对应的多级项目编号格式为 2.1，2.2，…，3.1，3.2，…，字体为黑体、五号、黑色，段落行距为最小值 18 磅，段前、段后间距为 3 磅。参考文献无多级编号。

3．根据以下要求，完成课程论文的排版和参考文献的插入。

（1）在素材文件夹下将文档"Word 素材.docx"另存为"Word.docx"。

（2）为论文创建封面，将论文题目、作者姓名和作者专业放在文本框中，并居中对齐；文本框的环绕方式为四周型，在页面中的对齐方式为左右居中。在页面的下侧插入图片"图片 1.jpg"，环绕方式为四周型，并应用一种映象效果。整体效果可参考示例文件"封面效果.docx"。

（3）对文档内容进行分节，使"封面""目录""图表目录""摘要""1.引言""2.库存管理的原理和方法""3.传统库存管理存在的问题""4.供应链管理环境下的常用库存管理方法""5.结论""参考书目""专业词汇索引"各部分的内容都位于独立的节中，且每节从新的一页开始。

（4）修改文档中样式为"正文文字"的文本，使其首行缩进 2 字符，段前和段后的间距为 0.5 行；修改"标题 1"样式，将其中编号的样式修改为"第 1 章，第 2 章，第 3 章……"；修改标题 2.1.2 下方的编号列表，使其样式为"1)，2)，3)，…"；复制素材文件夹下的"项目符号列表.docx"文档中的"项目符号列表"样式到论文中，并应用于标题 2.2.1 下方的项目符号列表。

（5）将文档中的所有脚注转换为尾注，并使其位于每节的末尾；在"目录"节中插入"流行"格式的目录，替换"请在此插入目录！"文字；目录中需包含各级标题和"摘要"、"参考书目"及"专业词汇索引"。其中，"摘要""参考书目""专业词汇索引"在目录中应和标题 1 同级别。

（6）使用题注功能，修改图片下方的标题编号，以便其可以自动排序和更新，在"图表目录"节中插入格式为"正式"的图表目录；使用交叉引用功能，修改图表上方正文中对于图表标题编号的引用（已经用黄色底纹标记），以便这些引用能够在图表标题的编号发生变化时自动更新。

（7）将文档中所有文本"ABC 分类法"标记为索引项，删除文档中文本"供应链"的索引项标记，更新索引。

（8）在文档的页脚中间插入页码，要求封面页无页码，目录和图表目录部分使用"Ⅰ，Ⅱ，Ⅲ，…"格式，正文及参考书目和专业词汇索引部分使用"1，2，3，…"格式。

（9）删除文档中的所有空行。

4．要求利用邮件合并功能给多人发送邀请函，邀请函模板如下：

为了使我校大学生更好地就业，提高就业能力，我校就业处将于 2019 年 11 月 26 日至 2019 年 11 月 27 日在校体育馆举行大学生专场招聘会，于 2019 年 12 月 23 日至 2019 年 12 月 24 日在校体育馆举行综合人才招聘会，特别邀请各用人单位、企业、机构等前来参加。

请根据上述活动的描述，利用 Word 2016 制作一份邀请函（图 1-91）。

请按如下要求，完成邀请函的制作：

（1）调整文档版面，要求页面高度为 23 厘米、宽度为 27 厘米，上、下页边距为 3 厘米，左、右页边距为 3 厘米。

（2）请根据图 1-91 所示，调整邀请函内容文字的字号、字体和颜色。

图 1-91　邀请函示例

（3）任意选择一张校园图片设置为邀请函背景。

（4）调整邀请函中内容文字段落的行距、段前、段后。

（5）在"尊敬的"之后，插入拟邀请的用人单位，拟邀请的用人单位使用表 1-3 所示的内容。

表 1-3 用人单位信息

编号	公司	地址	邮政编码
1	电子工业出版社	北京市万寿路南口金家村 288 号	100036
2	中国青年出版社	北京市东城区东四十条 21 号	100007
3	天津广播电视大学	天津市南开区迎水道 1 号	300191
4	正同信息技术发展有限公司	北京市海淀区二里庄	100083
5	清华大学出版社	北京市海淀区双清路	100080

（6）每页邀请函中只能包含一个用人单位，所有的邀请函页面另存在一个名为“Word-邀请函.docx”文件中。

5．制作合同模板。最终效果如图 1-92 所示。

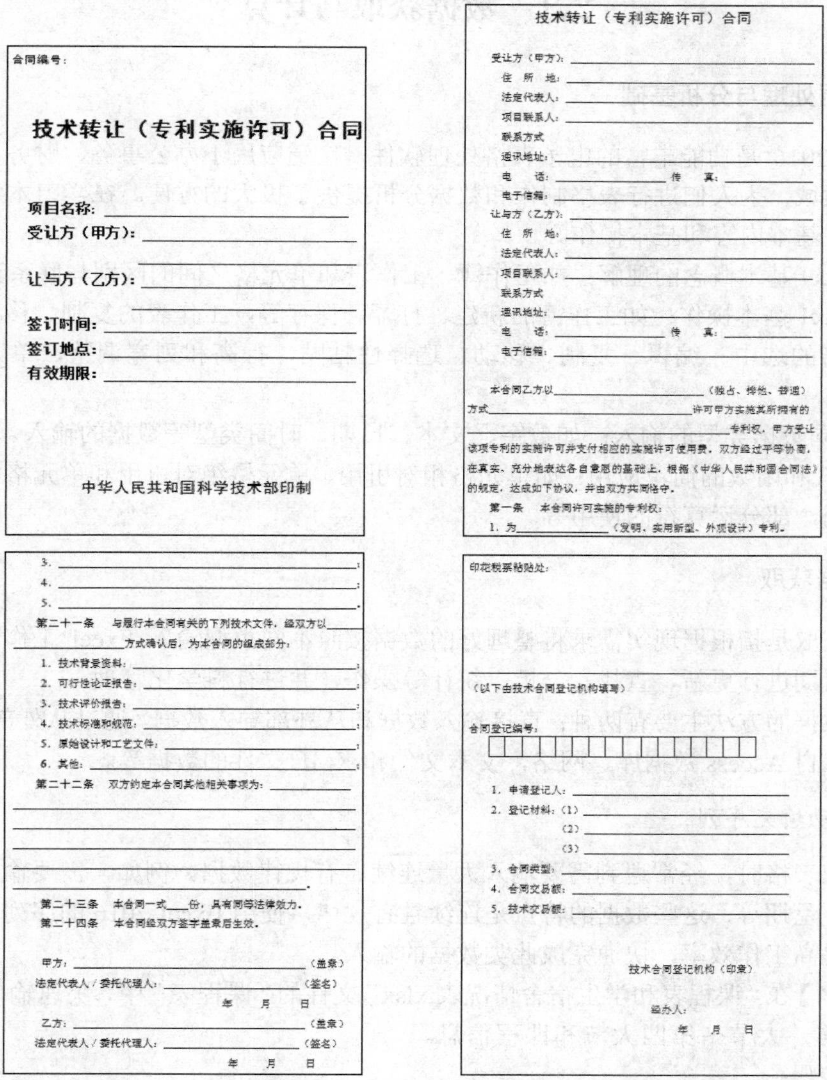
合同编号：

技术转让（专利实施许可）合同

项目名称：
受让方（甲方）：
让与方（乙方）：
签订时间：
签订地点：
有效期限：

中华人民共和国科学技术部印制

技术转让（专利实施许可）合同

受让方（甲方）：
住 所 地：
法定代表人：
项目联系人：
联系方式
通讯地址：
电 话： 传 真：
电子信箱：
让与方（乙方）：
住 所 地：
法定代表人：
项目联系人：
联系方式
通讯地址：
电 话： 传 真：
电子信箱：

本合同乙方以＿＿＿（独占、排他、普通）方式＿＿＿许可甲方实施其所拥有的＿＿＿专利权，甲方受让该项专利的实施许可并支付相应的实施许可使用费。双方经过平等协商，在真实、充分地表达各自意愿的基础上，根据《中华人民共和国合同法》的规定，达成如下协议，并由双方共同恪守。

第一条 本合同许可实施的专利权：
1．为＿＿＿（发明、实用新型、外观设计）专利。

3．
4．
5．
第二十一条 与履行本合同有关的下列技术文件，经双方以＿＿＿方式确认后，为本合同的组成部分：
1．技术背景资料：
2．可行性论证报告：
3．技术评价报告：
4．技术标准和规范：
5．原始设计和工艺文件：
6．其他：
第二十二条 双方约定本合同其他相关事项为：

第二十三条 本合同一式＿份，具有同等法律效力。
第二十四条 本合同经双方签字盖章后生效。

甲方：＿＿＿（盖章）
法定代表人／委托代理人：＿＿＿（签名）
年 月 日
乙方：＿＿＿（盖章）
法定代表人／委托代理人：＿＿＿（签名）
年 月 日

印花税票粘贴处：

（以下由技术合同登记机构填写）

合同登记编号：

1．申请登记人：
2．登记材料：（1）
（2）
（3）
3．合同类型：
4．合同交易额：
5．技术交易额：

技术合同登记机构（印章）

经办人：
年 月 日

图 1-92 合同模板的最终效果

第2章
Excel 2016 数据分析

2.1 数据获取与计算

2.1.1 数据处理与分析基础

Excel 2016 是功能丰富的电子表格处理软件，广泛应用于办公事务、财务、统计和数据分析等领域，为人们进行表格制作和数据分析提供了极大的方便。在学习本章之前，必须掌握以下基本内容和基本操作。

1）Excel 基本概念的理解：如工作簿、工作表和单元格之间的区别与联系。

2）Excel 基本操作：如工作簿的新建、打开、保存等，工作表的复制、移动和重命名等，单元格的选中、编辑、复制、移动、选择性粘贴，行高和列宽调整，单元格格式设置等。

3）不同数据类型的输入：如数字、文本、日期、时间类型等数据的输入。

4）公式和函数的简单应用：如单元格相对引用、单元格绝对引用和单元格混合引用的联系与区别，部分运算符的使用等。

2.1.2 数据获取

数据获取是指根据现实需求将整理好的数据按照不同类型输入 Excel 工作簿中，再根据情况在后期进行更新、查找、分析、统计等操作，并进行科学化管理。

获取数据的方法主要有两种：直接输入数据和从外部导入数据。通过从外部导入数据，可以获取来自 Access 数据库、网络，文本文件和 XML 文件的数据等。

1．自动填充序列

在处理表格时，经常遇到需要输入大量连续、有规律数据。例如，需要输入编号、年份、月份、星期等，这些数据的特点是连续且有规律，使用 Excel 2016 的序列填充功能可以极大地提高工作效率，快速完成此类数据的输入。

【例 2-1】在"课程表和学生宿舍情况表.xlsx"文件的"课程表"中，快速输入星期一～星期日、第一大节～第四大节和课程信息。

操作步骤：

1）"星期"填充步骤。

步骤一：打开所需工作表，选中需要输入星期一的单元格。

步骤二：将鼠标指针移动到目标单元格的右下角，出现黑色实心十字形即填充柄时，按住鼠标左键并拖动鼠标至单元格中出现"星期日"为止。

2)"课程信息"填充步骤。

步骤一：选中需要填充相同课程名称的单元格或单元格区域（不连续区域按 Ctrl 键进行选择，连续区域按 Shift 键进行选择）。

步骤二：输入课程名称。

步骤三：按 Ctrl+Enter 组合键，课程名称自动填充到所选的单元格。

3)"第一大节～第四大节"填充步骤。

步骤一：选择"文件"｜"选项"命令，弹出"Excel 选项"对话框，选择"高级"选项卡，单击"常规"组中的"编辑自定义列表"按钮，弹出"自定义序列"对话框。

步骤二：在"输入序列"列表框中输入"第一大节,第二大节,第三大节,第四大节"（内容以半角逗号分隔或以回车换行符进行分隔），如图 2-1 所示。

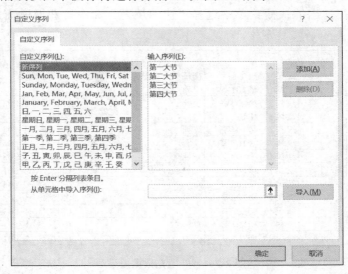

图 2-1　"自定义序列"对话框

步骤三：单击"添加"按钮，再单击"确定"按钮。

步骤四：选中目标单元格，输入"第一大节"，拖动填充柄至出现"第四大节"。

例题解析：星期一～星期日属于 Excel 2016 内置的填充序列，可以直接填充获取。第一大节～第四大节这些数据不属于内置的填充序列，绘制课程表时又需要经常使用，因此可以通过"自定义列表"对话框添加，为后续快速输入提供方便。如果以后不再频繁使用，可删除自定义的序列，但内置序列是不可删除的。在数据输入过程中，遇到规律变化的序列数据，特别是数字和文本组合的数据直接拖动填充柄或按 Ctrl 键拖动填充柄会看到不同的效果。

2.　智能填充数据

在编辑表格数据时，有时需要从某列具有相同特征或某种一致性的数据中提取部分数据作为新的数据列，此时可通过 Excel 2016 中的智能填充功能轻松实现。

【例 2-2】在"课程表和学生宿舍情况表.xlsx"文件的"学生宿舍情况表"中，需要通过详细地址 1 中的信息获取楼栋名、楼栋号和宿舍号，并使获得的 3 组数据形成详细地址 2，如将汉科 1 号楼 101 显示为汉科-1-101。

操作步骤：

1）楼栋名获取步骤。

步骤一：打开所需的工作表，在 D2 单元格中输入"汉科"，按 Enter 键。

步骤二：选中 D2 或 D3 单元格，按 Ctrl+E 组合键，或单击"开始"｜"编辑"｜"填充"下拉按钮，在弹出的快捷菜单中选择"快速填充"命令，获取所需的数据。

2）楼栋号获取步骤和楼栋名的获取方法一样，这里不再赘述。

3）宿舍号获取步骤。

步骤一：在 F2、F3、F4 单元格中输入对应的宿舍号 101、202、103，按 Enter 键。

步骤二：选中 F4 或 F5 单元格，按 Ctrl+E 组合键，或单击"开始"｜"编辑"｜"填充"下拉按钮，在弹出的快捷菜单中选择"快速填充"命令，获取所需的数据，效果如图 2-2 所示。

	A	B	C	D	E	F	G	H
1	姓名	性别	详细地址1	楼栋名	楼栋号	宿舍号	详细地址2	
2	陈真	男	汉科1号楼101室	汉科	1	101	汉科-1-101	
3	杜立	女	汉科2号楼202室	汉科	2	202	汉科-2-202	
4	金佳佳	女	新风4号楼103室	新风	4	103	新风-4-103	
5	柯兰	女	汉科2号楼104室	汉科	2	104	汉科-2-104	
6	李欣	女	汉科2号楼105室	汉科	2	105	汉科-2-105	
7	李浪霞	女	新风4号楼203室	新风	4	203	新风-4-203	
8	刘方骏	男	汉科1号楼101室	汉科	1	101	汉科-1-101	
9	刘娜	女	新风4号楼203室	新风	4	203	新风-4-203	
10	刘楠	女	新风4号楼203室	新风	4	203	新风-4-203	
11	刘彦娜	女	新风4号楼203室	新风	4	203	新风-4-203	
12	刘云	男	汉科1号楼101室	汉科	1	101	汉科-1-101	
13	路桥	女	校内8号楼201室	校内	8	201	校内-8-201	

图 2-2　智能填充数据效果

4）详细地址 2 获取步骤。

步骤一：在 G2 单元格输入"汉科-1-101"，按 Enter 键。

步骤二：选中 G2 或 G3 单元格，按 Ctrl+E 组合键，或单击"开始"｜"编辑"｜"填充"下拉按钮，在弹出的下拉菜单中选择"快速填充"命令，获取所需的数据。

例题解析：Excel 2016 的智能填充功能方便高效，无须使用任何公式或函数就能自动获取所需数据。但是，也需要注意，不是所有内容在输入第一个数据之后就能立刻智能获取的，有时需要输入多个数据，使 Excel 2016 智能识别出数据的规律，如宿舍号的获取，必须输入 3 个宿舍号。这是因为数据源中有两组数字数据，必须使 Excel 2016 确定需要提取的数据列，这样才能准确而又快速地获取数据。

3．获取外部数据

在使用 Excel 2016 整理或分析数据时，有时需要获取外部数据。Excel 2016 提供了从网页、文本文件、Word 表格、Access 数据库等多种外部数据源导入数据的方法，不仅提高了数据输入效率和准确性，还方便今后对数据进行统计分析。

【例 2-3】将文本文件"学生档案信息.txt"中的数据导入 Excel 2016 工作表，方便处理数据。

操作步骤：

1）新建一张名为"外部数据案例"的工作表，单击"数据"｜"获取外部数据"｜"自文本"按钮，弹出"导入文本文件"对话框，找到需要导入的文本文件"学生档案信息"，单击"导入"按钮，如图 2-3 所示。弹出"文本导入向导-第 1 步，共 3 步"对话框。

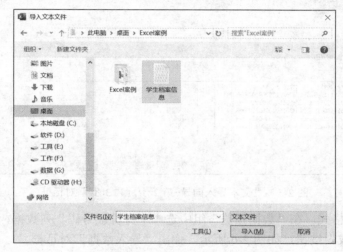

图 2-3 "导入文本文件"对话框

2）点选"分隔符号"单选按钮，如图 2-4 所示，单击"下一步"按钮，弹出"文本导入向导-第 2 步，共 3 步"对话框。

图 2-4 "文本导入向导-第 1 步，共 3 步"对话框

3）勾选"Tab 键"复选框，"数据预览"组中会出现预览结果，如图 2-5 所示，单击"下一步"按钮，弹出"文本导入向导-第 3 步，共 3 步"对话框。

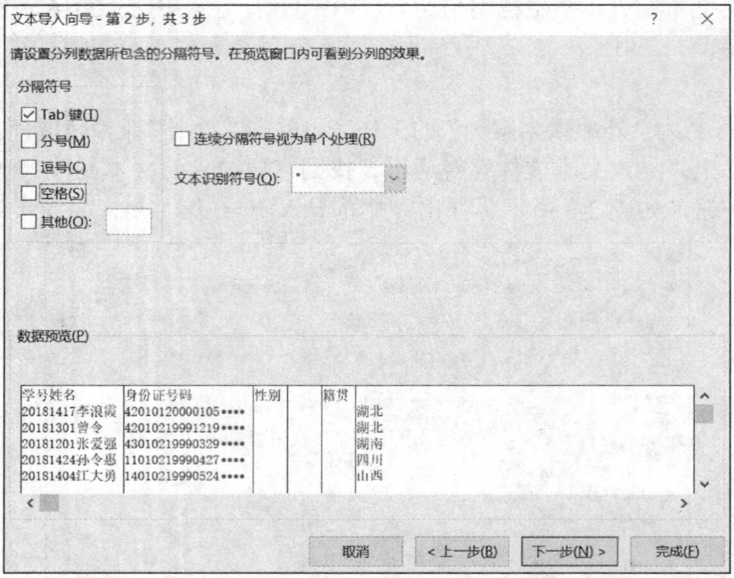

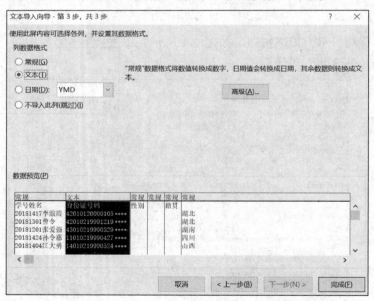

图 2-5　"文本导入向导-第 2 步，共 3 步"对话框

4）设置数据格式。在"数据预览"组中选中"身份证号码"列数据，设置数据格式为文本，单击"完成"按钮，如图 2-6 所示，弹出"导入数据"对话框。

图 2-6　"文本导入向导-第 3 步，共 3 步"对话框

5）选择数据放置位置为现有工作表，并选中单元格 A1，单击"确定"按钮。

6）把第一列数据分为学号和姓名两列。首先在 A、B 列中插入新的一列，然后选中 A

列数据，单击"数据"｜"数据工具"｜"分列"按钮，弹出"文本分列向导-第 1 步，共 3 步"对话框。点选"固定宽度"单选按钮，单击"下一步"按钮，弹出"文本分列向导-第 2 步，共 3 步"对话框。

7）建立分列线。在"数据预览"组的学号和姓名之间单击，生成分列线，分隔学号和姓名两列数据，单击"下一步"按钮，弹出"文本分列向导-第 3 步，共 3 步"对话框。

8）单击"完成"按钮。

例题解析：本例中的文本文件，每列数据是以空格分隔的，因此导入数据时选择文件类型为分隔符号。为了能正确地显示数据，或后续数据运算方便，对于数据列必须进行数据格式的设置。本例中身份证号必须以文本的形式显示，否则会显示为指数形式。采用分列功能对第一列数据进行分隔时，应注意两点：第一，需新建一列再进行分列，否则会覆盖后面一列的数据；第二，选择文本类型时，需要分析数据特点，本例中学号占用列宽是一致的，所以文本类型为固定宽度。

2.1.3　数据计算

在 Excel 2016 中以输入或导入的方式准备好数据后，即可根据需要对表格中的数据进行计算。Excel 2016 的公式和函数提供了丰富的计算功能，而且根据不同的行业需求提供了财务、金融、统计等方面复杂的数据计算功能。

Excel 2016 中的公式是一个以"="开头的计算表达式，与数学中的表达式类似，由操作数和运算符组成。其中，操作数可以是常数、单元格引用、函数、单元格区域名引用等；运算符包含 4 种类型：算术运算符（+、-、*、/、^、%等）、比较运算符（>、>=、<、<=、=、<>），文本连接运算符（&）和引用运算符（;、,、!等）。每个运算符都有相应的优先级，对于运算符不同优先级的表达式，Excel 2016 按照优先级从高到低的顺序进行计算；对于运算符同一优先级的表达式，Excel 2016 按从左到右的顺序计算。

在使用公式时，直接用运算符括号"()"来改变计算的优先级，不需要熟记每个运算符优先级别。例如，3+(2%5)，很明显应先计算括号中的 2%5，再进行加法运算，而不必知道运算符"+"和"%"优先级的高低。

Excel 2016 中的函数是预先定义的内置公式，用于执行简单或复杂的计算。函数通过使用称为参数的特定数值来执行特定的计算，并返回运算结果。Excel 2016 中有许多内置函数，为用户对数据进行运算、管理和分析带来了极大的方便。常用的 Excel 内置函数如表 2-1 所示。

表 2-1　常用的 Excel 内置函数

函数类别	函数功能	函数结构
统计	最小值	MIN(number1,number2,…)
	最大值	MAX(number1,number2,…)
	求和	SUM(number1,number2,…)
	条件求和	SUMIF(range,criteria,[sum_range])
	多条件求和	SUMIFS(sum_range,criteria1_range,criteria1,[criteria2_range,criteria2],…)

续表

函数类别	函数功能	函数结构
统计	平均值	AVERAGE(number1,number2,…)
	条件平均值	AVERAGEIF(range,criteria,[average_range])
	多条件平均值	AVERAGEIFS(average_range,criteria1_range,criteria1,[criteria2_range,criteria2],…)
	计数	COUNT(number1,number2,…)
	非空单元格计数	COUNTA(value1,[value2],…)
	条件计数	COUNTIF(range,criteria)
	多条件计数	COUNTIFS(criteria1_range,criteria1,[criteria2_range,criteria2],…)
	排位	RANK.EQ(number,ref,[order])
数学	绝对值	ABS(number)
	向下取整	INT(number)
	四舍五入	ROUND(number,num_digits)
查找	纵向查找	VLOOKUP(lookup_value,table_array,col_index_num,range_lookup)
	横向查找	HLOOKUP(lookup_value,table_array,row_index_num,range_lookup)
逻辑函数	逻辑判断	IF(logical_test,value_if_true,value_if_false)
	逻辑与	AND(logical1,logical2,…)
	逻辑非	NOT(logical)
	逻辑或	OR(logical1,logical2,…)
日期与时间	日期	DATE(year,month,day)
	当前日期	NOW(),TODAY()
	提取年月日	YEAR(serial_number),MONTH(serial_number),DAY(serial_number)
文本	文本合并	CONCATENATE(text1,text2,…)
	截取字符串	MID(text,start_num,num_chars)
	左侧截取字符串	LEFT(text,num_chars)
	右侧截取字符串	RIGHT(text,num_chars)
	删除空格	TRIM(text)
	字符个数	LEN(text)
	替换字符	REPLACE(old_text,start_num,num_chars,new_text)

1. 使用公式

在学习和工作过程中，有时需要在数据表中创建不同的公式，以对原始数据进行计算，达到快速管理、分析数据的目的。

【例 2-4】使用公式计算"学生成绩表.xlsx"文件中"学生成绩表"的加权平均分和绩点。

提示：学生加权平均分为每门功课的成绩乘以每门功课的学分之和再除以所有学分之和。加权平均分小于 60，绩点为 0；加权平均分为 60～69，绩点为 1～1.9；加权平均分为 70～79，绩点为 2～2.9；依此类推，加权平均分等于 100 的绩点为 5。

操作步骤：

1）计算加权平均分。

步骤一：打开所需工作表，在单元格空白区域输入每门课程的学分，如图 2-7 所示。选中单元格 H4。

图 2-7　每门课程学分

步骤二：输入公式"=(D4*$P$11+E4*$Q$11+F4*$R$11+G4*$S$11)/($P$11+$Q$11+$R$11+$S$11)"。

注意，其中的单元格引用，如 D4、$P$11 等可直接通过单击单元格获取，D4 可能在选中后显示为"[@数学分析]"，其设置为选择"文件"｜"选项"命令，在弹出的"Excel 选项"对话框中选择"公式"选项卡，在"使用公式"组中勾选"公式中使用表名"复选框。

步骤三：完成公式的输入后，按 Enter 键，即完成了第一个学生加权平均分的计算，双击 H4 右下角的填充柄，即可完成其他学生加权平均分的计算，如图 2-8 所示。

H4			✕ ✓ fx	=(D4*$P$11+E4*$Q$11+F4*$R$11+G4*$S$11)/($P$11+$Q$11+$R$11+$S$11)								
	A	B	C	D	E	F	G	H	I	J	K	L
1					学生成绩表							
2												
3	学号	姓名	性别	数学分析	大学英语	计算机基础	大学物理	加权平均分	绩点	评优	名次	转专业资格
4	20180001	王崇江	男	95	86	81	90	88.548387				
5	20180002	刘露露	男	73	84	80	85	80.774194				
6	20180003	徐志晨	男	88	60	84	75	74.967742				
7	20180004	王炫皓	男	67	72	64	80	71.483871				
8	20180005	谢丽秋	女	86	90	80	85	86.064516				
9	20180006	王崇江	女	85	90	88	84	86.838710				
10	20180007	唐雅林	女	82	81	76	90	82.774194				
11	20180008	谭金龙	男	78	81	79	90	82.225806				
12	20180009	梅昕雨	女	87	84	85	82	84.419355				
13	20180010	马小刚	男	84	92	80	90	87.483871				
14	20180011	刘校	男	81	84	75	67	77.387097				
15	20180012	李佳群	男	78	92	70	65	77.870968				
16	20180013	李佳	女	90	84	80	79	83.612903				
17	20180014	黎冬龄	女	72	92	60	87	80.387097				

图 2-8　使用公式计算加权平均分效果

2）计算绩点。

步骤一：选中单元格 I4。

步骤二：输入公式"=(H4-50)/10"，再按 Enter 键，即完成了第一个学生绩点的计算。双击 I4 右下角的填充柄，完成所有其他学生绩点的计算。

例题解析：使用公式计算加权平均分时，由于每个学生每门课程成绩是不同的，输入第一个参照公式后，课程成绩的单元格引用需要自动调整填充，因此课程成绩的单元格引用使用相对引用，如 D4、E4 等。而每个学生相同课程的学分是一样的，所以课程学分的单元格引用为绝对引用，如$P$11、$Q$11 等。除了这两种单元格引用外，还有混合引用，3 种引用方式的区别与联系如表 2-2 所示。单元格的 3 种引用方式非常重要，一旦使用出错，将不会得到正确的结果。

表 2-2　3 种引用方式的区别与联系

引用名称	特点
相对引用	如 A1，复制公式时引用会自动调整
绝对引用	如$A$1，复制公式时引用不做调整
混合引用	如 A$1、$A1、A$1，复制公式时行号不变列号变化（除在同一列复制公式外）；$A1 复制公式时列号不变行号变化（除在同一行复制公式外）

　　根据加权平均分和绩点之间的关系，得出绩点的公式为"(加权平均分-50)/10"，通过计算结果可以发现，韩垚同学加权平均分小于 60，绩点为 0.954839，不符合条件要求，如图 2-9 所示。为了解决这个问题，需要对所有的绩点进行判断，如果绩点大于等于 1，结果不变，否则结果为 0，这时需要用到 Excel 中的函数。

	学号	姓名	性别	数学分析	大学英语	计算机基础	大学物理	加权平均分	绩点	评优	名次	转专业资格
16	20180013	李佳	女	90	84	80	79	83.612903	3.361290			
17	20180014	黎冬龄	女	72	92	60	87	80.387097	3.038710			
18	20180015	何政秀	女	89	84	90	89	87.548387	3.754839			
19	20180016	杜婉	女	66	92	50	60	70.258065	2.025806			
20	20180017	丁丽娟	女	63	84	45	76	70.225806	2.022581			
21	20180018	陈筱雅	女	87	92	40	54	72.516129	2.251613			
22	20180019	王雪晨	女	57	84	35	78	67.580645	1.758065			
23	20180020	吴晓敏	女	54	92	86	58	72.451613	2.245161			
24	20180021	雷玲娟	男	90	89	80	88	87.548387	3.754839			
25	20180022	程思思	女	88	76	77	87	82.096774	3.209677			
26	20180023	陈胜兰	女	87	99	80	90	90.516129	4.051613			
27	20180024	韩垚	男	67	66	50	50	59.548387	0.954839			
28	20180025	彭成成	女	66	87	90	68	77.161290	2.716129			

图 2-9　使用公式计算绩点效果

2．函数

　　Excel 2016 提供了丰富的函数，包括财务函数、逻辑函数、文本函数、数学与三角函数、日期与时间函数、统计函数、查找和引用函数等，直接使用它们可以帮助用户对某个特定领域的数据进行一系列的运算。例如，在例 2-4 中，计算加权平均分时用到的总学分就可以用求和函数 SUM 实现，即使用"=SUM($P$11:$S$11)"。

　　下面通过例题介绍一些常用函数的使用方法。

　　【例 2-5】对"学生成绩表"完成以下计算任务：

　　1）绩点，将所有小于 1 的绩点更新为 0，其他绩点不变。

　　2）评优，绩点大于等于 3.5，显示为优秀，否则不显示任何信息。

　　3）名次，根据绩点计算出名次。

　　4）转专业资格，所有课程大于等于 60 且绩点大于等于 2.0，显示为有"可转"，否则不显示任何信息。

　　操作步骤：

　　1）绩点。

　　步骤一：打开所需工作表，选中单元格 I4，在编辑栏对已经写入的公式嵌套函数 IF，具体公式为"= IF((H4-50)/10>=1,(H4-50)/10,0)"，按 Enter 键，即完成第一个学生绩点的计算。

　　步骤二：选中单元格 I4，双击填充柄，完成其他学生绩点的计算。

2）评优。

步骤一：选中单元格 J4，输入函数 "=IF(I4>=3.5,"优秀","")"，按 Enter 键，完成第一个学生的评优计算。

步骤二：选中单元格 J4，双击填充柄，完成其他学生的评优计算。

3）名次。

步骤一：选中单元格 K4，输入函数 "=RANK(I4,$I$4:$I$33,0)"，按 Enter 键，完成第一个学生名次的计算。

步骤二：选中单元格 K4，双击填充柄，完成其他学生名次的计算。

4）转专业资格。

步骤一：选中单元格 L4，输入函数 "=IF(AND(D4>=60,E4>=60,F4>=60,G4>=60,I4>=2),"可转","")"，按 Enter 键，完成第一个学生转专业资格的计算。

步骤二：选中单元格 K4，双击填充柄，完成其他学生转专业资格的计算，如图 2-10 所示。

L4				fx	=IF(AND(D4>=60, E4>=60, F4>=60, G4>=60, I4>=2),"可转","")						
	A	B	C	D	E	F	G	H	I	J	K	L
1							学生成绩表					
3	学号	姓名	性别	数学分析	大学英语	计算机基础	大学物理	加权平均分	绩点	评优	名次	转专业资格
4	20180001	王崇江	男	95	86	81	90	88.548387	3.854839	优秀	3	可转
5	20180002	刘露露	男	73	84	80	85	80.774194	3.077419		14	可转
6	20180003	徐志晨	男	88	60	84	75	74.967742	2.496774		19	可转
7	20180004	王炫皓	男	67	72	64	80	71.483871	2.148387		23	可转
8	20180005	谢丽秋	女	86	90	80	85	86.064516	3.606452	优秀	8	可转
9	20180006	王崇江	女	85	90	88	84	86.838710	3.683871	优秀	7	可转
10	20180007	唐雅林	女	82	81	76	90	82.774194	3.277419		11	可转
11	20180008	谭金龙	男	78	81	79	90	82.225806	3.222581		12	可转
12	20180009	梅昕雨	女	87	84	85	82	84.419355	3.441935		9	可转
13	20180010	马小刚	男	84	92	80	90	87.483871	3.748387	优秀	6	可转
14	20180011	刘校	男	81	84	75	67	77.387097	2.738710		17	可转
15	20180012	李佳群	男	78	92	70	65	77.870968	2.787097		16	可转

图 2-10　使用函数 IF 和 AND 计算转专业资格

例题解析：本例中使用了逻辑函数 IF 和 AND、统计函数 RANK。

IF 函数的功能是判断是否满足某个条件，如果满足（即条件成立为 TRUE），则返回一个值；如果不满足（即条件不成立为 FALSE），则返回另一个值。这里需注意的是，使用 IF 函数，返回值类型不一样，写法是不一样的，如计算绩点返回值的类型为数字（如 0），可直接输入，而评优和转专业资格中返回值的类型为文本，所以必须加上英文输入法状态下的双引号，如"优秀"。

AND 函数用于检查是否所有参数均为 TRUE，如果均为 TRUE，则返回 TRUE，否则返回 FALSE。其应用于多个条件同时满足的情况。

统计函数 RANK 用于求某一个数值在某一个区域内的排名，在本例中出现了两种单元格的引用方式。其中，第一个参数表示每个学生的绩点，填充过程中自动调整，故使用单元格相对引用；第二个参数表示所有绩点的范围，填充过程中这个范围是固定不变的，所以使用单元格绝对引用；第三个参数表示升序降序排位，0 表示降序（分数越高名次对应的数字越小），1 表示升序。降序时，函数也可写为 "=RANK(I4,$I$4:$I$33)"。

在实际应用中，熟悉常用函数的功能及用法，可以更加高效地完成数据的处理，在后面的案例中会继续介绍其他函数。

【例 2-6】对“学生成绩表”中各门课的成绩进行分数段统计，结果填入“统计表”中。

操作步骤：

1）选中单元格 Q4，输入函数“=COUNTIF(D4:D33,">=90")”，按 Enter 键，完成 90～100 分数段人数的计算。

2）选中单元格 Q4，向右拖动填充柄到单元格 T4，完成剩下课程 90～100 分数段人数的计算。

3）选中单元格 Q5，输入公式“=COUNTIF(D4:D33,">=80")-Q4”，或输入函数“=COUNTIFS(D4:D33,">=80",D4:D33,"<=89")”，按 Enter 键，完成 80～89 分数段人数的计算。

4）选中单元格 Q5，向右拖动填充柄到单元格 T5，完成剩下课程 80～89 分数段人数的计算。

5）参照以上两个分数段的计算步骤，在单元格 Q6、Q7 和 Q8 输入函数 COUNTIF 或 COUNTIFS 的完整形式，完成剩下分数段的计算，如图 2-11 所示。

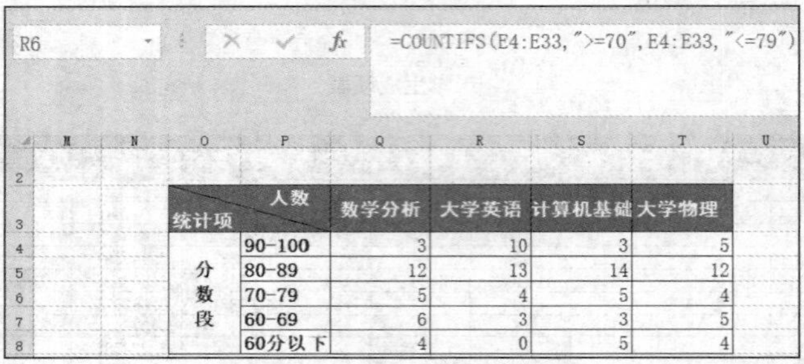
R6 =COUNTIFS(E4:E33,">=70",E4:E33,"<=79")

统计项	人数	数学分析	大学英语	计算机基础	大学物理
分数段	90-100	3	10	3	5
	80-89	12	13	14	12
	70-79	5	4	5	4
	60-69	6	3	3	5
	60分以下	4	0	5	4

图 2-11 使用 COUNTIF 和 COUNTIFS 函数计算分数段

例题解析：COUNTIF 函数的作用是计算某个区域满足给定条件的单元格数目。第一个参数是需要计算的区域，第二个参数是给定的条件。本例中，计算 90 分以上和 60 分以下的人数，只需满足一个条件，因此可直接用 COUNTIF 函数实现。如果需满足多个条件，如大于等于 80 且小于等于 89，需创建公式，即首先用 COUNTIF 函数计算 80 分以上的人数，再减去 90 分以上的人数，即公式“=COUNTIF(D4:D33,">=80")-Q4”。

COUNTIFS 函数的作用是统计一组给定条件的单元格数目。第一个参数是第一个区域，第二个参数为第一个区域需满足的条件，第三个参数是第二个区域，第四个参数是第二个区域需满足的条件，依此类推。当只有一组区域和条件时，其和 COUNTIF 函数的功能一样。本例中所有分数段的计算都可以用 COUNTIFS 实现。

【例 2-7】在“学生成绩表”中通过学号查询单个学生的详细成绩信息。

操作步骤：

1）打开所需工作表，选中单元格 W2，单击“数据”|“数据工具”|“数据验证”按钮，弹出“数据验证”对话框，选择“设置”选项卡，在“验证条件”组中的“允许”下拉列表框中选择“序列”选项，单击“来源”文本框右侧的拾取按钮，选择学号所在的区域，或直接输入公式“=$A$4:$A$33”，如图 2-12 所示。单击“确定”按钮，效果如

达式，如果课程门数增加，此表达式会更长。通过条件需求分析，转专业第一个条件是所有课程成绩必须大于 60 分，也就是这些课程成绩最小值大于等于 60，即"MIN(课程成绩区域)>=60"，转专业第二个条件是绩点为"I4>=2"，两个条件同时满足，使两个条件相乘"=(MIN(D4:G4) >=60)*(I4>=2)"，相当于"=1*1"，即为 TURE。

对于"学生成绩表"中的数据，学生可以尝试从不同角度进行公式或函数的应用。

3. 数组公式

学习数组公式之前，必须明确数组的含义。一组数据在同一行中，称为一维横向数组；一组数据在同一列中，称为一维纵向数组；处于不同行、不同列的一组数据，称为二维数组，如图 2-17 所示。

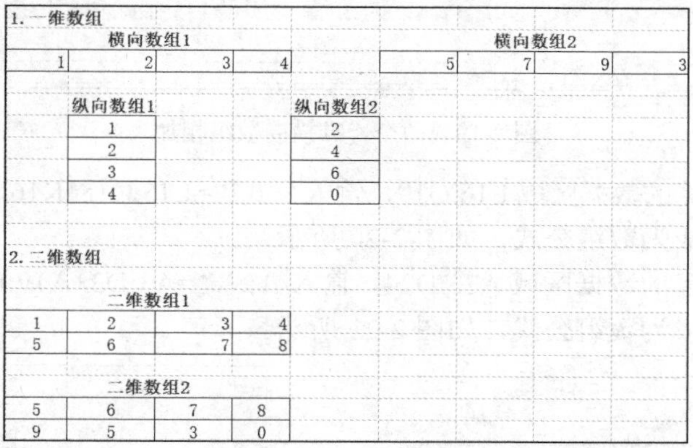

图 2-17　一维数组和二维数组示例

在数组公式中，引用数组是以"{}"括起来的公式，对于一维横向数组，数据之间用逗号分隔，如{1,2,3,4}；对于一维纵向数组，数据之间用分号分隔，如{2;4;6;0}；对于二维数组，如{1,2,3,4;5,6,7,8}，表示 2 行 4 列的二维数组。

在使用 Excel 2016 对数据进行运算时，下列情形可以考虑或需要使用数组公式。

1）运算结果需要返回一个集合。

2）不希望破坏某一使用相关公式运算的集合数据的完整性。

3）有些运算结果需要通过复杂的中间运算过程才能得到。

【例 2-9】数组公式应用：

1）横向数组 1 所有元素乘以 3。

2）横向数组 1 与横向数组 2 相加。

3）一维横向数组与一维纵向数组相乘。

4）二维数组 2 与一维数组 1 相加

5）二维数组 1 与二维数组 2 相加。

操作步骤：

1）打开"数组公式应用"表。

2）选中需要计算的数据区域 K3:N3，输入公式"=(A3:D3)*3"，按 Ctrl+Shift+Enter 组合键，使之成为数组公式，如图 2-18 所示。

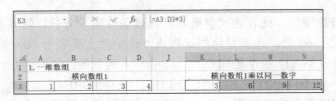

图 2-18　一维横向数组与常量相乘

3）选中需要计算的数据区域 P3:S3，输入公式"=A3:D3+F3:I3"，按 Ctrl+Shift+Enter 组合键，使之成为数组公式，如图 2-19 所示。

图 2-19　两个一维横向数组相加

4）选中需要计算的数据区域 L16:O19，输入公式"=L15:O15*K16:K19"，按 Ctrl+Shift+Enter 组合键，使之成为数组公式，如图 2-20 所示。

5）选中需要计算的数据区域 A23:D24，输入公式"=A3:D3+A19:D20"，按 Ctrl+Shift+Enter 组合键，使之成为数组公式，如图 2-21 所示。

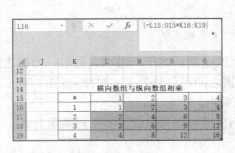

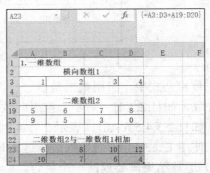

图 2-20　一维横向数组与一维纵向数组相乘　　图 2-21　二维数组与一维数组相加

6）选中需要计算的数据区域 J15:M16，输入公式"=A15:D16+A19:D20"，按 Ctrl+Shift+Enter 组合键，使之成为数组公式，如图 2-22 所示。

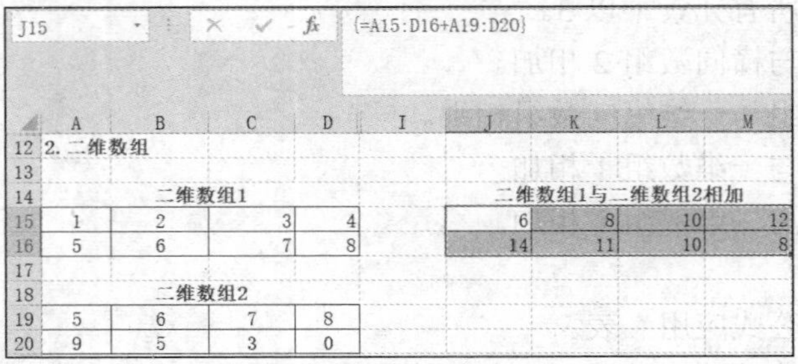

图 2-22　两个二维数组相加

例题解析：通过本例可以得出不同情况下不同数组之间的运算规则。

1）一维数组的批量运算，即每个单元格数据分别与常量进行运算。

2）同向一维数组间的批量运算，如一维横向数组与一维横向数组运算，或一维纵向数组与一维纵向数组运算。其运算规则是，两个数组对应位置的数据分别进行运算，生成一个大小和方向不变的新数组。

3）不同方向的一维数组批量运算。例如，M 列的一维横向数组乘以 N 行的一维纵向数组，其运算规则是，纵向数组的每一个数据分别与横向数组的每一个数据相运算，生成一个新的 M×N 的数组。

4）二维数组与一维数组间的批量运算。运算的前提是，二维数组与一维数组同方向上数据的数量相同。其运算规则是，一维数组的数据分别与二维数组的每行或每列运算，生成一个与二维数组大小相同的数组。

5）两个二维数组间的批量运算，要求两个数组行列数相同。其运算规则是，将数组对应位置的数据进行运算，生成一个行列数不变的新的二维数组。

【例 2-10】使用数组公式计算绩点。

操作步骤：打开"数组公式应用.xlsx"文件，选择"学生成绩表"工作表。选中需要计算绩点的区域 I4:I23，输入公式"= ((H4:H33-50)/10>=1)*(H4:H33-50)/10"，按 Ctrl+Shift+Enter 组合键，显示结果。

例题解析：使用数组公式计算绩点，应注意两点：第一，选择批量生成的区域；第二，将前面使用公式或函数中的单个单元格引用替换为这列的所有区域即可。替换过程中应保持原有单元格相对引用或绝对引用的形式。"学生工作表"中的其他任务也可用数组公式实现。

2.2　数据可视化

2.2.1　图表概述

图表实际上是将表格图形化，使表格中的数据具有更好的视觉效果。使用图表功能可以更加直观、有效地表达数据信息，帮助用户迅速掌握数据的发展趋势和分布状况，有利于分析、比较和预测数据。

2.2.2　图表组成

完整的图表由图表标题、图表区、绘图区、数据系列、图例、网格线、坐标轴等组成，如图 2-23 所示。

1）图表标题：显示在绘图区上方的文本框，只有一个。图表标题的作用就是简明扼要地概述该图表的作用。

2）图表区：主要分为图表标题、图例、绘图区三大组成部分。

3）绘图区：图表区内图形的表示范围，即以坐标轴为边的长方形区域。可以根据需要改变绘图区边框的样式和内部区域的填充颜色及效果。绘图区中包含以下 5 个项目，即数据、图例、数据标签、坐标轴、网格线。

4）数据系列：对应于工作表中的一行或一列数据。

5）图例：显示各个系列所表示的内容。由图例项和图例项标志组成，默认显示在绘图区的右侧。

6）网格线：用于显示各数据点的具体位置，有主次之分。

7）坐标轴：按位置不同可分为主坐标轴和次坐标轴，默认显示的是绘图区左边的主 Y 轴和下边的主 X 轴。

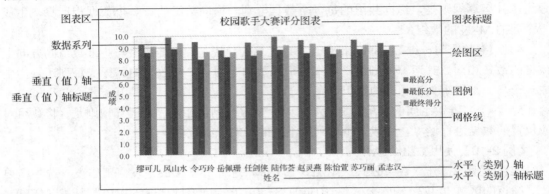

图 2-23　图表的组成部分

2.2.3　图表类型

Excel 2016 提供了 15 种标准图表类型（图 2-24），每一种图表类型又可分为几个子类型。常见的图表类型有柱形图、条形图、饼图、折线图和散点图等。

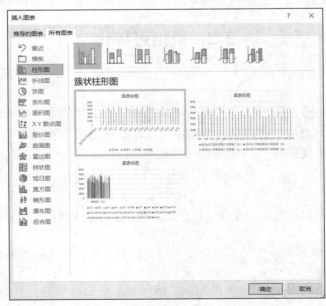

图 2-24　Excel 2016 的所有图表

1）柱形图：反映一段时间内数据的变化，或用于不同项目之间的对比，如图 2-25 所示。

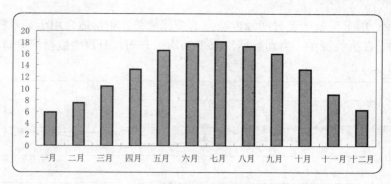

图 2-25 柱形图

2）条形图：显示各个项目之间的对比，其分类轴设置在横轴，如图 2-26 所示。

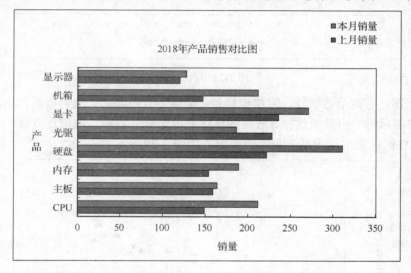

图 2-26 条形图

3）饼图：显示组成数据系列的项目在项目总和中所占的比例，如图 2-27 所示。

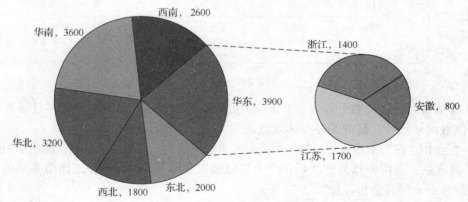

图 2-27 饼图

4）折线图：用于反映一定时间段内数据的变化趋势，非常适合用于显示相等时间间隔下数据的趋势。在折线图中，类别数据沿水平轴均匀分布，而数值数据沿垂直轴均匀分布，如图 2-28 所示。

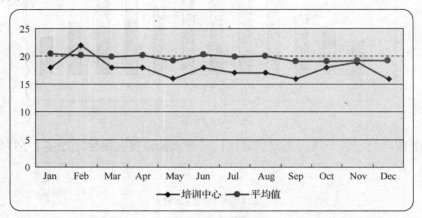

图 2-28　折线图

5）散点图：有两个数值轴，沿横坐标轴（X 轴）方向显示一组数值数据，沿纵坐标轴（Y 轴）方向显示另一组数值数据。散点图将这些数值合并到单一数据点并按不均匀的间隔或簇来显示它们，通常用于显示和比较数值，如图 2-29 所示。

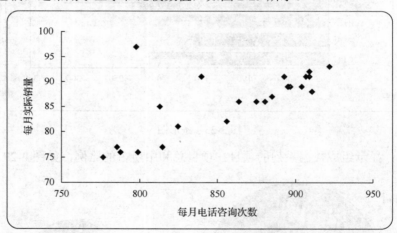

图 2-29　散点图

6）雷达图：形状类似于雷达，工作表中的数据可以显示在雷达图中，并且每个数据均从中心位置向外延伸，延伸的多少体现数据的大小，如图 2-30 所示。

7）组合图：在二维图表中，每一个系列可单独更改为不同的图表类型，如图 2-31 所示。

8）瀑布图：因图表排列形状悬在空中类似瀑布而得名。瀑布图在工作中非常实用，多用于经营分析、财务分析，如图 2-32 所示。

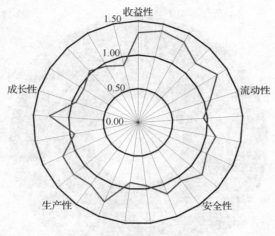

图 2-30 雷达图

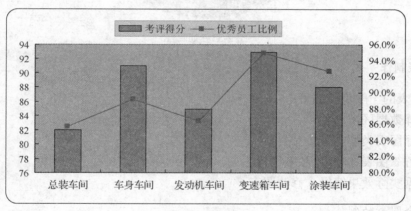

图 2-31 组合图

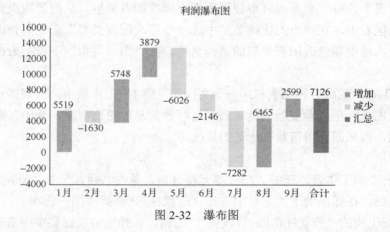

图 2-32 瀑布图

9）旭日图：又称为太阳图，一种圆环镶接图，每一个圆环代表了同一级别的比例数据，离原点越近的圆环级别越高，最内层的圆环为层次结构的顶级。除了圆环外，旭日图还有若干从原点放射出去的"射线"，这些"射线"展示出不同级别数据间的脉络关系，如图 2-33 所示。

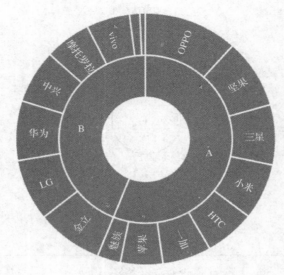

图 2-33　旭日图

2.2.4　图表制作

创建图表的一般步骤如下：

1）选择数据区域。

2）选择图表类型。

3）设置"图表选项""图表位置"。

4）根据实际效果编辑、修改图表。

1. 组合图表的制作

在二维图表中，每一个系列可单独更改为不同的图表类型，从而形成组合图表。创建方法是在图表区右击，在弹出的快捷菜单中选择"更改图表类型"命令，弹出"更改图表类型"对话框，选中需修改图表类型的系列名称，在"图表类型"下拉列表框中选择新的图表类型。

【例 2-11】在"数据可视化素材.xlsx"文件的"例 1"工作表中，根据糖水粥铺的销售情况创建一张图表，生成燕麦葡萄粥和西米露两种粥品的对比情况，其中，燕麦葡萄粥使用簇状柱形图，西米露选用带数据标记的折线图。

操作步骤：

1）打开所需的工作表，选中 A2:E3 单元格区域，单击"插入"｜"图表"｜"插入组合图"下拉按钮，在弹出的下拉菜单中选择"簇状柱形图-折线图"选项。

2）选中新生成的"簇状柱形图-折线图"，右击，在弹出的快捷菜单中选择"更改图表类型"命令，弹出"更改图表类型"对话框，系列名称选择西米露，图表类型选择带数据标记的折线图，如图 2-34 所示。单击"确定"按钮，生成图 2-35 所示的效果图。

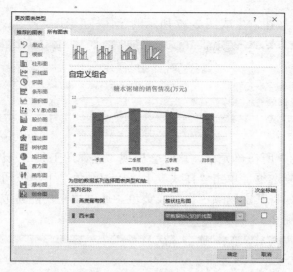

图 2-34　西米露图表类型的更改

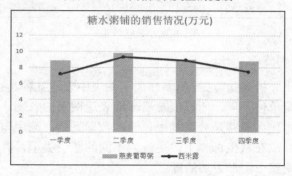

图 2-35　粥品对比情况的效果

2. 迷你图的制作

Excel 2016 提供了迷你图功能，利用它仅在一个单元格中便可绘制出简洁、漂亮的小图表，并可以使用迷你图工具对其进行美化。迷你图的类型有 3 种：折线图、柱形图和盈亏图。折线图能更好地反映数据趋势，柱形图可以有效地表达数据最高点、最低点，盈亏图可以有效地表示数据的正负（盈亏）关系。

【例 2-12】曹俊是某环境科学院的研究人员，现在需要用 Excel 来分析我国主要城市的降水量。要求：打开"数据可视化素材.xlsx"文件，选择"例 2"工作表，在单元格区域 N2:N9 中插入迷你柱形图，数据范围为 B2:M9 中的数值，并将高点设置为黄色。

操作步骤：

1）打开所需工作表，选中单元格 N2，单击"插入"｜"迷你图"｜"柱形"按钮，弹出"创建迷你图"对话框。

2）在"选择所需的数据"组的"数据范围"文本框中输入"B2:M2"，在"选择放置迷你图的位置"组的"位置范围"文本框中输入"$N$2"，如图 2-36 所示。

图 2-36　迷你图设置

3）单击"确定"按钮，生成图 2-37 所示的迷你柱形图。

1月	2月	3月	4月	5月	6月	7月	8月	9月	10月	11月	12月	季节分布
0.2	0	11.6	63.6	64.1	125.3	79.3	132.1	118.9	31.1	0	0.1	
0.1	0.9	13.7	48.8	21.2	131.9	143.4	71.3	68.2	48.5	0	4.1	
8	0	22.1	47.9	31.5	97.1	129.2	238.6	116.4	16.6	0.2	0.1	
3.7	2.7	20.9	63.4	17.6	103.8	23.9	45.2	56.7	17.4	0	0	
6.5	2.9	20.3	11.5	7.9	137.4	165.5	132.7	54.9	24.7	6.7	0	
0	1	37.2	71	79.1	88.1	221.1	109.3	70	17.9	8.3	18.7	
0.2	0.5	32.5	22.3	62.1	152.5	199.8	150.5	63	17	14.1	2.3	
0	0	21.8	31.3	71.3	57.4	94.8	46.1	80.4	18	9.3	8.6	

图 2-37　迷你柱形图

4）单击"迷你图"所在单元格，这时会出现"迷你图工具-设计"选项卡，勾选"显示"组中的"高点"复选框，单击"样式"｜"标记颜色"下拉按钮，在弹出的下拉菜单中选择"高点"命令，将其主题颜色设置成黄色。通过填充功能完成其他城市的迷你柱形图设置，最终效果如图 2-38 所示。

城市（毫米）	1月	2月	3月	4月	5月	6月	7月	8月	9月	10月	11月	12月	季节分布
北京市	0.2	0	11.6	63.6	64.1	125.3	79.3	132.1	118.9	31.1	0	0.1	
天津市	0.1	0.9	13.7	48.8	21.2	131.9	143.4	71.3	68.2	48.5	0	4.1	
石家庄市	8	0	22.1	47.9	31.5	97.1	129.2	238.6	116.4	16.6	0.2	0.1	
太原市	3.7	2.7	20.9	63.4	17.6	103.8	23.9	45.2	56.7	17.4	0	0	
呼和浩特市	6.5	2.9	20.3	11.5	7.9	137.4	165.5	132.7	54.9	24.7	6.7	0	
沈阳市	0	1	37.2	71	79.1	88.1	221.1	109.3	70	17.9	8.3	18.7	
长春市	0.2	0.5	32.5	22.3	62.1	152.5	199.8	150.5	63	17	14.1	2.3	
哈尔滨市	0	0	21.8	31.3	71.3	57.4	94.8	46.1	80.4	18	9.3	8.6	

图 2-38　最终效果

3．双轴坐标图的制作

有时为了便于对比分析某些数据，需要在同一图表中表达几种具有一定相关性的数据。但是，因为数据的衡量单位不同，所以很难清晰地表达图表的意图，此时需要用到双轴坐标图。该类图表的基本作图思路是分析其中包含的数据系列，选中与其他系列计量单位不同的数据系列，并将其放在次坐标轴上，更改为不同的图表类型，并利用坐标轴的最大值和最小值避免覆盖，使整个图形更加清晰。

【例 2-13】对于中国本地生活服务 O2O 市场行情的分析和预测，在表达这类数据时，通常还会使用环比增长率来呈现其变化情况。对此，可以使用柱形图来呈现市场规模数据，使用折线图来呈现环比增长率，如图 2-39 所示。

图 2-39　市场交易规模效果

操作步骤:

1)打开"数据可视化素材.xlsx"文件,选择"例 3"工作表。选中 A2:C10 单元格区域,单击"插入"|"图表"|"插入组合图"下拉按钮,在弹出的下拉菜单中选择"簇状柱形图–折线图"命令,生成图 2-40 所示的图表。

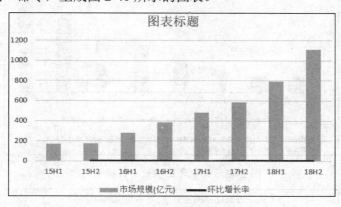

图 2-40 市场规模组合图

2)通过拖动调整图表及绘图区的大小,在图表顶部和底部的空白处绘制文本框,分别输入图表的标题及数据说明等信息,如图 2-41 所示。

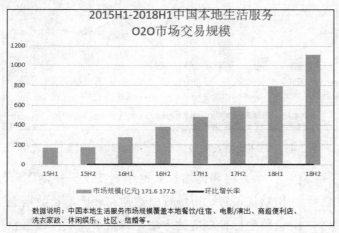

图 2-41 添加标题等信息后的图表

3)主坐标轴的数值很大,而环比增长率的值是一个百分比,是一个小于 1 的数,在图表中很难直观地看到其变化趋势,因此需要新增加一个次坐标轴,并将环比增长数据绘制在次坐标轴上。具体操作步骤是,先选中环比增长率数据系列(图 2-42),右击,在弹出的快捷菜单中选择"设置数据系列格式"命令,弹出"设置数据系列格式"任务窗格,点选"次坐标轴"单选按钮,效果如图 2-43 所示。

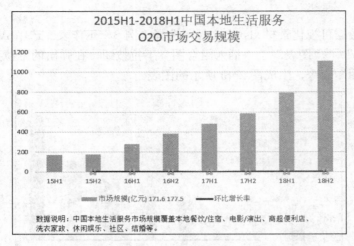

图 2-42　选中环比增长率数据系列

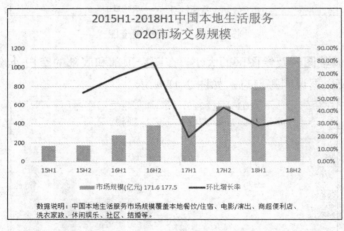

图 2-43　将环比增长率数据系列绘制到次坐标轴上的效果

图 2-44　纵坐标轴的设置

4）将环比增长数据绘制在次坐标轴之后，由于次坐标轴采用默认设置，市场规模数据和环比增长数据混在一起。可以通过调整坐标轴刻度的方法，调整市场规模数据系列（柱形图）及环比增长数据系列（折线图）。

5）将主坐标轴纵轴刻度的最大值调整为 1800.0，再将主要刻度单位由默认的 200.0 更改成 300.0，以便减少图表中的网格线数量，如图 2-44 所示。用同样的方法将次要纵坐标轴刻度的最小值改成-0.9，并将主要刻度单位由默认的 0.2 更改为 0.3，效果如图 2-45 所示。

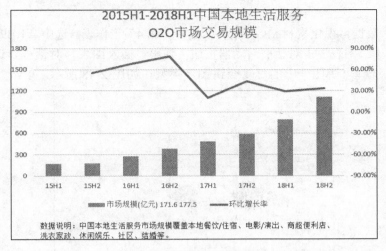

图 2-45　数据系列分离效果

6）选中该图表，单击"图表工具-格式"|"当前所选内容"|
"图表元素"下拉列表框右边的下拉按钮，在弹出的下拉菜单中
选择"垂直（值）轴"选项。单击"设置所选内容格式"按钮，
弹出"设置坐标轴格式"任务窗格，将标签位置设置为无，如
图 2-46 所示，隐藏主坐标轴，采用同样的方法隐藏次坐标轴。

4. 饼形图的制作

在工作中如果遇到需要计算总费用或金额各个部分构成比
例的情况，一般通过各个部分与总额相除来计算。但是，这种比
例表示方法很抽象，使用饼图能够以图形的方式直接显示各个组
成部分所占的比例。

图 2-46　隐藏主坐标轴的设置

【例 2-14】在单元格区域 D1:L17 创建复合饼图，并根据"数
据可视化素材.xlsx"文件"例 4"工作表中的样例，如图 2-47
所示，设置图表标题、绘图区、数据标签的内容及格式。

各类产品所占比例

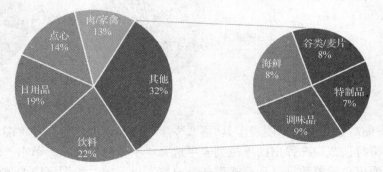

图 2-47　图表参考效果图

操作步骤:

1)打开"数据可视化素材.xlsx"文件,选择"例 4"工作表。选中 A1:B9 单元格区域,单击"插入"|"图表"|对话框启动器按钮,弹出"插入图表"对话框,选择"所有图表"选项卡,选择"饼图"中的"复合饼图"类型,如图 2-48 所示,单击"确定"按钮。

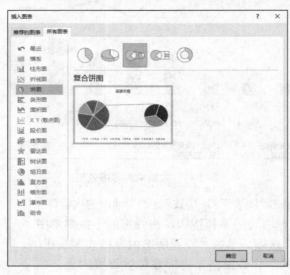

图 2-48　插入复合饼图

2)选中饼图对象,单击"图表工具-设计"|"图表布局"|"添加图表元素"下拉按钮,在弹出的下拉菜单中选择"图例"|"无"命令,如图 2-49 所示。在图表对象上方的标题文本框中输入图表标题"各类产品所占比例",将字体设置为黑体、24 号,并将复合饼图调整到 D1:L17 单元格区域,效果如图 2-50 所示。

图 2-49　设置图例为无

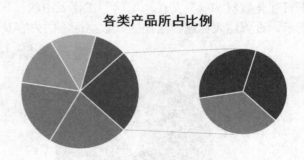

图 2-50　复合饼图效果

3)选中饼图对象,单击"图表工具-格式"|"当前所选内容"|"图表元素"下拉列表框右边的下拉按钮,在弹出的下拉列表中选择"销售额"选项。单击"设置所选内容格式"按钮,弹出"设置数据系列格式"任务窗格,设置第二绘图区中的值为 4,系列分割依据为百分比值,如图 2-51 所示。

4）选中饼图对象，单击"图表工具-格式"｜"当前所选内容"｜"图表元素"下拉列表框右边的下拉按钮，在弹出的下拉列表中选择"销售额"选项，右击，在弹出的快捷菜单中选择"添加数据标签"｜"添加数据标签"命令，如图 2-52 所示。

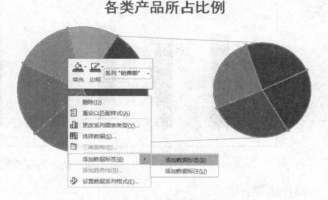

各类产品所占比例

图 2-51　系列分割依据设置　　　　　　　　图 2-52　添加数据标签

5）选中饼图对象，单击"图表工具-格式"｜"当前所选内容"｜"图表元素"下拉列表框右边的下拉按钮，在弹出的下拉列表中选择"销售额"选项，右击，在弹出的快捷菜单中选择"设置数据标签格式"命令，弹出"设置数据标签格式"任务窗格，勾选"类别名称"和"百分比"复选框，取消"值"复选框的勾选，点选"数据标签内"单选按钮，如图 2-53 所示。选择"文本选项"选项卡，设置文本填充的颜色为白色，背景 1。

5. 动态图表的制作

动态图表即可以根据选项变化，生成不同数据源的图表。当数据量较为庞大时，如果仍按照普通图表的做法，为了使数据完整显示，势必要舍弃很多细节信息，此时应用动态图表就是一个很好的选择。在动态图表中，用户可以根据自己的需求"放大"或"缩小"观察尺度。

动态图表能够变动的根本原因在于：使用函数作为数据源，在函数的某个参数发生改变时，函数的返回值随即发生改变，引用该函数返回值作为数据源的图表也就随之变动，这样的图表就是一种基本的动态图表。

图 2-53　数据标签的设置

因此，用户只要设置一个可以随时手动选择数值的函数参数，就可以通过改变参数的方式随时生成不同的图表。

为了帮助学生更好地理解动态图表，下面以"2019 年 5 月份糖水粥铺杭州店日销售额"动态柱形图为例来说明动态图表的操作步骤。

【例 2-15】在"数据可视化素材.xlsx"文件的"例 5"工作表中已经输入 2019 年 5 月份糖水粥铺的日销售额。在该数据的基础上，设计动态图表，让用户可以通过选择"起始日期"和"结束日期"来显示在这一期间的簇状柱形图。具体效果如图 2-54 所示。

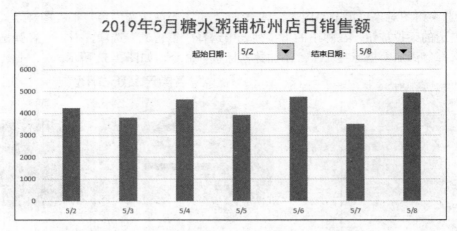

图 2-54　动态图表效果

操作步骤：

1）打开所需的工作表，选中 A2:B33 单元格区域，单击"插入"|"图表"|"插入柱形图或条形图"下拉按钮，在弹出的下拉菜单中选择"二维柱形图"|"簇状柱形图"命令，图表标题设为"2019 年 5 月糖水粥铺杭州店日销售额"，字体设为黑体、24 号，并调整标题和绘图区的位置，如图 2-55 所示。

图 2-55　簇状柱形图的基础设置

图 2-56　"插入"下拉菜单

2）添加窗体控件。选择"文件"|"选项"命令，弹出"Excel选项"对话框，选择"自定义功能区"选项卡，勾选"开发工具"复选框，显示"开发工具"选项卡。单击"开发工具"|"控件"|"插入"下拉按钮，在弹出的"插入"下拉菜单（图 2-56）中选择所需的窗体控件。

3）在图表上添加两个标签控件和两个组合框控件后，得到如图 2-57 所示的图表。

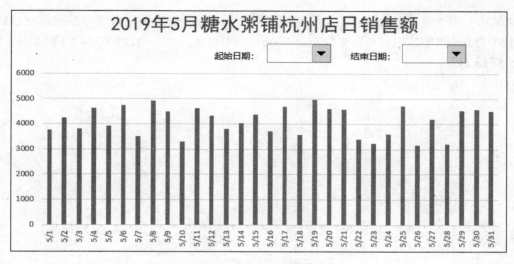

图 2-57　添加控件后的图表

4）改变窗体控件的数据源区域及单元格链接。选中起始日期后的组合框控件，右击，在弹出的快捷菜单中选择"设置控件格式"命令，弹出"设置控件格式"对话框。在"数据源区域"文本框中输入"$A$3:$A$33"，在"单元格链接"文本框中输入"$C$3"，如图 2-58 所示。选中结束日期后的组合框控件，右击，在弹出的快捷菜单中选择"设置控件格式"命令，弹出"设置控件格式"对话框。在"数据源区域"文本框中输入"$A$3:$A$33"，在"单元格链接"文本框中输入"$D$3"。

图 2-58　起始日期后组合框控件的设置

5）在 E3 单元格输入"=D3−C3+1"。这是因为 E3 的数据在定义 riqi 和 xiaoshoue 名称时需要用到，表示柱形图显示的日期数。

6）完成自定义名称的定义，如图 2-59 所示。选中图表中的控件，单击"公式"｜"定

义的名称"|"定义名称"按钮,分别定义名称为 riqi,引用位置为"=offset(例 5!$A$2,例 5!$C$3,0,例 5!$E$3,1)";名称为 xiaoshoue,引用位置为"=offset(例 5!$B$2,例 5!$C$3,0,例 5!$E$3,1)"。

图 2-59　名称的定义

7)使用自定义名称作为系列的数据源。右击绘图区,在弹出的快捷菜单中选择"选择数据"命令,弹出"选择数据源"对话框,选择"图例项(系列)"组中的"销售额(元)"选项,单击"编辑"按钮,弹出"编辑数据系列"对话框。分别在"系列名称"和"系列值"文本框中输入"=例 5!$B$2"和"=原始素材.xlsx!xiaoshoue"(图 2-60),单击"确定"按钮,返回"选择数据源"对话框。单击"水平(分类)轴标签"组的"编辑"按钮,弹出"轴标签"对话框。在"轴标签区域"文本框中输入"=原始素材.xlsx!riqi"(图 2-61),单击"确定"按钮,返回"选择数据源"对话框,再次单击"确定"按钮。

图 2-60　设置数据系列的数据来源

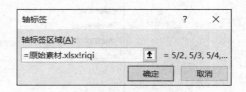

图 2-61　设置轴标签

2.3　数据管理与分析

Excel 2016 不仅具备对表格数据进行计算处理的能力,还具备丰富的数据管理与分析功能。通过灵活运用 Excel 2016 的数据管理与分析功能,可以提高管理效率,为决策提供支持,进而提高管理水平。Excel 2016 具有条件格式设置、数据排序、数据筛选、分类汇总、图表制作和透视表制作等功能,可以很方便地管理与分析数据。

2.3.1　条件格式设置

1.　添加条件格式

在日常办公过程中，有时需要突出显示所关注的单元格或单元格区域，此时可以使用条件格式实现。

【例 2-16】突出显示"学生成绩表"中每门课程成绩大于等于 90 分的单元格。

操作步骤：

1）打开所需的工作表，选中 D4:G33 单元格区域。

2）单击"开始"｜"样式"｜"条件格式"下拉按钮，在弹出的下拉菜单中选择"突出显示单元格规则"｜"其他规则"命令，弹出"新建格式规则"对话框。

3）在"编辑规则说明"组中单击第二个下拉列表框右边的下拉按钮，在弹出的下拉列表中选择"大于或等于"选项。在第三个文本框中输入 90，如图 2-62 所示。

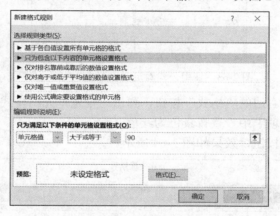

图 2-62　"新建格式规则"对话框

4）单击"预览"右边的"格式"按钮，弹出"设置单元格格式"对话框。

5）在"字体"选项卡中设置颜色为红色，单击"确定"按钮。

例题解析：设置条件格式时，首先必须选中需要设置条件格式的区域，然后根据需求条件使用相应的规则，最后将设置好条件应用到单元格中。本例中，设置条件区域为 D4:G33，规则为"只为包含以下内容的单元格设置格式"，在"编辑规则说明"组中设置条件，并进行格式设置。

2.　自定义条件格式规则

除了使用 Excel 2016 提供的规则外，还可以根据实际需要自定义相应的规则。

【例 2-17】创建一个规则：将"学生成绩表"中绩点大于等于 3.5 的学生姓名设置单元格背景色为红色。

操作步骤：

1）打开所需的工作表，选中学生姓名区域 B4:B33。

2）单击"开始"｜"样式"｜"条件格式"下拉按钮，在弹出的下拉菜单中选择"新建规则"命令，弹出"新建格式规则"对话框。

3）在"选择规则类型"列表框中选择"使用公式确定要设置格式的单元格"选项，在"编辑规则说明"组中为符合此公式的值设置格式下的文本框中输入公式"=I4>=3.5"，如图 2-63 所示。

图 2-63　使用公式确定要设置格式的单元格

4）单击"预览"右边的"格式"按钮，弹出"设置单元格格式"对话框。

5）在"填充"选项卡中设置背景色为红色。

6）单击"确定"按钮，效果如图 2-64 所示。

	学号	姓名	性别	数学分析	大学英语	计算机基础	大学物理	加权平均分	绩点	评优	名次	转专业资格
学生成绩表												
	20180001	向骏江	男	95	86	81	90	88.548387	3.854839	优秀	3	可转
	20180002	刘露露	男	73	84	80	85	80.774194	3.077419		14	可转
	20180003	徐志晨	男	88	60	84	75	74.967742	2.496774		19	可转
	20180004	王炫皓	男	67	72	64	80	71.483871	2.148387		23	可转
	20180005	陈浩然	女	86	90	80	85	86.064516	3.606452	优秀	8	可转
	20180006	李婷	女	85	90	88	85	86.838710	3.683871	优秀	7	可转
	20180007	唐雅林	女	82	81	76	90	82.774194	3.277419		11	可转
	20180008	谭金龙	男	78	81	79	90	82.225806	3.222581		12	可转
	20180009	梅昕雨	女	87	84	85	82	84.419355	3.441935		9	可转
	20180010	袁羽柳	男	84	92	80	90	87.483871	3.748387	优秀	6	可转
	20180011	刘校	男	81	84	75	67	77.387097	2.738710		17	可转
	20180012	李佳群	男	78	92	70	65	77.870968	2.787097		16	可转
	20180013	李佳	女	90	84	80	79	83.612903	3.361290		10	可转
	20180014	黎冬龄	女	72	92	60	87	80.387097	3.038710		15	可转
	20180015	刘洋洋	女	89	84	90	89	87.548387	3.754839	优秀	4	可转
	20180016	杜娟	女	66	92	50	60	70.258065	2.025806		26	
	20180017	丁丽娟	女	63	84	45	76	70.225806	2.022581		27	
	20180018	陈筱雅	女	87	92	40	54	72.516129	2.251613		21	
	20180019	王雪晨	女	57	84	35	78	67.580645	1.758065		29	
	20180020	吴晓翰	男	54	92	86	58	72.451613	2.245161		22	
	20180021	徐晓晓	男	90	89	80	88	87.548387	3.754839	优秀	4	可转
	20180022	程思思	女	88	76	77	87	82.096774	3.209677		13	可转
	20180023	黄梦婷	女	87	99	80	90	90.516129	4.051613	优秀	1	可转
	20180024	韩垚	男	67	66	50	50	59.548387	0.000000		30	
	20180025	彭成成	女	66	87	90	68	77.161290	2.716129		18	可转
	20180026	彭行	男	78	88	67	56	73.774194	2.377419		20	
	20180027	邓建飞	男	88	90	92	89	89.548387	3.954839	优秀	2	可转
	20180028	杜君	女	56	65	80	88	71.032258	2.103226		25	

图 2-64　条件格式设置效果

例题解析：本例中需要设置格式的数据与条件数据处于不同的区域，和例 2-16 的操作一样，必须首先选中需要设置条件的区域，即姓名所在的区域，然后考虑如何根据需求条件进行设置。一般情况下，需求条件区域和需突出显示的区域不在同一个区域时，要用公式来确定格式。在这里输入的公式或函数结果只有逻辑值 TRUE 和 FALSE 两类，且结果为 TRUE 才能设置格式。

3. 管理条件规则

为数据添加条件格式后，可以对建立的规则进行管理，即进行新建规则、编辑规则和删除规则等操作。

【例 2-18】在例 2-17 的基础上将规则更改为将绩点大于等于 3.5 且性别为女的学生姓名设置格式为背景色为红色，字体颜色为白色。

操作步骤：

1）选中学生姓名区域 B4:B33。

2）单击"开始"｜"样式"｜"条件格式"下拉按钮，在弹出的下拉菜单中选择"管理规则"命令，弹出"条件格式规则管理器"对话框，如图 2-65 所示。

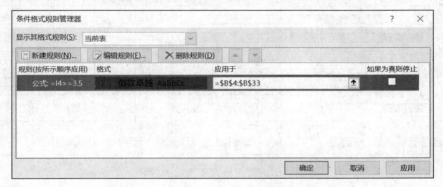

图 2-65 "条件格式规则管理器"对话框

3）选择规则后单击"编辑规则"按钮，弹出"编辑格式规则"对话框。

4）将"为符合此公式的值设置格式"文本框中的公式改为"=AND(I4>=3.5,C4="女")"，或 "(I4>=3.5)*(C4="女")"，如图 2-66 所示。

图 2-66 "编辑格式规则"对话框

5）单击"预览"右边的"格式"按钮，弹出"设置单元格格式"对话框。

6）在"填充"选项卡中设置背景色为红色，在"字体"选项卡中设置颜色为白色。单击"确定"按钮，返回"条件格式规则管理器"对话框。再次单击"确定"按钮，效果如图 2-67 所示。

学号	姓名	性别	数学分析	大学英语	计算机基础	大学物理	加权平均分	绩点	评优	名次	转专业资格
20180001	王崇江	男	95	86	81	90	88.548387	3.854839	优秀	3	可转
20180002	刘露露	男	73	84	80	85	80.774194	3.077419		14	可转
20180003	徐志晨	男	88	60	84	75	74.967742	2.496774		19	可转
20180004	王炫皓	男	67	72	64	80	71.483871	2.148387		23	可转
20180005	谢丽秋	女	86	90	80	85	86.064516	3.606452	优秀	8	可转
20180006	王崇江	女	85	90	88	84	86.838710	3.683871	优秀	7	可转
20180007	唐雅林	女	82	81	76	90	82.774194	3.277419		11	可转
20180008	谭金龙	男	78	81	79	90	82.225806	3.222581		12	可转
20180009	梅昕雨	女	84	84	85	82	84.419355	3.441935		9	可转
20180010	马小刚	男	84	92	80	90	87.483871	3.748387	优秀	6	可转
20180011	刘校	男	81	84	75	67	77.387097	2.738710		17	可转
20180012	李佳群	男	78	92	70	65	77.870968	2.787097		16	可转
20180013	李佳	女	90	84	80	79	83.612903	3.361290		10	可转
20180014	黎冬龄	女	72	92	60	87	80.387097	3.038710		15	可转
20180015	何政秀	女	89	84	90	89	87.548387	3.754839	优秀	4	可转
20180016	杜婉	女	66	92	50	60	70.258065	2.025806		26	
20180017	丁丽娟	女	63	84	45	76	70.225806	2.022581		27	
20180018	陈筱雅	女	87	92	40	54	72.516129	2.251613		21	
20180019	王雪晨	女	57	84	35	78	67.580645	1.758065		29	
20180020	吴晓驳	男	54	92	86	58	72.451613	2.245161		22	
20180021	雷羚娟	男	90	89	80	88	87.548387	3.754839	优秀	4	可转
20180022	程思思	女	88	76	77	87	82.096774	3.209677		13	可转
20180023	陈胜兰	女	87	99	80	90	90.516129	4.051613	优秀	1	可转
20180024	韩垚	男	67	66	50	50	59.548387	0.000000		30	
20180025	彭成瓯	女	66	87	90	68	77.161290	2.716129		18	可转
20180026	彭行	男	78	88	67	56	73.774194	2.377419		20	
20180027	陈浩	男	88	90	92	89	89.548387	3.954839	优秀	2	可转
20180028	杜君	女	56	65	80	88	71.032258	2.103226		25	

图 2-67 改变格式规则后的效果

例题解析：在编辑规则时，首先必须选中设置格式的数据区域，在编辑规则更改格式中的公式时需要注意，输入公式中的符号除了汉字，其他符号均应为在英文半角状态下输入，公式的结果必须返回逻辑值。

4. 清除条件格式

如果不需要显示条件格式，则可以将其清除。

【例 2-19】清除例 2-18 单元格中的条件公式。

操作步骤：

1）选中单元格 D4:G33。

2）单击"开始"｜"样式"｜"条件格式"下拉按钮，在弹出的下拉菜单中选择"清除规则"｜"清除所选单元格的规则"命令，如图 2-68 所示。

例题解析：删除条件规则时，根据实际情况可选择"清除规则"子菜单中相应的命令。如果所列命令无法满足删除要求，则选择"管理规则"命令，弹出"条件格式规则管理器"对话框，选择需要清除的一个或多个规则，单击"删除规则"按钮，再单击"确定"按钮。

图 2-68 "条件格式"下拉菜单

2.3.2 数据排序

对数据进行排序有助于快速、直观地分析和理解数据、组织并查找所需数据,从而做出更有效的决策。

1. 数据的简单排序

设置单一的排序条件,对工作表中的数据按照某一字段进行升序或降序排列,这就是数据的简单排序。

【例 2-20】对"学生成绩表"中的姓名列进行升序排序。

操作步骤:

1)打开所需的工作表,选中单元格 B3。

2)单击"开始"|"编辑"|"排序和筛选"下拉按钮,在弹出的下拉菜单中选择"升序"命令,完成排序,效果如图 2-69 所示。

	学号	姓名	性别	数学分析	大学英语	计算机基础	大学物理	加权平均分	绩点	评优	名次	转专业资格
3												
4	20180027	陈浩	男	88	90	92	89	89.548387	3.954839	优秀	2	可转
5	20180023	陈胜兰	女	87	99	80	90	90.516129	4.051613	优秀	1	可转
6	20180018	陈毅雅	女	87	92	40	54	72.516129	2.251613		21	
7	20180022	程思思	女	88	76	77	87	82.096774	3.209677		13	可转
8	20180017	丁丽娟	女	63	84	45	76	70.225806	2.022581		27	
9	20180028	杜君	女	56	65	80	88	71.032258	2.103226		25	
10	20180016	杜婉	女	66	92	50	60	70.258065	2.025806		26	
11	20180024	韩壵	男	67	66	50	50	59.548387	0.000000		30	
12	20180015	何政秀	女	89	84	90	89	87.548387	3.754839	优秀	4	可转
13	20180029	金佳玲	女	45	76	85	83	71.258065	2.125806		24	
14	20180030	柯遵兰	女	68	70	81	65	69.967742	1.996774		28	
15	20180021	雷玲娟	男	90	89	80	88	87.548387	3.754839	优秀	4	可转
16	20180014	黎冬龄	女	72	92	60	87	80.387097	3.038710		15	可转
17	20180013	李佳	男	90	84	80	79	83.612903	3.361290		10	可转
18	20180012	李佳群	男	78	92	70	65	77.870968	2.787097		16	可转
19	20180002	刘露露	男	73	84	80	85	80.774194	3.077419		14	可转
20	20180011	刘校	男	81	84	75	62	77.387097	2.738710		17	可转

图 2-69 简单排序效果

例题解析:此操作适合于数据清单,即表格中没有进行合并单元格操作。本例中需要对姓名列进行排序,这里选中单元格 B3,其实只要选中数据区域 B 列中的任一单元格,进行相同的操作,即可完成排序。

2. 多条件排序

【例 2-21】 将"学生成绩表"中的性别列数据进行由低到高升序排序，在此基础上对绩点进行由低到高的升序排序。

操作步骤：

1）打开所需的工作表，选中单元格 C3。

2）单击"开始"｜"编辑"｜"排序和筛选"下拉按钮，在弹出的快捷菜单中选择"自定义排序"命令，弹出"排序"对话框。

3）设置主要关键字为性别，设置排序依据为单元格值，设置次序为升序。

4）单击"添加条件"按钮。此时可以添加"次要关键字"，按照要求，次要关键字为绩点。设置排序依据为单元格值，设置次序为升序，如图 2-70 所示。完成设置后单击"确定"按钮，完成多条件排序，效果如图 2-71 所示。

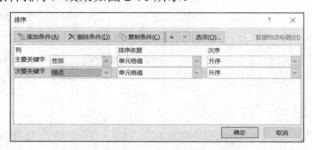

图 2-70　设置多条件排序

学号	姓名	性别	数学分析	大学英语	计算机基础	大学物理	加权平均分	绩点	评优	名次	转专业资格
					学生成绩表						
20180024	韩垚	男	67	66	50	50	59.548387	0.000000		30	
20180004	王炫皓	男	67	72	64	80	71.483871	2.148387		23	可转
20180020	吴晓敏	男	54	92	86	58	72.451613	2.245161		22	
20180026	彭行	男	78	88	67	56	73.774194	2.377419		20	
20180003	徐志晨	男	88	60	84	75	74.967742	2.496774		19	可转
20180011	刘校	男	81	84	75	67	77.387097	2.738710		17	可转
20180012	李佳群	男	78	92	70	65	77.870968	2.787097		16	可转
20180002	刘露露	男	73	84	80	85	80.774194	3.077419		14	可转
20180008	谭金龙	男	78	81	79	90	82.225806	3.222581		12	可转
20180010	马小刚	男	84	92	80	90	87.483871	3.748387	优秀	6	可转
20180021	雷玲娟	男	90	89	80	88	87.548387	3.754839	优秀	4	可转
20180001	王崇江	男	95	86	81	90	88.548387	3.854839	优秀	3	可转
20180027	陈浩	男	88	90	92	89	89.548387	3.954839	优秀	2	可转
20180019	王雪晨	女	57	84	35	78	67.580645	1.758065		29	
20180030	柯逸兰	女	68	70	65	65	69.967742	1.996774		28	
20180017	丁丽娟	女	63	84	45	76	70.225806	2.022581		27	
20180016	杜娟	女	66	92	50	60	70.258065	2.025806		26	
20180028	杜君	女	56	65	80	88	71.032258	2.103226		25	
20180029	金佳玲	女	45	76	85	83	71.258065	2.125806		24	
20180018	陈筱雅	女	87	92	40	54	72.516129	2.251613		21	
20180025	彭成成	女	66	87	90	68	77.161290	2.716129		18	可转
20180014	蔡冬龄	女	72	92	60	87	80.387097	3.038710		15	可转
20180022	程思思	女	88	76	77	87	82.096774	3.209677		13	可转

图 2-71　多条件排序效果

例题解析：利用 Excel 2016 设置多条件排序时，排序依据有"单元格值"、"单元格颜色"、"字体颜色"和"条件格式图标"，可根据现实需求选择相应的排序依据。通过分析，本例中排序依据为"单元格值"。添加的关键字个数可以为无限个。

3．自定义排序

【例 2-22】将"学生成绩表"中的姓名列以字符长度进行升序排序。

操作步骤：

1）第一种方法。

步骤一：打开所需的工作表，选中数据表外的 M 列作为辅助列，选中单元格 M4，输入函数"= LEN(B4)"，按 Enter 键，所有姓名的字符个数计算完毕。

步骤二：选中单元格 M4，单击"开始"｜"编辑"｜"排序和筛选"下拉按钮，在弹出的下拉菜单中选择"升序"命令，姓名列随着 M 列按照字符个数升序排序完成，效果如图 2-72 所示。

M4			fx	=LEN(B4)								
	A	B	C	D	E	F	G	H	I	J	K	L	M
1						学生成绩表							
3	学号	姓名	性别	数学分析	大学英语	计算机基础	大学物理	加权平均分	绩点	评优	名次	转专业资格	辅助列
4	20180011	刘校	男	81	84	75	67	77.387097	2.738710		17	可转	2
5	20180013	李佳	女	90	84	80	79	83.612903	3.361290		10	可转	2
6	20180016	杜婉	女	66	92	50	60	70.258065	2.025806		26		2
7	20180024	韩垚	男	67	66	50	50	59.548387	0.000000		30		2
8	20180026	彭行	男	78	88	67	56	73.774194	2.377419		20		2
9	20180027	陈浩	男	88	90	92	89	89.548387	3.954839	优秀	2	可转	2
10	20180028	杜君	女	56	65	80	88	71.032258	2.103226		25		2
11	20180001	王崇江	男	95	86	81	90	88.548387	3.854839	优秀	3	可转	3
12	20180002	刘露露	男	73	84	80	85	80.774194	3.077419		14	可转	3
13	20180003	徐志晨	男	88	60	84	75	74.967742	2.496774		19	可转	3

图 2-72　利用辅助列排序效果

步骤三：将辅助列删除。

2）第二种方法。

步骤一：按照前面的步骤打开"排序"对话框。

步骤二：设置主要关键字为姓名，排序依据为升序，次序为自定义序列，弹出"自定义序列"对话框。

步骤三：将"姓名"以字符个数升序添加到序列中，如图 2-73 所示。

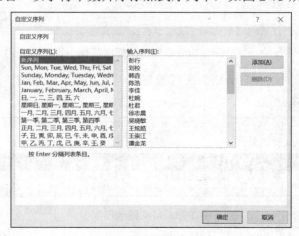

图 2-73　输入新建序列

步骤四：单击"确定"按钮返回"排序"对话框，再单击"确定"按钮，完成排序。

例题解析：当数据无法进行常规排序时，可设置辅助列借助函数实现，也可将数据添加到"自定义序列"中，通过选择"次序"｜"自定义序列"命令完成排序。

2.3.3 数据筛选

数据筛选是从一个单元格区域或表格中筛选出符合一定条件的记录并显示出来，而将其他不满足条件的记录隐藏。通过筛选，可以从庞杂的数据中快速查找到需要的数据。

Excel 2016 提供了 3 种筛选数据方法，即自动筛选、高级筛选和插入切片器。

1. 自动筛选

自动筛选功能适用于查询符合一个条件或同时满足多个条件的情况。

【例 2-23】查看"学生成绩表"中性别为男且数学分析和大学英语同时满足 85 分以上的学生信息。

操作步骤：

1）打开所需的工作表，选中数据区域中的任一单元格。

2）单击"数据"｜"排序和筛选"｜"筛选"按钮，此时在表头处自动生成下拉按钮，单击"性别"下拉按钮，在弹出的下拉菜单中先取消"全选"复选框的勾选，然后勾选"男"复选框，单击"确定"按钮。

3）单击"数学分析"下拉按钮，在弹出的下拉菜单中选择"数字筛选"｜"大于或等于"命令，弹出"自定义自动筛选方式"对话框。

4）在第一个文本框中输入 85，如图 2-74 所示，单击"确定"按钮返回。

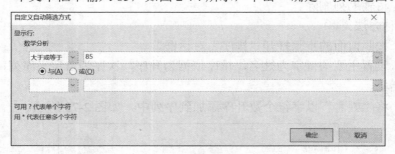

图 2-74　设置自动筛选条件

5）用同样的方法对"大学英语"进行设置，设置完成后，单击"确定"按钮。自动筛选结果如图 2-75 所示。

学号	姓名	性别	数学分析	大学英语	计算机基础	大学物理	加权平均分	绩点	评优	名次	转专业资格
20180001	王崇江	男	95	86	81	90	88.548387	3.864839	优秀	3	可转
20180021	雷玲娟	男	90	89	80	88	87.548387	3.754839	优秀	4	可转
20180027	陈浩	男	88	90	92	89	89.548387	3.954839	优秀	2	可转

图 2-75　自动筛选结果

例题解析：对于同时满足多个条件的数据筛选，可以使用自动筛选功能，此时只需单击每个标题的筛选按钮进行对应条件设置即可。

2. 高级筛选

如果使用自动筛选不能实现查询要求，可使用高级筛选功能。在应用高级筛选的过程中，必须设置一个条件区域，将复杂的条件表示出来，根据此条件区域筛选出结果。

【例2-24】查看"学生成绩表"中性别为男且大学英语大于等于85分，或绩点大于等于3.5分的学生信息。

操作步骤：

1）打开所需的工作表，在数据区域外设置条件区域，如图2-76所示。

2）选中数据区域中的任一单元格。

3）单击"数据"｜"排序和筛选"｜"高级"按钮，弹出"高级筛选"对话框，点选"将筛选结果复制到其他位置"单选按钮，填写条件区域，"复制到"文本框可选择任一空白单元格或区域，如图2-77所示，单击"确定"按钮。

图2-76 设置条件区域　　　　图2-77 设置高级筛选条件

高级筛选的结果如图2-78所示。

学号	姓名	性别	数学分析	大学英语	计算机基础	大学物理	加权平均分	绩点	评优	名次	转专业资格
20180001	王崇江	男	95	86	81	90	88.548387	3.854839	优秀	3	可转
20180005	谢丽秋	女	86	90	80	85	86.064516	3.606452	优秀	8	可转
20180006	王崇江	女	85	90	88	84	86.838710	3.683871	优秀	7	可转
20180010	马小刚	男	84	92	80	90	87.483871	3.748387	优秀	6	可转
20180012	李佳群	男	78	92	70	65	77.870968	2.787097		16	可转
20180015	何政秀	女	89	84	90	89	87.548387	3.754839	优秀	4	可转
20180020	吴晓敏	男	54	92	86	58	72.451613	2.245161		22	
20180021	雷玲娟	男	90	89	80	90	87.548387	3.754839	优秀	4	可转
20180023	陈胜兰	女	87	99	80	90	90.516129	4.051613	优秀	1	可转
20180026	彭行	男	78	88	67	56	73.774194	2.377419		20	
20180027	陈浩	男	88	90	92	89	89.548387	3.954839	优秀	2	可转

图2-78 高级筛选的结果

例题解析：设置方式时，也可以点选"在原有区域显示筛选结果"单选按钮。此处选择第二种方式是为了和原始数据做对比，以查验结果是否正确。

填写列表区域时，一般情况下会将表格数据区域自动填充到列表区域的文本框中。如果要改变数据区域，清除列表区域的原始数据，可直接输入或直接选择区域。

条件区域设置时，为了避免标题输入有误，最好的办法是直接复制标题内容到条件区域；条件关系为"且"时，条件在同一行；为"或"时，条件在不同行。输入条件时，除了汉字字符，其他字符均在英文半角状态下输入。

【例 2-25】查找"学生成绩表"中的"刘"姓学生信息。

操作步骤：

1）打开所需的工作表，在数据表外的空白区域设置条件区域，如选中单元格 Y4，输入公式"= LEFT(B4)="刘""，如图 2-79 所示。

			学生成绩表											
学号	姓名	性别	数学分析	大学英语	计算机基础	大学物理	加权平均分	绩点	评优	名次	转专业资格			
20180001	王崇江	男	95	86	81	90	88.548387	3.854839	优秀	3	可转			FALSE
20180002	刘露露	男	73	84	80	85	80.774194	3.077419		14	可转			
20180003	徐志晨	男	88	60	84	75	74.967742	2.496774		19	可转			
20180004	王炫皓	男	67	72	64	80	71.483871	2.148387		23	可转			

图 2-79　使用公式设置条件

2）选中数据区域中的任一单元格，打开"高级筛选"对话框。

3）点选"将筛选结果复制到其他位置"单选按钮，填写数据区域为"$A$3:$L$33"，条件区域为"$Y$3:$Y$4"，复制到任一空白区域，如"$Z$3:$AK$3"。

4）单击"确定"按钮，显示筛选后的结果，如图 2-80 所示。

学号	姓名	性别	数学分析	大学英语	计算机基础	大学物理	加权平均分	绩点	评优	名次	转专业资格
20180002	刘露露	男	73	84	80	85	80.774194	3.077419		14	可转
20180011	刘校	男	81	84	75	67	77.387097	2.738710		17	可转

图 2-80　筛选结果

例题解析：本例中的条件利用公式实现，这里公式的值必须为逻辑值。使用公式时，标题不需要填写，但是在填写条件区域时必须将上面的空单元格一并填入。

3. 切片器

【例 2-26】使用切片器查询"学生成绩表"中满足"性别"和"评优"两个字段条件的信息。

操盘步骤：

1）打开所需的工作表，选中表格区域中的任一单元格，出现"表格工具-设计"选项卡，如图 2-81 所示。

图 2-81　"表格工具-设计"选项卡

2）单击"表格工具-设计"｜"工具"｜"插入切片器"按钮，弹出"插入切片器"对话框，勾选"性别"和"评优"复选框，如图 2-82 所示。单击"确定"按钮，效果如图 2-83 所示。

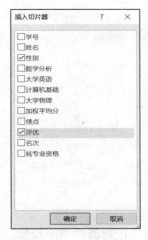

图 2-82　切片器设置

图 2-83　生成"性别"和"评优"两个切片器

3）单击"评优"切片器中的"优秀"按钮，数据区域显示所有优秀的学生信息，再单击"性别"切片器中的"男"按钮，数据区域显示评优为优秀的男生的信息，如图 2-84 所示。

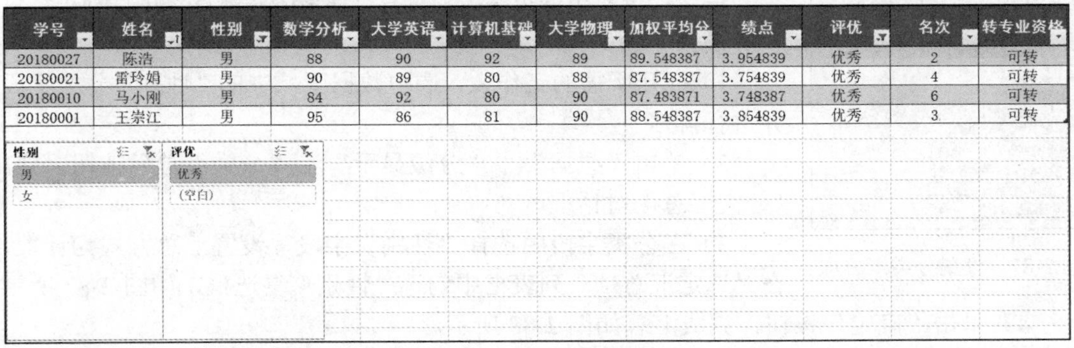

学号	姓名	性别	数学分析	大学英语	计算机基础	大学物理	加权平均分	绩点	评优	名次	转专业资格
20180027	陈浩	男	88	90	92	89	89.548387	3.954839	优秀	2	可转
20180021	雷玲娟	男	90	89	80	88	87.548387	3.754839	优秀	4	可转
20180010	马小刚	男	84	92	80	90	87.483871	3.748387	优秀	6	可转
20180001	王崇江	男	95	86	81	90	88.548387	3.854839	优秀	3	可转

性别		评优	
男		优秀	
女		(空白)	

图 2-84　使用切片器筛选的结果

例题解析：使用切片器前，必须将普通单元格区域做成表格。具体操作为：选中普通数据区域中的任一单元格，通过"插入"│"表格"│"表格"操作完成，否则无法使用切片器。将普通区域做成表格后，选中表格中任一单元格，就会出现"表格工具-设计"选项卡。

切片器能快速实现同时满足多个条件的信息查询。与自动筛选相比，其不需要每次选择标题项下拉菜单中的数据条件，更加方便快捷。

使用切片器时，如果需要在切片器中选择多个条件，可选中第一个条件后，按 Ctrl 键（选择不连续条件），也可按 Shift 键（选择连续条件），还可通过切片器中的"多选"按钮实现，如图 2-85 所示。如果需要清除条件，可利用切片器中的"清除"按钮实现，如图 2-86 所示。如果需要删除切片器，只需选中切片器，按 Delete 键即可。

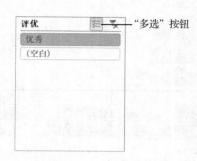

图 2-85　设置条件多选　　　　　　　　图 2-86　设置清除筛选器

2.3.4　分类汇总

分类汇总是数据处理的一种重要工具，它可以使用户在数据清单中轻松、快捷地汇总数据，通过灵活地应用分类汇总，可以提高工作效率。

1. 简单汇总

【例 2-27】分别统计"学生成绩表"中男生和女生的人数。

提示：分析出分类字段，对其升序或降序排序，进行分类汇总。

操作步骤：

1）打开所需的工作表，选中数据区域中的"性别"分类字段，并进行排序。

2）单击"数据"｜"分级显示"｜"分类汇总"按钮，弹出"分类汇总"对话框。

3）在分类字段中选择"性别"字段，设置汇总方式为计数，在"选定汇总项"列表框中勾选"性别"复选框，如图 2-87 所示。

图 2-87　设置分类汇总项

4）单击"确定"按钮，完成汇总如图 2-88 所示。

14	20180021	雷玲娟	男	90	89	80	88	87.548387	3.754839	优秀	4	可转
15	20180010	马小刚	男	84	92	80	90	87.483871	3.748387	优秀	6	可转
16	20180001	王崇江	男	95	86	81	90	88.548387	3.854839	优秀	3	可转
17		男 计数	13								
18	20180018	陈筱雅	女	87	92	40	54	72.516129	2.251613		21	
19	20180022	程思思	女	88	76	77	87	82.096774	3.209677		13	可转
20	20180017	丁丽娟	女	63	84	45	76	70.225806	2.022581		27	
21	20180028	杜君	女	56	65	80	88	71.032258	2.103226		25	
22	20180016	杜婉	女	66	92	50	60	70.258065	2.025806		26	
23	20180029	金佳玲	女	45	76	85	83	71.258065	2.125806		24	
24	20180030	柯遵兰	女	68	70	81	65	69.967742	1.996774		28	
25	20180014	黎冬龄	女	72	92	60	87	80.387097	3.038710		15	可转
26	20180013	李佳	女	90	84	80	79	83.612903	3.361290		10	可转
27	20180009	梅昕雨	女	87	84	85	82	84.419355	3.441935		9	可转
28	20180025	彭成成	女	66	87	90	68	77.161290	2.716129		18	可转
29	20180007	唐雅林	女	82	81	76	90	82.774194	3.277419		11	可转
30	20180023	王雪晨	女	57	84	35	78	67.580645	1.758065		29	
31	20180023	陈胜兰	女	87	99	80	90	90.516129	4.051613		1	可转
32	20180015	何政秀	女	89	84	90	89	87.548387	3.754839	优秀	4	可转
33	20180006	王崇江	女	85	90	88	84	86.838710	3.683871	优秀	7	可转
34	20180008	谢丽秋	女	86	90	80	85	86.064516	3.606452	优秀	8	可转
35		女 计数	17								

图 2-88　简单汇总结果

例题解析：如果要创建表数据区域，需要将表数据转换为普通单元格区域，如图 2-89 所示，才能进行分类汇总。

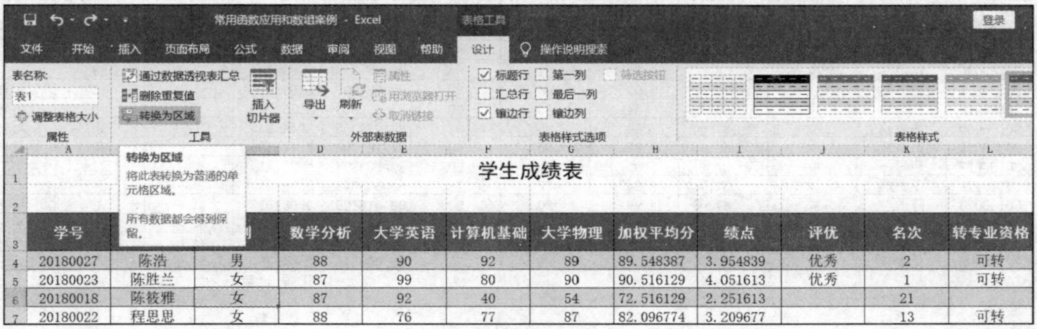

图 2-89　表转换为普通单元格区域

在进行分类汇总前，必须先对分类的字段进行排序，然后在"分类汇总"对话框中选择分类字段，并根据要求选择汇总方式，最后将汇总的结果显示在汇总项列。

2. 高级汇总

【例 2-28】在例 2-27 的基础上分别统计男生和女生优秀的人数。

操作步骤：

1）重复例 2-27 步骤 1）～4）。

2）打开"排序"对话框，添加次要关键字为评优，并对评优进行升序或降序排序。

3）打开"分类汇总"对话框，选择分类字段为评优，汇总方式为计数，汇总项为评优，同时取消"替换当前分类汇总"复选框的勾选，如图 2-90 所示。

图 2-90　"评优"字段分类汇总设置

4）单击"确定"按钮，完成汇总，如图 2-91 所示。

	学号	姓名	性别								排名	可转
17									优秀 计数	4		
18		男 计数	13									
19	20180018	陈筱雅	女	87	92	40	54	72.516129	2.251613		21	
20	20180022	程思思	女	88	76	77	87	82.096774	3.209677		13	可转
21	20180017	丁丽娟	女	63	84	45	76	70.225806	2.022581		27	
22	20180028	杜君	女	56	65	80	88	71.032258	2.103226		25	
23	20180016	杜婉	女	66	92	50	60	70.258065	2.025806		26	
24	20180029	金佳玲	女	45	76	85	83	71.225806	2.125806		24	
25	20180030	柯遵兰	女	68	70	81	65	69.967742	1.996774		28	
26	20180014	黎冬龄	女	72	92	80	87	80.387097	3.038710		15	可转
27	20180013	李佳	女	90	84	80	79	83.612903	3.361290		10	可转
28	20180009	梅昕雨	女	87	84	85	82	84.419355	3.441935		9	可转
29	20180025	彭成成	女	66	87	90	68	77.161290	2.716129		18	可转
30	20180007	唐雅林	女	82	81	76	90	82.774194	3.277419		11	可转
31	20180019	王雪晨	女	57	84	35	78	67.580645	1.758065		29	
32	20180023	陈胜兰	女	87	99	80	90	90.516129	4.051613	优秀	1	可转
33	20180015	何政秀	女	89	84	90	89	87.548387	3.754839	优秀	4	可转
34	20180006	王荣江	女	85	90	88	84	86.838710	3.683871	优秀	7	可转
35	20180005	谢丽秋	女	86	90	80	85	86.064516	3.606452	优秀	8	可转
36									优秀 计数	4		
37		女 计数	17									
38									总计数	30		

图 2-91　高级筛选结果

例题解析：多个分类字段进行多列分类汇总，每次汇总的操作步骤都是一样的，如果显示多个分类结果，需要注意两点：第一，确定分类字段汇总的先后顺序；第二，必须取消"替换当前分类汇总"复选框的勾选，这样即可进行比较复杂的分类汇总了。

3．删除分类汇总

【例 2-29】删除例 2-28 中的汇总结果，还原数据表。

操作步骤：

1）选中汇总结果表中的任一单元格，单击"数据"｜"分级显示"｜"分类汇总"按钮，弹出"分类汇总"对话框。

2）单击"全部删除"按钮。

例题解析：删除分类汇总的结果，不会删除原始数据，只是删除了汇总部分。

2.3.5　数据透视表与数据透视图

数据透视表是一种可以快速汇总大量数据的交互式表格。数据透视表可以从源数据列表中快速提取并汇总、分析数据，达到深入分析数据，帮助用户从不同角度查看数据，并对相似数据进行比较的目的。

数据透视图和数据透视表是相关联的，以图形的方式来显示数据透视表中的汇总数据，其作用与普通图表一样，可以更为形象地对数据进行比较。在相关联的数据透视表中对字段布局和数据所做的更改会立即反映在数据透视图中。数据透视图及相关联的数据透视表必须始终位于同一个工作簿中。

【例 2-30】统计"销售订单明细表.xlsx"文件"销售订单明细表"中每个书店每年每季度的销售总额。

操作步骤：

1）打开所需的工作表，选中数据清单中的任一单元格，单击"插入"｜"表格"｜"数据透视表"按钮，弹出"创建数据透视表"对话框。

2）检查"表/区域"文本框中的单元格区域是否符合要求，在"选择放置数据透视表的位置"组中点选"现有工作表"单选按钮,在"位置"文本框中输入或选择一个空白的单元格。

3)在"数据透视表字段"任务窗格中,将"书店名称"拖放到"列"列表框,将"日期"拖放到"行"列表框,将"销量"拖放到"值"列表框,"值"字段计算类型默认状态为"求和项",不需要重新设置,如图 2-92 所示。

4)单击"数据透视表"报表区域,选择列表区域中的任一个日期,右击,在弹出的快捷菜单中选择"组合"命令,弹出"组合"对话框。

5)设置步长,取消"日"和"月"的选择,选择"年"和"季度"选项,如图 2-93 所示,单击"确定"按钮。数据透视表效果,如图 2-94 所示。

图 2-92　设置数据透视表字段

图 2-93　设置步长

求和项:销售总额	列标签			
行标签	和谐书店	贤达书店	兴盛书店	总计
⊟2016年	77699	76616	113612	267927
第一季	24616	18611	45591	88818
第二季	22752	34226	30743	87721
第三季	27581	20642	33001	81224
第四季	2750	3137	4277	10164
⊟2017年	118143	110840	163508	392491
第一季	22560	17308	42972	82840
第二季	30413	29982	34648	95043
第三季	40254	37080	44524	121858
第四季	24916	26470	41364	92750
总计	195842	187456	277120	660418

图 2-94　数据透视表效果

例题解析:在数据透视表字段中的行列字段,可以调换位置,也可以全部显示在行或列中,根据用户查看数据的习惯进行设置。

"值"标签中的计算类型不符合要求时,可以单击字段右下角的下拉按钮,在弹出的下拉菜单中选择"值字段设置"命令,弹出"值字段设置"对话框,在"计算类型"列表框中选择汇总项。

【例 2-31】用数据透视图显示"销售订单明细表"中每个书店每年每个季度的销售总额。
操作步骤:

1)打开所需的工作表,选中数据清单中的任意有效单元格,单击"插入"|"图表"|

"数据透视图"按钮,弹出"创建数据透视图"对话框。

2)检查"表/区域"文本框中的单元格区域是否符合要求,在"选择数据透视图的位置"组中点选"现有工作表"单选按钮,在"位置"文本框中输入或选择一个空白的单元格。

3)在"数据透视图字段"任务窗格中,将"书店名称"拖放到"图例(系列)"列表框,将"日期"连续拖放两次到"轴(类别)"列表框,第一次拖放日期生成的透视图,显示的是每年的销售总额情况,如图 2-95 所示;第二次拖放日期生成的透视图,显示的是每年每季度的透视图,如图 2-96 所示。至此,数据透视图制作完成。

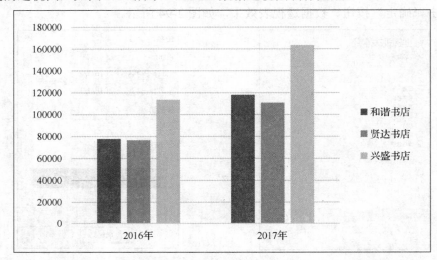

图 2-95　每年的销售总额数据透视图结果

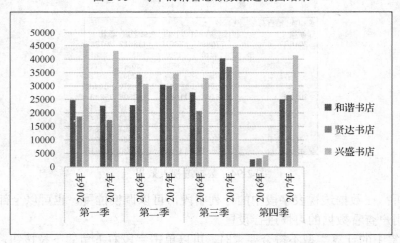

图 2-96　每年每季度的销售总额数据透视图结果

例题解析:数据透视图字段中"图例(系列)"和"轴(类别)"字段也可以相互交换,从不同角度反映数据之间的关系。

本 章 小 结

　　本章通过大量案例介绍了 Excel 2016 中数据的获取方法，使用公式、函数和数组公式完成数据计算的方法，使用条件格式、排序、筛选、分类汇总、图表、数据透视表和数据透视图对表格中的数据进行分析和管理的方法，学生需要对本章所有的例题进行反复实践，并在实际操作中灵活应用，以便合理、高效地解决问题。

习　　题

一、选择题

　　1. 在 Excel 工作表中存放了计算机科学学院 18 级所有班级总计 450 个学生的基本信息，A～D 列分别对应"班级""学号""姓名""性别"，利用公式计算网络 11801 班男生的人数，最优的操作方法是（　　　）。

  A．=SUMIFS(A2:A451, "网络 11801 班",D2:D451,"男")

  B．= COUNTIF(A2:A451, "网络 11801 班",D2:D451,"男")

  C．=COUNTIFS(A2:A451, "网络 11801 班",D2:D451,"男")

  D．=SUMIF(A2:A451, "网络 11801 班",D2:D451,"男")

　　2. Excel 工作表的 D 列保存了 18 位身份证号码信息，为了保护个人隐私，需将身份证信息的第 9～12 位用"*"表示，以 D2 单元格为例，最优的操作方法是（　　　）。

  A．=MID(D2,1,8)+"****"+MID(D2,13,6)

  B．=CONCATENATE(MID(D2,1,8),"****",MID(D2,13,6))

  C．=REPLACE(D2,9,4,"****")

  D．=MID(D2,9,4,"****")

　　3. 某同学从网站上查到了湖北省各高校最近几年高考招生录取线的明细表，他准备将这份表格中的数据引用 Excel 以便进一步分析，最优的操作方法是（　　　）。

  A．对照网页上的表格，直接将数据输入 Excel 工作表中

  B．通过 Excel 中的自网站获取外部数据功能，直接将网页上的表格导入 Excel 工作表

  C．通过复制、粘贴功能，将网页上的表格复制到 Excel 工作表

  D．先将包含表格的网页保存为 .htm 或 .mht 格式文件，然后在 Excel 中直接打开该文件

　　4. 某班级有 30 个学生，将学生的学号、姓名、总评成绩输入学生信息表，分别位于 A、B、C 列，A1～C1 为标题，在 D 列对总评成绩进行排名，计算排名的最优操作方法是（　　　）。

  A．先对总评成绩升序排序，然后在 D2 单元格中输入 1，按 Ctrl 键同时拖动填充柄到最后一个需要计算的单元格

B．先对总评成绩升序排序，然后在 D2、D3 单元格分别输入 1，2，选中 D2,D3，拖动填充柄到最后一个需要计算的单元格

C．在 D2 单元格输入公式 "=RANK(C2,C2:C31,0)"，确定后，双击 D2 中的填充柄

D．在 D2 单元格输入公式 "=RANK(C2,$C$2:$C$31)"，确定后，双击 D2 中的填充柄

5．某员工用 Excel 2016 制作了一份员工档案表，但经理的计算机中只安装了 Office 2003，能让经理正常打开员工档案表，最优操作的方法是（　　）。

A．将文档另存为 Excel 97-2003 文档格式

B．将文档另存为 PDF 格式

C．建议经理安装 Office 2010

D．小刘自行安装 Office 2003，并重新制作一份员工档案表

6．使用 Excel 公式不能得出正确结果，可能会出现 "#" 开头的错误提示，下面表示除数为 0 引起的错误信息是（　　）。

A．#N/A　　　　　　　　　　B．#VALUE

C．#DIV/0　　　　　　　　　D．#REF

7．某班级学生 4 个学期的各科成绩单分别保存在独立的 Excel 工作簿文件中，现在需要将这些成绩单合并到一个工作簿文件中进行管理，最优的操作方法是（　　）。

A．将各学期成绩单中的数据分别通过复制、粘贴命令整合到一个工作簿中

B．通过移动或复制工作表功能，将各学期成绩单整合到一个工作簿中

C．打开一个学期的成绩单，将其他学期的数据输入同一个工作簿的不同工作表中

D．以上均是

8．在 Excel 2016 中，工作表 A1 单元格中存放了 18 位二代身份证号码，在 A2 单元格中利用公式计算该人的年龄，最优的操作方法是（　　）。

A．=YEAR(TODAY())-MID(A1,6,8)

B．=YEAR(TODAY())-MID(A1,6,4)

C．=YEAR(TODAY())-MID(A1,7,8)

D．=YEAR(TODAY())-MID(A1,7,4)

9．在 Excel 2016 工作表中，需要在多个不相邻的单元格中输入相同的数据，最优的操作方法是（　　）。

A．在其中一个位置输入数据，然后逐次将其复制到其他单元格

B．在输入区域最左上方的单元格中输入数据，双击填充柄，将其填充到其他单元格

C．在其中一个位置输入数据，将其复制后，利用 Ctrl 键选择其他全部输入区域，再粘贴内容

D．同时选中所有不相邻单元格，在活动单元格中输入数据，然后按 Ctrl+Enter 键

10．在 Excel 中整理职工档案时，希望 "性别" 一列只能从男、女两个值中进行选择，否则系统提示错误信息，最优的操作方法是（　　）。

A．通过 IF 函数进行判断，控制 "性别" 列的输入内容

B．请同事帮忙进行检查，错误内容用红色标记

C．设置条件格式，标记不符合要求的数据

  D．设置数据有效性，控制性别列的输入内容

11．某公司需要查看各员工到不同地区出差的差旅花费情况，要求员工姓名按升序排序，地区按升序排序，差旅类别按降序排序，则下面做法正确的是（　　　　）。

  A．主要关键字为"员工姓名"，次要关键字为"地区"，第三关键字为"差旅类别"

  B．主要关键字为"员工姓名"，次要关键字为"差旅类别"，第三关键字为"地区"

  C．主要关键字为"地区"，次要关键字为"员工姓名"，第三关键字为"差旅类别"

  D．主要关键字为"差旅类别"，次要关键字为"地区"，第三关键字为"员工姓名"

12．在 Excel 2016 中，表示"数据表 1"上的 A2～D8 的整个单元格区域的方法是（　　　　）。

  A．A2:D8   B．数据表 1$A2:D8

  C．数据表 1!A2:D8   D．数据表 1:A2:D8

13．假定单元格 D3 中保存的公式为"=A$3+$C$3"，若把它复制到 E4 中，则 E4 中保存的公式为（　　　　）。

  A．=B$3+$C$3   B．=C$3+D$3   C．=B$4+C$4   D．=C$4+D$4

14．在 Excel 2016 中，在 A1:A10 单元格区域中已经输入了数值型数据，现在要求将 A1:A10 单元格区域中数字小于 60 的数据用蓝色显示，大于等于 90 的数据用红色显示，则可以使用（　　　　）功能。

  A．分类汇总   B．数据筛选   C．排序   D．条件格式

15．在学生成绩表中筛选出性别为男且数学分析成绩大于等于 90 分，或性别为女且大学英语成绩大于等于 85 分，将筛选的结果在原有区域显示，则高级筛选的条件区域应该是（　　　　）。

  A．

性别	数学分析	大学英语
男	>=90	
女		>=85

  B．

性别	数学分析	大学英语
男		>=85
女	>=90	

  C．

性别	数学分析	大学英语
男	>=90	>=85
女		

  D．

性别	数学分析	大学英语
男/女	>=90	>=85

16．在一个学生信息表中，包含姓名、学号、专业、籍贯、出生年月字段，现在要统

计每个专业各个省的人数，此时会用到数据透视表，那么在数据透视表中的"行"标签、"列"标签、"数值"区域分别应该添加的字段为（　　　）。

　　A．专业、学号、籍贯

　　B．学号、姓名、专业

　　C．专业、籍贯、学号

　　D．姓名、专业、出生年月

17．在一个学生信息表中，包含姓名、学号、专业、籍贯、出生年月字段，现在要统计每个专业各个省的人数，此时会用到数据透视图，那么在数据透视图中的"图例"字段、"值"字段、"数值"区域分别应该添加的字段为（　　　）。

　　A．专业、学号、籍贯

　　B．学号、姓名、专业

　　C．专业、籍贯、学号

　　D．姓名、专业、出生年月

18．在 Excel 2016 中，数据源发生变化时，相应的图表（　　　）。

　　A．手动跟随变化　　　　　　　　B．自动跟随变化

　　C．部分数据跟随变化　　　　　　D．不受任何影响

19．在 Excel 2016 图表的标准类型中，所包含的图表类型个数为（　　　）。

　　A．24　　　　　B．15　　　　　C．20　　　　　D．5

20．不可以在 Excel 工作表中插入的迷你图类型是（　　　）。

　　A．迷你折线图　　B．迷你柱形图　　C．迷你散点图　　D．迷你盈亏图

21．在 Excel 2016 中，创建图表之前，选择数据时必须注意的事项是（　　　）。

　　A．选择的数据区域必须是连续的矩形区域

　　B．选择的数据区域必须是矩形区域

　　C．选择的数据区域可以是任意形状

　　D．可以随意选择数据

22．以下关于图表的说法中，不正确的是（　　　）。

　　A．图表可单独打印

　　B．内嵌图表不能单独打印，只能和工作表一起打印

　　C．通常独立图表中的图像大小不是实际大小

　　D．双击图表可以激活该图表

23．在 Excel 2016 的图表中，通常使用水平 X 轴作为（　　　）。

　　A．排序轴　　　　B．数值轴　　　　C．分类轴　　　　D．时间轴

24．在 Excel 2016 的图表中，通常使用垂直 Y 轴作为（　　　）。

　　A．分类轴　　　　B．数值轴　　　　C．文本轴　　　　D．公式轴

25．在 Excel 2016 的图表中，能够反映出同一属性数据变化趋势的图表类型是（　　　）。

　　A．折线图　　　　B．柱形图　　　　C．饼图　　　　D．条形图

26．在 Excel 2016 中，下列关于工作表及其建立的嵌入式图表的说法，正确的是（　　　）。

　　A．删除工作表中的数据，图表中的数据系列不会删除

B. 修改工作表中的数据，图表中的数据系列不会修改

C. 数据和图表是相互关联的，图表中的数据系列会根据数据的改变而改变

D. 以上均不正确

27. 在 Excel 2016 中，想要添加一个数据系列到已有图表，不可实现的操作方法是（　　）。

A. 在嵌入图表的工作表中选中想要添加的数据，执行"插入"|"图表"命令，将数据添加到已有的图表中

B. 在嵌入图表的工作表中选中想要添加的数据，然后将其直接拖放到嵌入的图表中

C. 选中图表，执行"图表"|"添加数据"命令，在其对话框的"选定区域"组中指定该数据系列的地址，单击"确定"按钮

D. 执行图表快捷菜单的"数据源"|"系列"|"添加"命令，在其对话框中的"数值"组指定该数据系列的地址，单击"确定"按钮

28. 在一个学生信息表中，包含姓名、专业、奖学金、成绩字段，现在要对相同专业的学生按奖学金从高到低进行排序，需要进行多个关键字段的排序，主关键字为（　　）。

A. 姓名　　　　　B. 专业　　　　　C. 奖学金　　　　　D. 成绩

二、操作题

1. 李同学担任所在班级的班长职务，需要将本学期班上所有同学的成绩制作成"班级成绩表"，标题内容包括"学号""姓名""计算机基础""大学物理""大学英语""数学分析""加权平均分""绩点""名次"，前 6 项的数据从网上可以直接获取。

李同学需要完成以下任务：

（1）数据输入完成后，将所在工作表名"Sheet1"改为"班级成绩表"。

（2）将表格中的标题行，设置为黑体、14 号，颜色为白色，背景色为紫色底纹，其他数据为宋体、14 号，颜色为自动。

（3）为表格加上边框，外边框为双线型，内边框为单线型。

（4）表格中所有数据对齐方式为垂直水平居中。

（5）对数据表中四门课程的成绩设置数据有效性，成绩的范围为 0～100。

（6）将大于等于 90 分的课程成绩设置为红色加粗，将小于 60 分的课程成绩设置为蓝色。

（7）筛选出大学英语成绩大于等于 85 分且数学分析成绩大于等于 85 分，或计算机基础成绩大于等于 90 分的学生信息，将筛选结果存放到新的工作表中。

（8）计算加权平均分和绩点，并保留 2 位小数，并对绩点进行排名（加权平均分、绩点运算见本章例 2-4）。

（9）以姓名和绩点两列数据为基础，创建一个折线图。

2. 何同学利用暑假打工，就职于一家计算机图书销售公司，担任市场部助理，主要的工作职责是为部门经理提供销售信息的分析和汇总。

销售信息涉及"销售情况"和"图书定价"两张表格的数据。"销售情况"由"订单号""日期""书店名""图书编号""图书名称""单价""销量（本）""销售总额"这些信息组成。其中，"图书名称"和"单价"的数据来自表格"图书定价"，其他数据直接输入。"图

书定价"由"图书编号""图书名称""单价"组成。

现要求对 2018 年销售情况完成以下统计和分析工作：

（1）根据销售情况表中的"图书编号"，使用 VLOOKUP 函数从图书定价表中获取"图书名称"和"单价"。

（2）运用公式计算"销售情况"表中的销售总额。

（3）为工作表"销售情况"中的销售数据创建一个数据透视表，放置在一个名为"数据透视分析表"的新工作表中，要求查看各书店每月的销售额。其中，书店名称为"列"标签，日期为"行"标签，并对销售额求和。

（4）为工作表"销售情况"中的销售数据创建一个数据透视图，放置在一个名为"数据透视分析图"的新工作表中，要求查看各书店每月的销售额。其中，书店名为图例，日期为轴（类别），值为销售额求和。

第3章
PowerPoint 2016 演示文稿制作

3.1 演示文稿制作的构思与设计

3.1.1 设计中常见的问题

什么是好的演示文稿？由于每个人的审美观不同，答案也不同。但是，什么样的演示文稿是人们不喜欢的，答案是类似的。下面介绍演示文稿设计中存在的常见问题。

1. 主题不明、条理不清

主题不明是写作的大忌，同样也是制作演示文稿的大忌。制作演示文稿首先要有内容，如工作、产品、思想等，且所有内容必须围绕主题去组织和展开。

由于演示文稿采用逐页播放的方式，后续页面会覆盖前面幻灯片的内容，观众无法重新查看已播放的页面，这与人们看书、报纸、网页、老师的板书等完全不同，观众可能因此无法理解前后页面之间的逻辑。"逻辑性不强"是演示文稿常存在的问题，这样观众很容易觉得内容没有条理和重点，所以一定要提升演示文稿的逻辑性。

例如，在讲解某事物的发展时，一般按起源、发展、现状和未来的时间顺序来组织。如图 3-1 所示，在讲解计算机的发展问题上就犯了逻辑混乱的错误。

2. Word "搬家"

制作演示文稿时典型的错误做法就是直接将 Word 文档中的内容复制粘贴到幻灯片中，从而使幻灯片的文字过多，容易引起观众的视觉疲劳，也容易使人分不清重点，甚至反感，如图 3-2 所示。

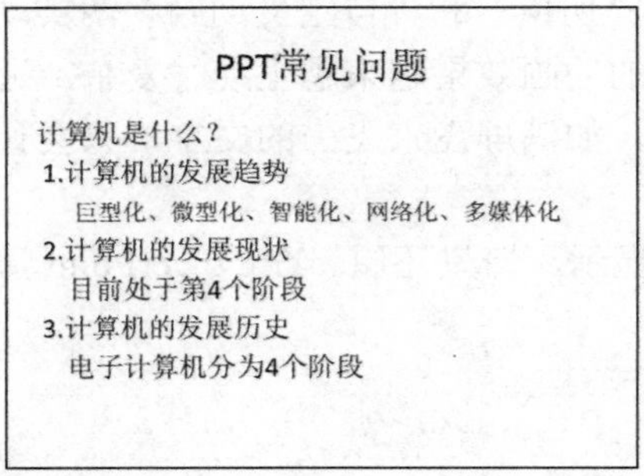

图 3-1 逻辑不清的演示文稿

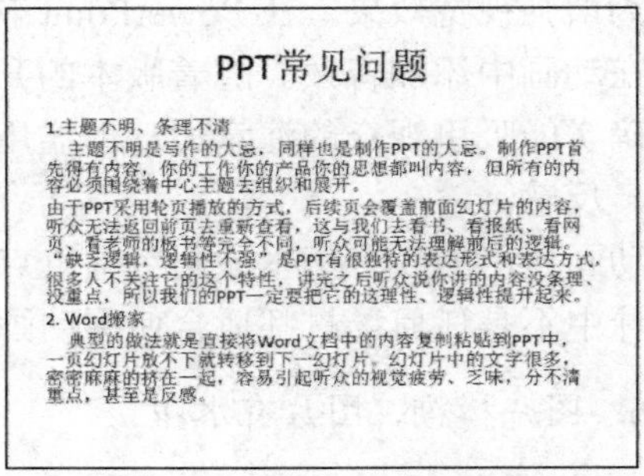

图 3-2 大量文字的演示文稿

Word"搬家"引起的另一个后果就是"照本宣科"。Word 文档内容比较全面,演讲者在汇报或演讲时只是按照屏幕上显示的文字宣读,没有拓展内容,这样的演示效果肯定不理想。

3. 无关的图

有的演示文稿制作者听惯了"文不如图"的设计理念,所以在幻灯片中过多地使用图片,甚至一个文字也没有。图片不仅可以用来吸引人们的注意,还可以帮用户阐述观点。但是,若插入的图片与主题不相关,即使图片再漂亮,也不会为幻灯片增色,反而会起反作用。如图 3-3 所示,在介绍中秋节的 PowerPoint 演示文稿中,粽子和荷花图片与主题无关。

4. 眼花缭乱的配色

在 PowerPoint 演示文稿中,文字搭配颜色过多,会令人眼花缭乱,过多的颜色会显得杂乱,分散观众的注意力。另外,若文字颜色与背景色非常相近,容易让观众看不清文字内容,如图 3-4 所示。此外,还需考虑投影仪亮度和清晰度的问题。有时在计算机显示器上配色方案看起来很好,投影出来的效果却不如人意。

PowerPoint 演示文稿是一门视觉沟通的艺术,色彩在其中有举足轻重的作用。对于配色方案,制作者应经过反复试验来确定最终的色彩搭配。

图 3-3   与主题无关的图   图 3-4   眼花缭乱的配色

5. 滥用动画和音效

为增强视觉效果,在 PowerPoint 软件中引入了"切换"和"自定义动画"两类动画,并可在动画中添加音效。随着版本的升级,Office 的动画效果越来越生动、复杂。适量的动画确实能吸引观众的注意力,但滥用动画或音效,如满屏飞来飞去的文字,只会让观众眩晕、反感。

动画使用的 3 个基本原则包括重点强调、逐项显示、情景还原。在 PowerPoint 演示文稿设计中不是任何场景都适合使用动画和音效的。

6. 图片模糊、图片有水印

位图格式(.jpg、.png、.bmp 等)的图片资源丰富,在 PowerPoint 中使用较多,但位图放大会导致图片模糊。而模糊不清的图片会使效果适得其反，如图 3-5 所示。

网络上的一些图片为保护版权，一般会用水印在图片上注明出处。若直接将这种图片用于幻灯片，会使图片效果大打折扣。

7. 版式混乱不美观

版式的混乱主要体现在两个方面：一方面是文本段落或图片的位置摆放比较随意，如图 3-6 所示。例如，没有对图片进行对齐、统一大小等操作。另一方面是前后各页幻灯片的标题位置不统一，观众要到处寻找标题。

图 3-5　图片模糊的演示文稿

图 3-6　版式混乱的演示文稿

8. 图片变形

在调整图片大小时，没有注意高度和宽度的比例，造成图片变形，如图 3-7 所示。

9. 无关或杂乱的模板

利用模板可以帮助我们快速设计幻灯片，节省时间。但模板的选择至关重要，模板的设计风格一定要与当前内容和场景相符合，否则会影响幻灯片的整体播放效果，如图 3-8 所示。

图 3-7　图片变形的演示文稿

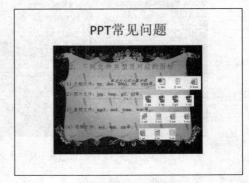

图 3-8　杂乱的模板

10. 效率低下

借鉴好的作品，可以让自己制作演示文稿的水平得到很大提升。但这种借鉴学习的方法应该重在平时的积累，而不是临时抱佛脚。很多人制作演示文稿时，首先想到的是从网络上寻找类似的演示文稿。每个演示文稿都有自己的亮点，但侧重点不同，设计风格也会各不相同。过多地借鉴他人作品，反而让借鉴者毫无头绪。借鉴者想吸收亮点，努力整合那些演示文稿，往往忘记了自己设计演示文稿的初心，造成效率低下、重点不明确、亮点不突出。

3.1.2　制作目的与设计原则

1．目的

设计型演示文稿的关键是创意，而工作型演示文稿目的性更强。在做演讲时，目的一般是推出自己的观点或产品，得到领导、客户、观众的认可，说服他们接受自己的观点或产品。所以，"说服"才是制作演示文稿的目的。要达到"说服"的效果，就要从"内容逻辑、演示形式、演讲过程"等方面去改善。

2．设计原则

（1）简洁、简单

将 PowerPoint 这个单词分开就是 power 和 point，即"有力量的点"。因此，PowerPoint 演示文稿是用来列举关键点的，而不是像 Word 一样容纳大量文字或信息。

可以从小米公司新品发布会的演示文稿（图 3-9）中看出其简洁明快的风格。为了做到简洁，需要对内容进行提炼。如果提炼后一张幻灯片中的内容仍然很多，需要采取分屏、分段、归类等方法，将内容分散到多页中，做到一屏一个主题，一个主题下分成几个段落，以方便观众快捷地找到重点信息。

图 3-9　小米发布会演示文稿

（2）逻辑清晰

一个成功的演示文稿必定有一个清晰的逻辑。只有逻辑清晰了，制作演示文稿时才能高效地添加合理的内容，同时有利于观众理清思路。在制作演示文稿时应围绕主题展开多个节点，并用相关内容对这些节点进行说明。

（3）中心明确

每张幻灯片都要有一个中心，不要将所有内容全部罗列在幻灯片上，突出一个中心点即可。如果同一张幻灯片上的信息太多，会让人有信息太密集，看不过来的感觉。每张幻灯片最多传达 5 个概念，这样幻灯片的效果是最好的。如图 3-10 所示，幻灯片只需要点出话题的中心即可，细节应由演讲者展开介绍。

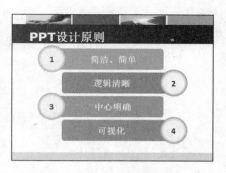

图 3-10　中心明确的幻灯片

（4）可视化

可视化就是尽量将要表达的信息以图片、图形的形式表现出来。现在是一个读图的时代，许多热点新闻或事件都用图来表示，媒体希望用图帮助人们快速阅读，如图 3-11 所示。

图 3-11　可视化案例

可视化的优点如下：

1）节省时间。视觉信息接收起来比单纯的文字或声音信息更快。用图片传递信息，接收者不需要投入太多的精力，能节约大量的时间。

2）增强记忆和理解。研究表明，相同的内容在三天之后，单纯听讲的记忆只能达到 10%，而看与听相结合的记忆，可高达 50%。对于陌生的、复杂的内容，若能进行可视化处理，可以增进人们对内容的理解。

3.1.3　整体结构设计

从整体上看，PowerPoint 演示文稿的结构主要分为封面、目录、过渡页、正文页和结尾页五大部分，如图 3-12 所示。

图 3-12　PowerPoint 演示文稿的整体结构

1. 制作醒目的封面页

PowerPoint 演示文稿的封面非常重要，一个好的封面应该同开场白一样精彩。在封面中要传达的一般有标题、单位、演讲者等信息。在形式上，封面有图文并茂型和纯文字型两种。无论采用哪种形式，都要突出主题，并用结论性的文字作为标题，如图 3-13 所示。

图 3-13　封面页效果对比

纯文字型封面容易显得单调，因此可以为其设置具有渐变色的背景，或对字体进行改变。在设计封面时，应简约、大方，突出主题，弱化副标题和作者姓名；图片内容应与主题相关；图片的颜色要和 PowerPoint 演示文稿整体风格的颜色保持一致。

2. 制作清晰的目录页

清晰的目录结构能够让观众对 PowerPoint 演示文稿的内容有一个大致了解，有助于加深观众对演示文稿内容的理解。

目录从排列形式上可设计成竖排、横排、环形等，从元素构成上可设计成项目编号型、图文并茂型、时间线型、导航型等。下面介绍几种比较典型的目录设计方法。

（1）项目编号型

项目编号型目录是最常见，也是最简单的一种目录形式，如图 3-14 所示。直接在文本内容的前面添加项目符号即可制成项目编号型目录。建议使用 SmartArt 图形来制作项目编号型目录。

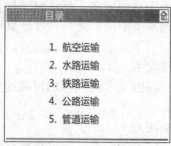

图 3-14　项目编号型目录效果

（2）图文并茂型

图文并茂型目录即用图片来衬托目录标题、填充空白部分，可以引导观众的注意力，如图 3-15 所示。

图 3-15　图文并茂型目录效果

（3）时间线型

时间线型目录由形状和文本框等对象组合而成，用形状的大小告诉观众每个部分大概需要花费的时间，如图 3-16 所示。使用时间线型目录可以很好地表现演讲者的意图及时间安排情况。

（4）导航型

导航型目录借鉴网站的导航菜单风格设计，如图 3-17 所示。

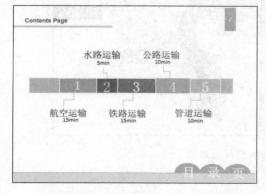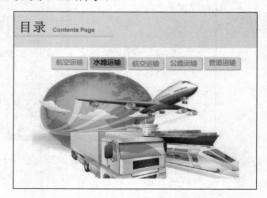

图 3-16　时间线型目录效果　　　　　图 3-17　导航型目录效果

3. 制作提神的过渡页

过渡页一般用于页面较多、演讲时间较长的演示文稿。在演示文稿中，如果没有过渡页，会使内容之间缺少衔接。此外，过渡页可以突出标题，起到为观众提神的作用。

通常可以使用以下方法来制作过渡页。

（1）凸显目录文本

将目录中一个标题文本的颜色加深或改变字体等，其他目录标题的文本颜色减淡，如图 3-18 所示。

（2）放大目录图片

如果是图文并茂型的目录，可以直接将图片放大，如图 3-19 所示。

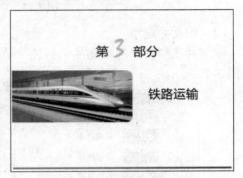

图 3-18　过渡页效果 1　　　　　　　　　图 3-19　过渡页效果 2

4. 制作圆满的结尾页

结尾页也是演示文稿设计中的重要环节。为了形成统一的风格，结尾页要和封面的内容不同，但在颜色、字体、布局等方面要与封面页保持一致。

结尾页通常有以下几种：致谢、演讲者联系方式、Q&A、励志的话或名人名言等。致谢和 Q&A 结尾页效果如图 3-20 所示。如果是教学型、探讨型演讲，可以使用"提问与解答"环节作为结尾页。

图 3-20　致谢和 Q&A 结尾页效果

3.1.4　优化设计

1.　页面排版

在页面排版的过程中，人们经常使用对齐、聚拢、对比、留白、统一等方法来进行设计。

（1）对齐

任何元素都不能在页面上随意摆放，在合理的演示文稿版面中，总能找到隐藏的对齐线。

对齐的作用主要有 3 个：第一，赋予页面秩序美，防止页面过于散乱；第二，避免观众视线的频繁跳跃，影响阅读的连贯性；第三，通过对齐展现元素之间的并列关系，形式相同的条目通常被默认为是并列的。

在演示文稿版式设计的过程中，应找准对齐线，并坚持以它为基准。那么，各个对象应该如何对齐呢？

1）与版心线对齐。版心线是规定页面的主要内容范围。使用版心线既可以保证所有幻灯片页有比较统一的视觉效果，又可以为页面边缘留出空白。

2）元素之间的对齐。元素之间是通过"看不见的线"实现对齐的，这些对齐参考线既可以是直线，又可以是规则的曲线，如图 3-21 所示。

3）对齐到网格。通过网格划分页面，然后将内容填入网格中是避免页面混乱的有效方法，并且内容越多，这种方法越有效。

4）九宫格对齐。九宫格构图是用 4 条线把画面分成 9 个小块，这 4 条线的交点是线条的黄金分割点，如图 3-22 所示。一般认为，右上方的交叉点最为理想，其次为右下方的交叉点。在数码照相机中经常借助九宫格构图。这种构图格式较为符合人们的视觉习惯，使主体自然地成为视觉中心，具有突出主体，并使画面趋向均衡的特点。

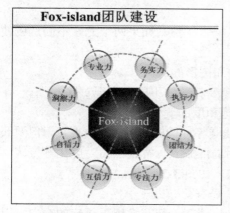
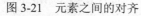

图 3-21　元素之间的对齐

图 3-22　九宫格对齐

当然，偶尔打破对齐可以产生不错的视觉效果。如图 3-23 所示，通过文字大小变化打破对齐，给人多环芳烃有很多种元素的感觉。

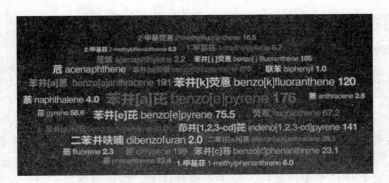

图 3-23　打破对齐效果

（2）聚拢

在同一页面上物理位置接近的元素，观众常常会认为它们之间存在意义上的关联。

在平面设计中，将内容相关度高的东西放在一起的做法，称为聚拢。聚拢有两个作用：一是将杂乱无章的元素进行分组，可以让观众不必费心去区分段落；二是通过相近元素的聚拢为页面留出更多空白，避免页面拥挤。

除了认为物理位置上接近的元素存在关联，人们还会认为颜色、文字大小、字体等方面相近的元素间存在关联。

要把握好聚拢原则，需处理好以下两点：

1）关系紧密的元素要靠近，关系疏远的元素要间隔一定距离。如果页面太过拥挤，应适当缩小字号后再将段落拉开，然后通过添加编号或通过首字放大将段落区分得更明显。

2）统一各视觉单元之间的间隔。可以从相关内容是否汇聚，段落层次是否间隔，图片文字是否协调等方面检查是否聚拢，然后通过调整段落间距和对齐，强调段落小标题，改变字体或颜色等方法来操作。

（3）对比

对比的作用是区分元素，让元素之间的层次关系一目了然。如果两个元素不同，应使之截然不同、对比强烈。

对比的内容有三类，即文字的对比、颜色的对比和图形的对比。

1）文字的对比。文字可以通过字体、字号、颜色及特效的不同来实现对比。

2）颜色的对比。颜色可以利用对比度、亮度和饱和度的变化进行对比。

3）图片的对比。人们经常在图片上使用箭头、线圈等进行标注，以突出重点，但要获得更强烈的对比，就需要在图片上下功夫了，如采用局部放大、背景黑白、虚化等方式。另外，图片的局部遮盖也是强调图片重点的常用方法，如图 3-24 所示。

（4）留白

留白原指书画艺术创作中为使整个作品画面更为协调精美而有意留下相应的空白，以留下想象的空间。合理使用页面中的留白有利于观众对页面内容的理解。

留白的大忌是"顶天立地"，在演示文稿中无论是表格、图片，还是文字，主体内容上不能及页面顶部，下不能到页面底部。页面的上下左右都需要留出空间。当然，留白不一定要使用白色，其可以是任何与背景相同的空间，如图 3-25 所示的黑色。

图 3-24　图片的对比

图 3-25　留白效果

（5）统一

统一是指整个演示文稿风格的统一，包括配色方案、字体、字号、文本间距、修饰元素、图表及图片风格等内容的统一。当然某些页面，如封面、结尾页等可以有所不同，如图 3-26 所示。

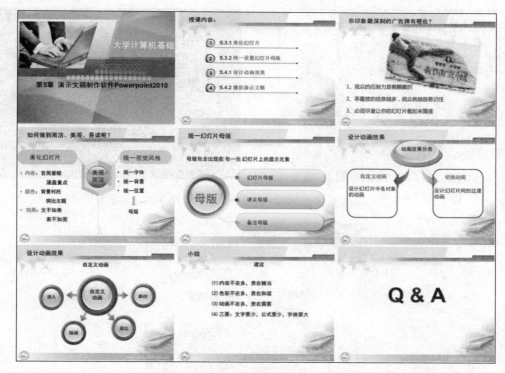

图 3-26　统一效果

在设计演示文稿的过程中，对齐、聚拢、对比、留白、统一这些方法通常不单独使用，而是组合使用。

2. 文字的提炼与美化

文字是演示文稿中最重要的元素，其传达的信息密度大，表意精确，不容易产生歧义。

那么，如何让枯燥的文字变得美观，使重点文字能够脱颖而出呢？

（1）文字的提炼

对于文本过多的幻灯片，可以找到段与段、句与句、词与词之间的逻辑关系，分清重点与非重点，删除重复性语句、多余词汇、修饰性词语和标点符号，以简单完整的句子来表达重点内容。

（2）文字的美化

在演示文稿中，一般选择黑体、微软雅黑等横竖笔画一样粗的字体。字号要大，确保整个会场的观众都能看清楚。有时，文字是一种情感的表达，因此某些时候需要根据主题情景选择相匹配的字体。例如，在幻灯片中用大气磅礴的毛体展示毛泽东诗词，如图 3-27 所示。

在同一演示文稿中，应用字体的种类和文字颜色最好不要超过 3 种，相邻级别的字号差别不大于 4，如图 3-28 所示。艺术字的颜色比较艳丽，过多的颜色可能会破坏演示文稿的整体风格，因此要慎用艺术字。重点内容要富于变化，如图 3-29 所示。通常利用 SmartArt、数据图表、逻辑图示、主题图片等形式将文字转换成图。

图 3-27　文本美化效果 1

图 3-28　文字美化效果 2

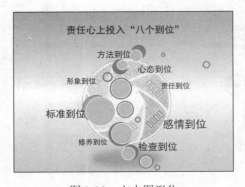

图 3-29　文本图形化

注意，在演示文稿中应用了特殊的字体后，为防止在其他计算机中字体丢失，在保存时需要嵌入字体。

图 3-30～图 3-37 演示了文字提炼及页面美化的过程。

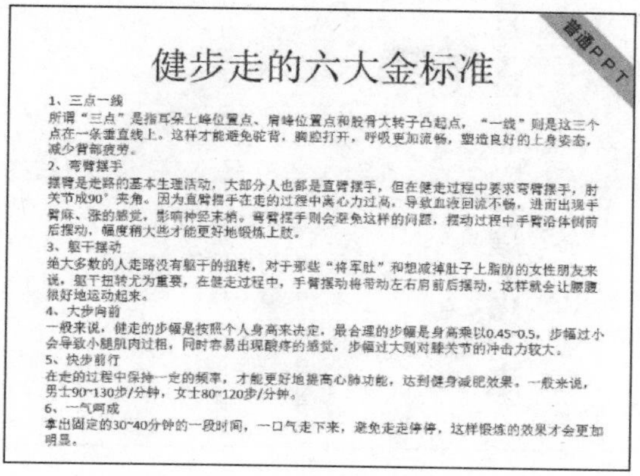

图 3-30　文本未提炼前的效果

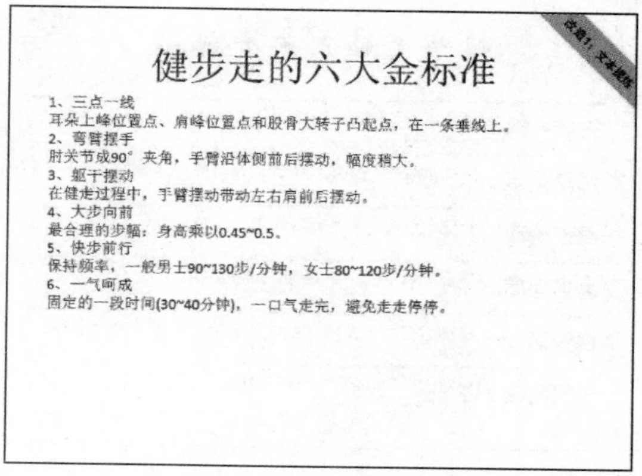

图 3-31　文本提炼效果

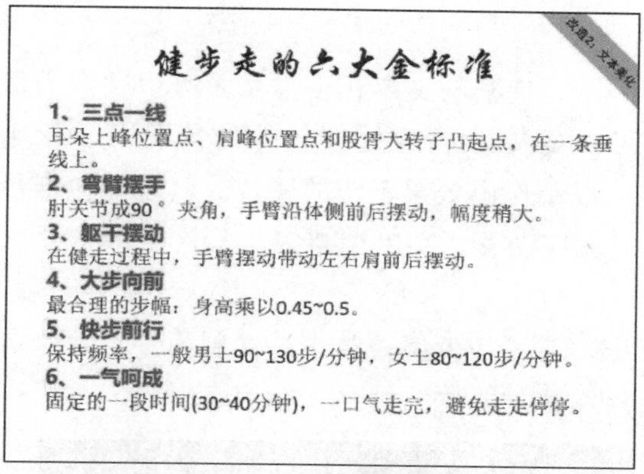

图 3-32　文本美化效果

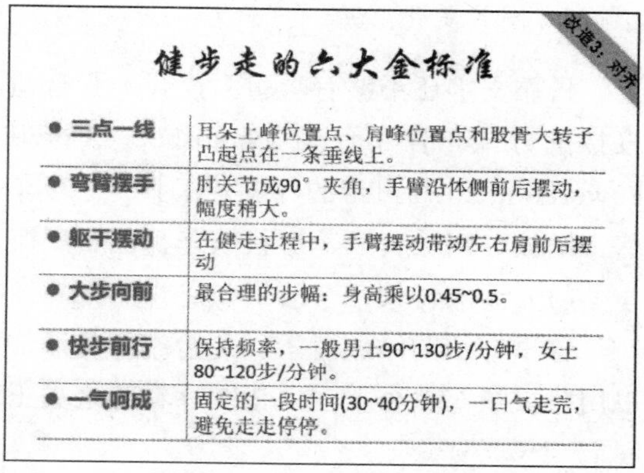

图 3-33　对齐效果

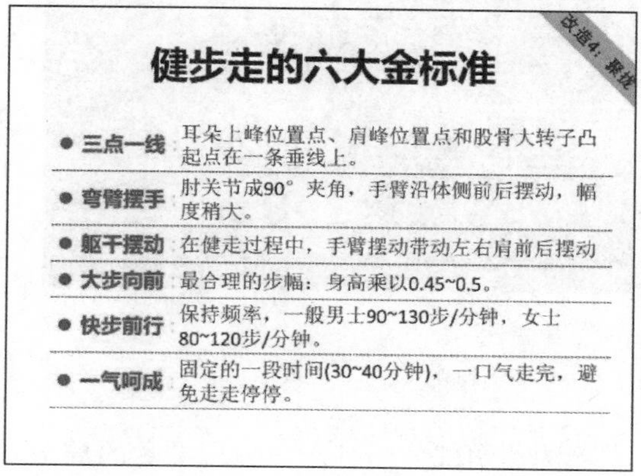

图 3-34　聚拢效果

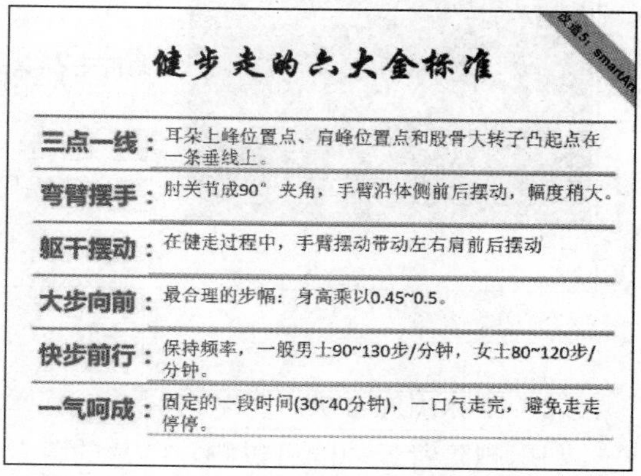

图 3-35　文本 SmartArt 图形化效果

图 3-36　对比效果　　　　　　　图 3-37　图文结合效果

3. 图片美化

只靠文字还不够有吸引力，找一张合适的配图，使其与文字相得益彰是吸引注意力最直接的方式。在不使用 Photoshop、CorelDRAW 等专业图片处理软件的情况下，使用 PowerPoint 2016 自带的"图片工具"选项卡也可以制作出效果不错的图片。其功能包括裁剪、缩放、删除背景、形状填充、色彩变换、对比度调整、亮度调整等。

（1）添加背景

这里介绍的添加背景，是给幻灯片添加背景。若图片色调较单一，在制作幻灯片时可以用色块填充整个页面，让图片看起来真正地融入页面之中，如图 3-38 所示。

图 3-38　添加背景效果对比

（2）删除图片背景、多余内容

利用删除背景功能可以删除图片的背景、去除图片的部分内容。只使用图片的局部，往往会产生意想不到的效果，如图 3-39 所示。

图 3-39　图片局部放大效果对比

（3）图片的摆放

在制作演示文稿时，图片的摆放要遵循以下原则：

1）视线朝向文字。人物的视线会引导观众视线，因此人物的视线要尽量朝向文本。

2）多人视线一致。如果一张幻灯片中有多张人物图片，需要使各人物的视线方向统一。

3）地平线要统一。在使用多张有地平线的图片时，地平线要统一。

4）空白留在人物的前方。

5）文本在图片内时，图片一定要拥有大面积的空白。此时，可以考虑通过插入形状（如矩形）来添加文字，并适当地设置形状的透明度，如图 3-40 所示。

图 3-40　文本在图片内效果

3.2　报告式演示文稿制作

在日常学习和办公时，制作报告式演示文稿是人们经常要面临的任务，如制作项目总结报告演示文稿、项目中期汇报演示文稿、实验报告演示文稿、宣讲培训演示文稿、毕业论文答辩演示文稿等。报告式演示文稿的大纲结构相对单一，但是内容较多，且其中包含图像、图形、图表等多种元素。若不注意内容的编排、反映效果的设置和多种元素的处理，很容易使报告式演示文稿效果过于死板，流于文字堆叠，不能引起观众的兴趣。

本节讲解报告式演示文稿制作中涉及的各项知识，旨在使学生学会利用大纲导入功能快速创建演示文稿；学会利用母版、主题、背景等工具快速美化演示文稿的外观、统一其风格；利用插入图片、超链接、SmartArt 图形等多媒体元素丰富演示文稿的内容；利用动画和切换效果的设置来使演示文稿的播放生动。

3.2.1　从 Word 导入大纲文件生成演示文稿

在制作报告式演示文稿时，一般应先确定主体纲目结构，再进行具体内容的填充。主体纲目结构既可以让编者理清思路，又可以让观众观看演示文稿时更加有条理。

本节的报告式演示文稿实例以毕业论文的答辩为背景，演示文稿的主体纲目结构为毕业论文的文档结构，即演示文稿的大纲应来自毕业论文的标题大纲。可以通过直接导入大纲文件来生成一个非空的 PowerPoint 演示文稿。

用这种方法创建演示文稿的前提是，先将大纲文件准备好，大纲文件可以是 Word 文档、RTF 文档或文本文档。以 Word 文档为例，方法为，先在 Word 的大纲视图下创建一个 Word 大纲文件，并保存；然后打开 PowerPoint 软件，单击"开始"｜"幻灯片"｜"新建幻灯片"按钮下方的下拉按钮，在弹出的下拉菜单中选择"幻灯片（从大纲）"命令（图 3-41），在弹出的"插入大纲"对话框中选中 Word 大纲文档，单击"插入"按钮。

二者的对应关系为，Word 大纲文档的一级标题变为演示文稿页面的标题，二级标题变为第一级正文，三级标题变为第二级正文，其余对应关系依此类推。Word 大纲文件可以通过手动输入内容得到，也可以通过直接将毕业论文进行简单修改而得到。

图 3-41　从 Word 导入大纲文件

【例 3-1】参照毕业论文素材"论文素材.docx"，创建 Word 大纲文档，并将其作为大纲导入 PowerPoint 中。

操作步骤：

1）新建一个空白 Word 文档，并将文档另存为"毕业论文大纲.docx"。将视图从普通视图切换至大纲视图。参照毕业论文素材文件"论文素材.docx"文档中的文档结构，建立图 3-42 所示的大纲内容，保存并关闭文档。

2）新建一个 PowerPoint 演示文稿，并另存为"毕业论文答辩.pptx"，单击"开始"｜"幻灯片"｜"新建幻灯片"按钮下方的下拉按钮，在弹出的下拉菜单中选择"幻灯片（从大纲）"命令，在弹出的"插入大纲"对话框中选中大纲文档"毕业论文大纲.docx"，单击"插入"按钮，即得到图 3-43 所示的幻灯片。

```
⊕ 学生党建基本数据管理系统
  ⊕ 1  引言
    ⊝ 1.1  选题背景
    ⊝ 1.2  课题研究意义
    ⊝ 1.3  发展现状
    ⊝ 1.4  开发环境和工具
  ⊕ 2  相关技术介绍
    ⊝ 2.1  B/S 模式
    ⊝ 2.2  JSP 和 Servlet
  ⊕ 3  系统可行性分析和需求分析
    ⊝ 3.1  可行性分析
    ⊝ 3.2  需求分析
  ⊕ 4  系统总体设计
    ⊝ 4.1  系统各功能模块的分析与设计
    ⊝ 4.2  系统功能模块流程图
    ⊝ 4.3  数据库分析与设计
  ⊕ 5  系统详细设计与实现
    ⊝ 5.1  系统运行环境配置
    ⊝ 5.2  系统功能模块的设计与实现
    ⊝ 5.3  数据库连接
  ⊝ 6  系统实施与测试
```

图 3-42　大纲文档内容

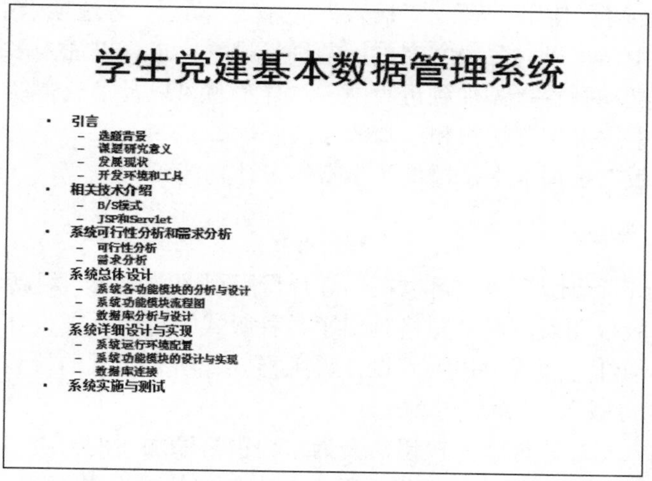

图 3-43　导入大纲后的幻灯片效果

3.2.2　母版的设计

PowerPoint 是会议、演讲、报告中经常使用的展示工具，在利用 PowerPoint 制作演示文稿的过程中往往需要进行美化设计。其中，最常用的就是母版的设计，通过对母版进行背景设计、字体及字号设计、颜色调整等，可以达到最基本的美化目的，并且在随后的幻灯片制作中达到事半功倍的效果。

如果希望将自己设计的演示文稿做成模板，可以选择"文件" | "另存为"命令，打开"另存为"对话框，选择"浏览"选项，弹出"另存为"对话框，将文件类型设置为 PowerPoint 模板，并且一定要将保存路径设置为 PowerPoint 设计模板所在的文件夹，一般为 Templates 文件夹。

设计母版时，需要先进入母版视图。切换到"视图"选项卡，在"母版视图"组中提供了 3 种母版，如图 3-44 所示。

其中，讲义母版用于对讲义的外观进行设计，如果演示文稿不作为讲义使用，那么不需要对讲义母版进行设计。同样的，备注母版用于对备注的外观进行设计，如果演示文稿打印时不需要将备注随同幻灯片一起打印，那么备注母版也不需要设计。

图 3-44　"母版视图"组

所以，一般情况下，只需要设计幻灯片母版即可。单击"幻灯片母版"按钮，进入幻灯片母版视图，上方功能区自动切换到"幻灯片母版"选项卡，如图 3-45 所示。

图 3-45　"幻灯片母版"选项卡

在幻灯片母版视图下，不仅可以使用"幻灯片母版"选项卡中提供的功能，还可以切换到其他选项卡，如可以使用"开始""插入""切换""动画"等选项卡中的绝大多数功能。也就是说，在母版中，可以对各级文字、标题进行设置，也可以插入多种对象，甚至可以将切换动画和自定义动画直接添加到母版中。这样，就可以批量获得统一的切换和动画效果，省去在幻灯片中逐页设置切换和动画效果的麻烦。

在"幻灯片母版"选项卡中，提供了丰富的设计功能。

1．插入幻灯片母版

利用"插入幻灯片母版"按钮可以在幻灯片母版视图中插入一组新的幻灯片母版。

进入幻灯片母版视图后，左边窗格列出了各种版式的母版。在设计母版时，可以从左边窗格选择需要的幻灯片版式，作为其设计母版样式。所有版式的母版都属于默认的一组"Office 主题幻灯片母版"，其组序号为 1。

如果单击"插入幻灯片母版"按钮，会为左边窗格添加新的一组"自定义设计方案幻灯片母版"，其组序号为 2，在这组新的母版中，也包含各种版式。

这样，可以设计多组不同风格的母版，在之后的幻灯片制作中，就可以在多组母版中自由选择需要的版式作为母版。

2．插入版式

利用"插入版式"按钮可以在当前幻灯片母版组中添加一种新的版式。

如果发现左边窗格中没有需要的版式，可以单击"插入版式"按钮，添加自定义版式。用户可以对新插入的自定义版式按照自身需求进行设计。

3．插入占位符

利用"插入占位符"按钮可以在当前版式的母版中添加新的占位符。

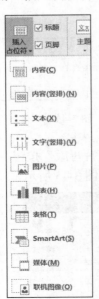

如果直接单击"插入占位符"按钮，意味着要在下一次单击的位置添加占位符。这时，将鼠标指针移至正在编辑的幻灯片母版的相应位置并单击，即可添加默认样式的内容占位符。

如果单击"插入占位符"按钮下方的下拉按钮，可以在弹出的下拉菜单（图 3-46）中选择要添加的相应类型的占位符。

如果无法确定将来会需要哪些占位符，可以不在母版视图中插入占位符。在以后的幻灯片制作中，遇到需要输入文字等内容时，可以在普通视图中用添加文本框的方法将文字插入对应的位置。占位符只有在母版视图下才能添加，文本框在普通视图和母版视图下均可添加。

4．主题

可以在母版中直接使用"主题"功能。"主题"下拉菜单如图 3-47 所示。

图 3-46　"插入占位符"下拉菜单

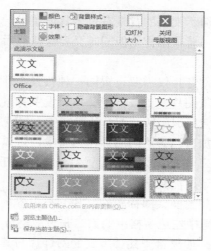

图 3-47　"主题"下拉菜单

实质上，主题是一组格式选项，包括颜色、字体和效果（包括线条和填充效果）的格式设置。可以随时通过对目前的主题修改其配色方案、字体方案、效果方案来改变主题的设计风格。

在母版视图下，可以在"主题"下拉菜单中选择现有主题应用于当前母版，并且可以进一步对选择的主题进行修改；也可以选择"浏览主题"命令，在弹出的"选择主题或主题文档"对话框中选择事先保存好的主题文档，进而应用到当前母版中；还可以选择"保存当前主题"命令，将目前设计好的方案作为"主题文档"保存下来供以后使用。

主题可以在多个 Office 程序之间共享，以便所有 Office 文档具有统一的外观。例如，可以使内容相关的 Word 文档和 PowerPoint 演示文稿通过使用相同的主题统一外观风格。

5. 背景样式

可以为当前母版设置背景样式。"背景样式"下拉菜单如图 3-48 所示。

在"背景样式"下拉菜单中提供了两种设置背景的方法：第一种，在现有的几种简单背景中选择；第二种，选择"设置背景格式"命令，在弹出的"设置背景格式"任务窗格中设置更加具体的背景样式，如渐变背景、图片背景、艺术效果背景等。"设置背景格式"任务窗格如图 3-49 所示。

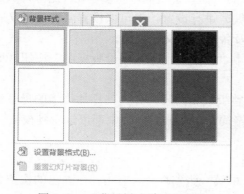

图 3-48　"背景样式"下拉菜单

图 3-49　"设置背景格式"任务窗格

在实际应用中，用户对演示文稿的背景有很多具体要求，如封面、封底、目录页、正文页等，需要不同的背景色、背景图片，但同时又要保持前后页之间风格统一，这就涉及背景的具体设置和细化设计。

如果演示文稿中的全部幻灯片仅需要设置同一种背景，那么只需要选中左边窗格中最上面的幻灯片，进行添加背景图片、更改背景颜色、设置背景格式、选择背景样式等操作即可。这样，更改后的设置会应用到所有幻灯片版式中。

如果想在母版设置中添加自己喜欢的图片作为背景，可以通过两种方法实现：①单击"插入"｜"图像"｜"图片"按钮；②在"设置背景格式"任务窗格中导入背景图片。如果通过第一种方法来设置背景，需要将图片置于底层。

如果在母版设置中，希望封面（即标题幻灯片）与内容页有所不同。那么，在添加背景图片或更改背景色时，应选中左边窗格中的第二张母版幻灯片，即"标题幻灯片"版式，对其背景进行设置。同样地，如果希望某种版式的幻灯片与其他版式幻灯片的背景不同，则选中该版式的母版幻灯片，单独设置其背景样式。

6. 页面设置

利用页面设置功能可以对幻灯片的大小、方向等进行简单设置。"幻灯片大小"下拉菜单和"幻灯片大小"对话框如图 3-50 所示。

（a）"幻灯片大小"下拉菜单

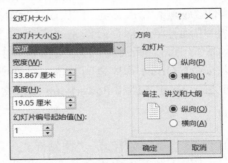

（b）"幻灯片大小"对话框

图 3-50　"幻灯片大小"下拉菜单和"幻灯片大小"对话框

相较于 Word 而言，PowerPoint 演示文稿的页面设置要简单得多。在"幻灯片大小"对话框中，可以对幻灯片的大小、方向、起始编号进行设置，也可以设置备注、讲义和大纲的方向。这些设置将会作用于幻灯片的播放及备注、讲义的打印。

母版设计完成后，单击"幻灯片母版"｜"关闭"｜"关闭母版视图"按钮，即可返回幻灯片普通视图。

【例 3-2】为例 3-1 中创建的演示文稿调整版式和内容，并为其添加恰当的母版设计。要求母版设计符合毕业论文答辩的要求，风格简洁，每张幻灯片中都可以看到校徽。

操作步骤：

1）对演示文稿的内容版式设计进行调整。

打开演示文稿"毕业论文答辩.pptx"，选中第一张幻灯片，右击，在弹出的快捷菜单中选择"版式"｜"标题幻灯片"命令；使用同样的方法，将第二～第五张设置为"标题和文本"版式,第六张幻灯片设置为"空白"版式。幻灯片中的内容如图 3-51 所示。

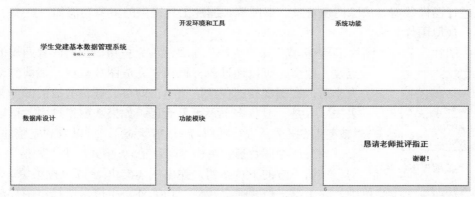

图 3-51　版式和内容调整效果

2)设置母版。

切换到"视图"选项卡,进入幻灯片母版视图;选择左边窗格中的第一个母版,即"Office 主题幻灯片母版",对其进行设置。首先,单击"背景样式"下拉按钮,在弹出的下拉菜单中选择"设置背景格式"命令,弹出"设置背景格式"任务窗格,设置背景格式为渐变填充,类型为射线,方向为中心辐射,光圈数目为 2,从"白色,背景 1,深色 15%"渐变为"黑色,文字 1,淡色 35%"。设置完成后,单击"全部应用"按钮,并关闭"设置背景格式"任务窗格;单击"插入"|"图像"|"图片"按钮,插入图片"校徽.png"。对图片的位置和大小进行简单调整,将校徽置于右上角适当的位置,然后关闭母版视图。此时,应在每张幻灯片的同样位置都能看到校徽图片,效果如图 3-52 所示。

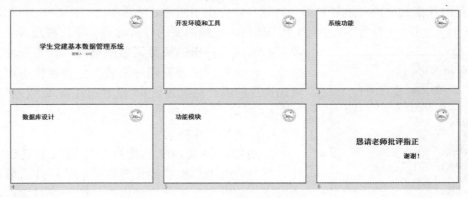

图 3-52　设置母版效果

3.2.3　报告式演示文稿的内容

1. 使用图片

图片是 PowerPoint 演示文稿可视化表现的核心元素,好的图片元素的加入,可以让演示文稿图文并茂。Office 2016 在图片处理功能上有较大的提升,提供了更加丰富的图片处理工具。特别是 Office 2016 中提供的图片裁剪和背景删除工具,使办公软件的图片处理功能更加丰富。在图像的简单处理方面，Office 办公软件已不再需要借助专业图像处理软件，可独立进行图像裁剪、清除图像背景、抠图等。图片工具提供的主要功能如下。

（1）裁剪图片

选中图片，单击"图片工具-格式"｜"大小"｜"裁剪"按钮，当前图片四周的控制

图 3-53　"裁剪"下拉菜单

点发生改变，可以通过鼠标拖动来完成图片裁剪。裁剪到适当的大小后，在图像外的任意位置单击即可。被裁剪掉的部分并不会丢失，只是一般状态下不可见而已；如果裁剪得过多，可以单击"裁剪"按钮重新进行裁剪。在裁剪状态下，可以看到完整的图片。

如果选中图片后，单击"图片工具-格式"｜"大小"｜"裁剪"按钮下方的下拉按钮，弹出图 3-53 所示的下拉菜单。

在"裁剪"下拉菜单中，除了第一个普通"裁剪"功能外，也可以选择将图片裁剪为任意形状，还可以设定图片宽度和高度的纵横比。

（2）删除图片背景

要使用删除图片背景功能，就要单击"图片工具-格式"｜"调整"｜"删除背景"按钮，自动切换到"消除背景"选项卡，如图 3-54 所示。此时，紫色区域为删除区域，拖动矩形框调整删除区域的大小。之后，单击"标记要保留的区域"按钮，在图中单击需要保留却被错误删除的部分；单击"标记要删除的区域"按钮，在图中单击需要删除却被保留的部分。将图片背景去除后，单击图片外的区域，或单击"保留更改"按钮即可。

图 3-54　"消除背景"选项卡

（3）设置图片格式

设置图片格式有两种途径：第一种途径，先选中图片，然后单击"图片工具-格式"｜"调整"｜"更正""颜色""艺术效果"按钮，选择需要的样式即可。第二种途径，选中图

图 3-55　"设置图片格式"任务窗格

片，右击，在弹出的快捷菜单中选择"设置图片格式"命令，在弹出的"设置图片格式"任务窗格中可以进行更加详尽的图片格式设置。"设置图片格式"任务窗格如图 3-55 所示。

（4）复制图片格式

复制图片格式功能的使用方法类似于复制文字格式。首先，选中前面已经设置好格式的图片，单击"开始"｜"剪贴板"｜"格式刷"按钮，此时鼠标指针变为刷子形状，单击要设置相同格式的图片即可完成图片格式的复制。

（5）更改图片

此功能是将已经设置好格式的图片换成其他图片，但是要保留图片的格式，该功能可以使用两种方法实现。第一种，选中已设置格式的图片，右击，在弹出的快捷菜单中选择"更改图片"命令，弹出"插入图片"对话框，选择要替换原图片的新图片；第二种，单击"图片工具-格式"｜"调整"｜"更改图片"按钮，弹出"插入图片"对话框，选择相应

图片代替原图片。

2．使用形状

形状是一组现成的图形，既包括矩形、椭圆形这样的基本形状，又包括各种连接符、箭头、流程图符号、星与旗帜及标注等较复杂的形状，在 PowerPoint 中，形状还包括动作按钮。利用各种图形的组合，可以在幻灯片上制作出一些特殊的效果。形状的使用方法如下。

（1）绘制形状

选中要绘制形状的幻灯片，单击"插入"｜"插图"｜"形状"下拉按钮，弹出"形状"下拉菜单。选择所需的形状，然后在幻灯片相应位置用鼠标拖放的方式绘制形状。

（2）编辑形状

选中要编辑的形状，单击"绘图工具-格式"｜"插入形状"｜"编辑形状"下拉按钮，在弹出的下拉菜单中选择"更改形状"命令，在其子菜单中选择所需的形状；也可以在"编辑形状"下拉菜单中选择"编辑顶点"命令，通过拖动形状的某些顶点来对其进行修改。

（3）设置形状格式

选中要设置格式的形状，在"绘图工具-格式"｜"形状样式"｜对话框启动器按钮，在弹出的"设置形状格式"任务窗格中可以详细设置形状的各种参数。"设置形状格式"任务窗格如图 3-56 所示。

如果仅仅是对形状进行简单的格式设置，可以在选中形状后，直接利用"绘图工具-格式"选项卡"形状样式"组中的按钮来设置形状格式。"形状样式"组提供的功能包括使用现有主题样式，进行形状填充、形状轮廓、形状效果的设置，如图 3-57 所示。

图 3-56　"设置形状格式"任务窗格

图 3-57　"形状样式"组

（4）排列和组合形状

要对幻灯片中绘制的多个形状进行层次安排、排列对齐、组合等操作时，可以使用"绘图工具-格式"选项卡"排列"组中的按钮，如图 3-58 所示。

对于单个形状，可以对其进行旋转和层次设置；对于多个形状的排列组合，首先需要同时选中这些形状（可以鼠标框选或按住 Shift 键逐个单击多个形状），然后使用"排列"组中的按钮实现对齐、排列、层叠和组合操作。

图 3-58　"排列"组

（5）在形状中添加文字

选中需要添加文字的形状，右击，在弹出的快捷菜单中选择"编辑文字"命令，在其中输入文字即可。但是，在对形状添加文字之前，要注意形状填充颜色和文字颜色的设置，如果两者的颜色相同或太过相近，很容易在输入文字后看不到文字内容。

（6）设置文本效果格式

对于形状中的文本，可以使用"绘图工具-格式"选项卡"艺术字样式"组中的按钮实

图 3-59　"艺术字样式"组

现以下功能，包括选择艺术字样式、文本的填充、文本轮廓的设置、文本效果的选择和设置，如图 3-59 所示。

也可以使用"开始"选项卡中的"字体"组和"段落"组中的按钮，实现形状中文本字体、字号、字形、段落的设置等。

【例 3-3】在例 3-2 中的演示文稿"毕业论文答辩.pptx"中添加图片和形状，进一步丰富幻灯片的内容。

操作步骤：

1）在第一张幻灯片中插入图片。

打开演示文稿"毕业论文答辩.pptx"，进入第一张幻灯片。单击"插入"｜"图像"｜"图片"按钮，弹出"插入图片"对话框，选中"标题.png"，并单击"插入"按钮；选中导入的图片，右击，在弹出的快捷菜单中选择"置于底层"命令，调整图片所在层；然后再次右击图片，在弹出的快捷菜单中选择"大小和位置"命令，弹出"设置图片格式"任务窗格，取消"锁定纵横比"复选框的勾选，关闭任务窗格。对图片的大小和位置进行调整。

图 3-60　"标题"幻灯片的效果

最终，"标题"幻灯片的效果如图 3-60 所示。

2）在第五张幻灯片中插入图片。

进入第五张幻灯片，单击"插入"｜"图像"｜"图片"按钮，弹出"插入图片"对话框，选中"登录模块.png"，单击"插入"按钮，并对图片的大小和位置进行调整。

3）在第六张幻灯片中插入图形。

进入第六张幻灯片，单击"插入"｜"插图"｜"形状"下拉按钮，在弹出的下拉菜单中选择"矩形"选项，在幻灯片中绘制矩形。利用"绘图工具-格式"选项卡中的功能，将矩形高度设置为 7.5 厘米，宽度设置为 26 厘米；选中矩形，右击，利用快捷菜单将层次设置为置于底层；再次右击矩形，在弹出的快捷菜单中选择"设置形状格式"命令，弹出"设置形状格式"任务窗格，将线条颜色设置为无线条；将填充设置为渐变填充，类型为线性，方向为线性向右、光圈数为 2，且左边光圈为"深蓝，文字 2，淡色 40%"，右边光圈

图 3-61　"致谢"幻灯片的最终效果

为"白色，背景 1"、透明度为 100%。关闭任务窗格，并适当调整矩形的位置。"致谢"幻灯片的最终效果如图 3-61 所示。

4）在第一张幻灯片后插入"目录"幻灯片。

在左边窗格中的第一和第二张幻灯片之间右击，在弹出的快捷菜单中选择"新建幻灯片"命令；选中新插入的幻灯片，右击，选择"版式"｜"空白"命令。至此，演示文稿中共有 7 张幻灯片。

5）在第二张幻灯片中插入图片。

进入第二张幻灯片，单击"插入"｜"图像"｜"图片"按钮，弹出"插入图片"对话框，导入图片"目录.png"，并调整位置和大小。

6）在第二张幻灯片中插入形状。

单击"插入"｜"插图"｜"形状"下拉按钮，在弹出的下拉菜单中选择"椭圆"选项，在幻灯片中绘制椭圆，并将其高度、宽度均设置为 2.3 厘米。打开"设置形状格式"任务窗格，将线条设置为实线，颜色为"深蓝，文字 2，淡色 40%"，宽度为 6 磅；将填充设置为渐变填充，类型为射线，方向为从左下角，渐变光圈数为 2，从"白色，背景 1"渐变到"黑色，文字 1"。

单击"插入"｜"插图"｜"形状"下拉按钮，在弹出的下拉菜单中选择"矩形"选项，在幻灯片中绘制矩形，并将其高度、宽度分别设置为 1.8 厘米、18 厘米；打开"设置形状格式"任务窗格，将线条颜色设置为无颜色；将填充设置为渐变填充，类型为射线，方向为从左上角，渐变光圈数为 2，从"白色，背景 1，深色 25%"渐变到"白色，背景 1"，透明度为 100%；关闭任务窗格，并将矩形的层次下移一层；将圆形与矩形的位置进行调整，并组合。

插入"弧形"形状，调整其方向和格式，并将其放置在适当的位置。将组合后的形状复制 3 份后，大致排列 4 个形状的位置；插入 4 个文本框，将目录的具体内容输入其中。再次插入 4 个小的文本框，分别写入序号。将所有文本框和形状的位置进行适当调整。"目录"幻灯片的最终效果如图 3-62 所示。

图 3-62　"目录"幻灯片的最终效果

3．使用 SmartArt 图形

在报告式演示文稿制作的过程中，往往需要使用一些流程图、层次关系图等图形。这些图形可以更加直观地展示工作流程、系统结构、项目构建过程等内容，达到图文并茂的效果。较文字描述而言，图形能够更加快速、直观地表达内容，进而得到观众的肯定，赢得机会。

但是，如果让演示文稿制作者通过自行绘制形状的方法来创建流程图、层次关系图等图形，会使制作者耗费大量的时间和精力，而且在美观度、色彩搭配等方面不一定能够得到理想的效果。

Office 提供的 SmartArt 图形功能，是在 Office 2007 之后的版本中增加的一种功能。用户可以在 PowerPoint、Word、Excel 中使用该功能创建各种图形。SmartArt 图形可以让用户从多种不同布局中进行选择，从而快速创建和设计所需的图形，且不需要担心色彩、效果、风格设计等问题。

在将 SmartArt 图形应用于报告式演示文稿之前，首先要思考的问题是，如何将演讲者要表达的内容与 SmartArt 图形完美地结合在一起。方法为，通过对毕业论文或项目报告等相关文档的充分分析，最终确定哪种类型的 SmartArt 图形能够更加贴切地表达相关文档中的过程描述；之后，还需要解决 SmartArt 图形的编辑、设计和动画效果等问题。

（1）SmartArt 图形的创建

1）定位到需要插入 SmartArt 图形的幻灯片，单击"插入"｜"插图"｜"SmartArt"按钮，弹出"选择 SmartArt 图形"对话框，左边导航窗格中列出了软件支持的所有 SmartArt 图形的类型，中间窗格的"列表"列表框中显示该类型包含的所有图形，右边预览窗格中会显示当前选择图形的示意图，如图 3-63 所示。SmartArt 图形的类型有列表、流程、循环、层次结构、关系、矩阵、棱锥图等，用户可以根据不同的内容主题进行选择。

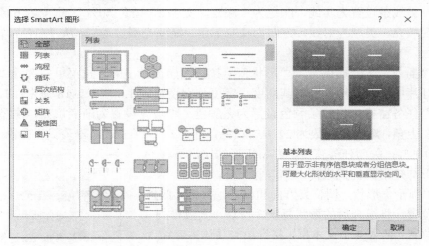

图 3-63　"选择 SmartArt 图形"对话框

2）选择所需 SmartArt 图形的类型，在中间窗格中选择需要的 SmartArt 图形，然后单击"确定"按钮。在当前幻灯片中即可看到已插入的预置 SmartArt 图形。

（2）SmartArt 图形的编辑

在演示文稿中添加了预置 SmartArt 图形后，需要将自己的资料填充到图形中，而且要适当编辑 SmartArt 图形的结构，使其与资料的描述相符。

图 3-64　"创建图形"组

例如，选择"流程"类型中的"基本流程"图形后，默认的图形布局中仅有 3 个预置的形状位置。如果需要通过基本流程图来展现项目构建流程的 6 个过程，应添加 3 个形状位置。此时，可以选中基本流程图，切换到"SmartArt 工具-设计"选项卡，在"创建图形"组（图 3-64）中单击"添加形状"按钮 3 次，即可添加 3 个新形状。

"创建图形"组为用户提供了丰富的编辑图形功能，包括添加多种级别的形状、形状级别的调整、形状之间顺序的调整、多个形状间的布局等。

在编辑好 SmartArt 图形的结构后，就可以在每个形状中填入内容。可以直接在形状上单击后输入内容，也可以单击"创建图形"组中的"文本窗格"按钮，在弹出的文本任务窗格中写入内容。

还有一种快速创建 SmartArt 图形的方法，即先将要填写至图形中的文字分行写入幻灯片中，选中这些文字，单击"开始"｜"段落"｜"转换为 SmartArt 图形"下拉按钮，在弹出的下拉菜单中选择恰当类型的 SmartArt 图形。这种方法可以免去先创建，再编辑，然后填入内容的烦琐过程。

（3）SmartArt 图形的美化

为了使幻灯片中的 SmartArt 图形具有更好的视觉效果，可以通过"SmartArt 工具-设计"和"SmartArt 图形工具-格式"选项卡下的功能对其外观进行快速美化。

1）更改颜色。

单击"SmartArt 工具-设计"｜"SmartArt 样式"｜"更改颜色"下拉按钮，在弹出的下拉菜单中可以为其选择一种更适合的配色方案。

2）应用 SmartArt 样式。

在"SmartArt 样式"组中，单击"其他"下拉按钮，在弹出的"SmartArt 样式库"下拉列表框中选择一种合适的样式。

但样式库中的样式种类较少，而且样式较简单，如果需要更加复杂的样式，可以切换到"SmartArt 工具-格式"选项卡，对每个形状单独进行格式设置。

3）使用艺术字。

选中形状中某些需要突出显示的文字，切换到"SmartArt 工具-格式"选项卡，在"艺术字样式"组中单击"其他"下拉按钮，在弹出的"艺术字样式库"下拉菜单中选择一种合适的艺术字样式。

如果要更加细化地设置文本格式，可以单击"艺术字样式"｜"文本填充""文本轮廓""文本效果"下拉按钮，在弹出的下拉菜单中进行参数设置。

4）为 SmartArt 图形设置动画效果。

在动画设置时，SmartArt 图形中的所有形状必须统一设置动画，而不能将其中的某个形状单独设置动画。简单地说，就是 SmartArt 图形是一个整体，不能拆开来设置动画，只能所有形状设置同样的动画效果，或所有形状均不设置动画效果。但在播放时，可以对 SmartArt 图形中的所有形状设置播放序列，即所有形状可以选择"作为一个对象"整体出现，或"整批发送"一批一批出现，也可以"逐个"分别出现。

与普通的图形和文字比较，SmartArt 图形更简洁、整齐，也更具视觉穿透力。

【例 3-4】在例 3-3 中的演示文稿"毕业论文答辩.pptx"基础上，添加 SmartArt 图形，并设置其格式。

操作步骤：

1）在第三张幻灯片中插入 SmartArt 图形。

打开演示文稿"毕业论文答辩.pptx"，进入第三张幻灯片。单击"插入"｜"插图"｜"SmartArt 图形"按钮，弹出"选择 SmartArt 图形"对话框，选择"列表"选项卡，选择"棱锥型列表"选项，单击"确定"按钮。在 3 个形状中分别输入"开发语言""开发工具""开发环境"。在"SmartArt 工具-设计"选项卡中单击"从右向左"按钮，将 SmartArt 图形左右翻转；单击"更改颜色"下拉按钮，在弹出的下拉菜单中选择"彩色范围-个性色 5 至 6"选项，将 SmartArt 图形的配色方案进行更改。

2）在第三张幻灯片中再次插入 SmartArt 图形。

插入一个棱锥型列表的 SmartArt 图形，在 3 个形状中分别输入"Java JSP""My Eclipse MySQL""Tomcat JDK"；选中 SmartArt 图形中的三角形，右击，在弹出的快捷菜单中选择"设置形状格式"命令，弹出"设置形状格式"任务窗格，将线条设置为无线条，将填充设置为纯色填充，"蓝色，强调文字 1，深色 25%"，透明度为 85%；关闭任务窗格，并调整两个 SmartArt 图形的位置，使两个三角形重合，并调整两者层叠关系，将透明的三角形置于上方，最后，将两个 SmartArt 图形组合。第三张幻灯片的最终效果如图 3-65 所示。

3）在第四张幻灯片中插入 SmartArt 图形。

进入第四张幻灯片，将其版式改为"垂直排列标题与文本"；插入"水平多层层次结构"类型的 SmartArt 图形，将其颜色更改为"彩色范围-个性色 5 至 6"选项；适当调整 SmartArt 图形的大小和位置。第四张幻灯片的最终效果如果 3-66 所示。

图 3-65　第三张幻灯片的最终效果

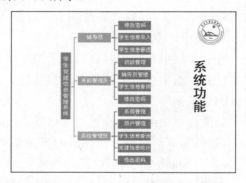

图 3-66　第四张幻灯片的最终效果

4）在第五张幻灯片中插入 SmartArt 图形。

进入第五张幻灯片，插入"六边形群集"类型的 SmartArt 图形；在图形中反复"添加形状"多次，在其中 4 个形状中输入"学生""班级""辅导员""系部"；使用"设置形状格式"任务窗格中的功能，将每个形状分别设置填充、线条颜色、映像、发光等参数；调整多个形状之间的排列关系和形状的大小；适当调整 SmartArt 图形的大小和位置。第五张幻灯片的最终效果如果 3-67 所示。

图 3-67　第五张幻灯片的最终效果

4. 使用超链接

在演示文稿中插入超链接能够快速跳转到指定的幻灯片、网页或打开指定的文件，从而使幻灯片的播放更加灵活。超链接可以设置在文字上，也可以设置在图片、形状、图形等其他对象上。

在设置超链接时，首先要选中想要设置超链接的对象，然后单击"插入"｜"链接"｜"超链接"按钮，在弹出的"插入超链接"对话框中设置超链接的地址后，单击"确定"按钮。

　　此时，在普通视图中是无法查看超链接的，在放映幻灯片时，单击刚才设置的超链接，查看是否能自动跳转到目标地址。

　　设置超链接也可以用快捷菜单实现，即选中想要设置超链接的对象，右击，在弹出的快捷菜单中选择"超链接"命令，同样会弹出"插入超链接"对话框。

　　当需要修改设置的超链接时，只需选中超链接对象，右击，在弹出的快捷菜单中选择"编辑超链接"命令，在弹出的"编辑超链接"对话框中进行设置即可。

　　【例 3-5】在例 3-4 演示文稿"毕业论文答辩.pptx"的基础上，为"目录"幻灯片添加超链接。

　　操作步骤：打开演示文稿"毕业论文答辩.pptx"，进入第二张幻灯片，即"目录"幻灯片。选中第一个标题"开发环境与工具"，右击，在弹出的快捷菜单中选择"超链接"命令，弹出"插入超链接"对话框，在"链接到："列表框中选择"本文档中的位置"选项，在"请选择文档中的位置"列表框中选择"3.开发环境与工具"选项，单击"确定"按钮。使用同样的方法，在后面 3 个标题与对应幻灯片之间建立超链接。插入超链接后的"目录"幻灯片如图 3-68 所示。

图 3-68　插入超链接后的"目录"幻灯片

　　5．演示文稿的分节

　　如果制作完成后，发现演示文稿整体较长，可以考虑对演示文稿进行分节，并为不同的节使用不同的版式和主题，当然，也可以为不同的节设置不同的母版。这样既可以方便演示文稿制作者对幻灯片进行编辑，又能使观众从设计风格的变化中直观地看到演示内容的跳跃和衔接。

　　使用分节功能时，只要在 PowerPoint 2016 左边窗格中找到需要打断演示文稿的位置，在需要分节的两张幻灯片之间右击，在弹出的快捷菜单中选择"新增节"命令。这时，会出现"无标题节"，右击，在弹出的快捷菜单中对这个新的节进行重命名、折叠、展开、删除等操作。对新的节进行重命名，可以方便对节的管理。在幻灯片浏览视图中可以非常清晰地看到演示文稿分节之后的样子。

3.2.4　报告式演示文稿的动画

　　动画可以使演示文稿更具动态效果，并使信息生动地表达出来。PowerPoint 2016 提供了切换工具和动画工具，利用这些工具可以为幻灯片及其中的对象设计丰富的动作效果。

　　1．使用幻灯片切换效果

　　演示文稿放映过程中由一张幻灯片进入另一张幻灯片的过渡过程就是幻灯片之间的切换。为了使幻灯片的放映过程更具趣味性，在幻灯片切换时可以使用多种技巧和效果。PowerPoint 2016 为用户提供了多种幻灯片的切换效果，具体使用方法如下：

　　在 PowerPoint 2016 窗体左边窗格中选中要添加切换效果的幻灯片缩略图；切换到"切

换"选项卡,"切换到此幻灯片"组的切换效果下拉列表框中选择一种适合当前幻灯片的切换效果即可。

此时,可以单击"效果选项"下拉按钮,在弹出的下拉菜单中可设置切换动作的方向;也可以在"计时"组(图 3-69)中详细设置相关参数,如设置切换声音、切换动画持续时间、是否应用于所有幻灯片、换片方式。在设置完成后,可以进行预览并观察切换效果。

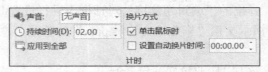

图 3-69　"计时"组

【例 3-6】在例 3-5 演示文稿"毕业论文答辩.pptx"的基础上,为其中某些幻灯片添加切换效果。

操作步骤:打开演示文稿"毕业论文答辩.pptx",在左边窗格中选中第一张幻灯片,切换到"切换"选项卡,选择"推进"切换效果,效果选项设置为自右侧,持续时间设置为01.50。在左边窗格中选中第七张幻灯片,切换到"切换"选项卡,选择"擦除"切换效果,效果选项设置为自右侧,持续时间设置为 01.50。放映幻灯片,预览切换效果。

2. 使用对象动画

在制作演示文稿时,通常会为幻灯片中的某些对象(如图片、图形、文字等)设置动画效果,使幻灯片不至于太呆板。

动画的创建和设置工具都位于"动画"选项卡下,制作动画效果和制作切换效果的过程很类似,也是先选择动作,再对动作的播放效果进行设置。不同的是,动画效果的设置比切换效果的设置要复杂得多。一张幻灯片只能有一个切换动作,但是一个对象可以有多个动画动作,且多个动作间可以同时发生,也可以按编排的时间先后发生。PowerPoint 2016为用户提供了"动画窗格"任务窗格,在其中可以进行同一张幻灯片中多个对象的多个动作之间的编排和参数设置。

在 PowerPoint 演示文稿中,要制作出生动的动画场景,首先要重视制作前的动画编排和动作分解,然后要收集、制作素材,之后才是动画的制作和效果设置。此外,对于较复杂的动画场景,需要反复调试、观察效果,逐步修改完善。

【例 3-7】在例 3-6 演示文稿"毕业论文答辩.pptx"的基础上,为幻灯片中的某些对象添加动画效果。

操作步骤:

1)打开演示文稿"毕业论文答辩.pptx",进入第三张幻灯片,选中 SmartArt 图形,切换到"动画"选项卡,选择"擦除"动画效果,效果选项设置为自底部,持续时间设置为01.25。

2)进入第四张幻灯片,选中 SmartArt 图形,切换到"动画"选项卡,选择"擦除"动画效果,效果选项设置为自左侧和一次级别,持续时间设置为 01.25,打开"动画窗格"任务窗格,单击动画对象右边的下拉按钮,在弹出的下拉菜单中选择"效果选项"命令,弹出效果选项对话框，将开始设置为上一动画之后。

3）进入第五张幻灯片，选中 SmartArt 图形，切换到"动画"选项卡，选择"飞入"动画效果，效果选项为"自右上部"和"整批发送"，持续时间设置为 02.00。

4）放映幻灯片，预览动画效果，并适当调整动画选项。

3.2.5　报告式演示文稿的放映

报告式演示文稿制作完成后，一般由演讲者手动切换播放；特殊情况下也会用到计时排练等功能，这些都需要通过设置幻灯片放映方式来进行控制。

一般情况下，报告式演示文稿的播放进度由演讲者控制，手动换片。此时，只需要单击"幻灯片放映"｜"设置"｜"设置幻灯片放映"按钮，弹出"设置放映方式"对话框，将放映类型设置为演讲者放映（全屏幕），并将换片方式设置为手动换片。

3.3　宣传广告演示文稿制作

3.3.1　宣传广告演示文稿的内容

1．使用相册

在 PowerPoint 2016 中，可以快速生成相册。方法如下：

单击"插入"｜"图像"｜"新建相册"按钮，弹出"相册"对话框，如图 3-70 所示。单击"文件/磁盘"按钮，选择需要的照片后，单击"插入"按钮。另外，在"相册"对话框中，还可以对相册版式及照片的格式等做出相应的调整。单击"创建"按钮，完成相册演示文稿的创建。

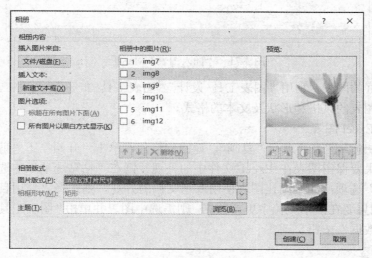

图 3-70　"相册"对话框

2. 使用图表

图表是一种以图形形式表达数据的方法，更直观、更易理解。使用方法如下：

（1）创建与设置图表

选中要插入图表的幻灯片，单击"插入"｜"插图"｜"图表"按钮，弹出"插入图表"对话框，如图 3-71 所示。选择要插入的图表样式，单击"确定"按钮。这时会自动启动 Excel，等待用户在工作表的单元格中更改数据。更改完成后，幻灯片中的图表会自动更新。

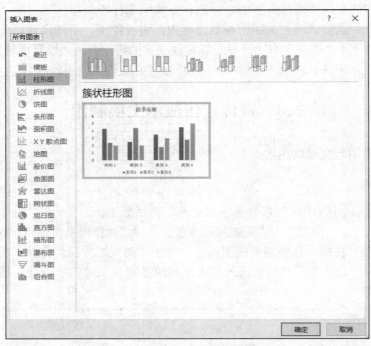

图 3-71　"插入图表"对话框

单击创建好的图表，利用"图表工具-设计""图表工具-布局""图表工具-格式"选项卡可快速设置图表的风格和形状及文本的格式。

（2）复制 Excel 图表

在 Excel 中选中图表并进行"复制"，返回幻灯片，单击"开始"｜"剪贴板"｜"粘贴"按钮。如果要保留图表在 Excel 文件中的外观，则在"粘贴选项"中选择"保留源格式和链接数据"选项；如果要让图表使用演示文稿的外观，则选择"使用目标主题和链接数据"选项。如果要在演示文稿中更新数据，则需选中图表并单击"图表工具-设计"｜"数据"｜"刷新数据"按钮。

3. 使用声音

在幻灯片中适当使用音效，可达到有声有色的效果。使用方法如下：

（1）插入音频

选中要插入音频的幻灯片，单击"插入"｜"媒体"｜"音频"下拉按钮，在弹出的下拉菜单中选择"PC 上的音频"命令,弹出"插入音频"对话框,找到所需的音频文件,或选择"录制音频"命令,现场录制音频并插入。

(2)设置音频播放选项

在"音频工具-播放"选项卡的各组中单击相应按钮,可进行音量调整、音频的播放方式设置及播放时隐藏声音图标等操作。

(3)设置音频书签

单击音频图标下的"播放"按钮,播放音频,当播放到要添加音频书签的位置时,单击"音频工具-播放"|"书签"|"添加书签"按钮。单击相应音频书签,再单击"播放"按钮,可快速定位分段音频。选中音频书签,单击"删除书签"按钮即可将其删除。

(4)声音编辑

单击音频图标,单击"音频工具-播放"|"编辑"|"剪裁音频"按钮,弹出"剪裁音频"对话框,拖动左侧的音频起点标记(绿色)至音频起始位置,再拖动右侧的音频终点标记(红色)至音频结束位置,即剪去绿色标记前和红色标记后的音频,只播放两标记间的部分音频,也可在"开始时间""结束时间"数值框中输入时间来剪裁音频,如图 3-72所示。

图 3-72 "剪裁音频"对话框

【例 3-8】创建一个名为"征兵宣传.pptx"的空白演示文稿,并添加背景音乐。

操作步骤:

1)进入 PowerPoint 2016,选择"文件"|"新建"命令,打开"新建"面板,选择"空白演示文稿"选项,添加第一张幻灯片。

2)单击"插入"|"媒体"|"音频"下拉按钮,在弹出的下拉菜单中选择"PC 上的音频"命令,添加音频文件"青春不一样.mp3"。

3)选中音频图标,在"音频工具-播放"选项卡的"音频选项"组(图 3-73)中进行参数设置。勾选"放映时隐藏""循环播放,直到停止"复选框,开始时间设置为自动。

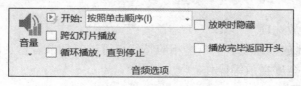

图 3-73 "音频选项"组

4)为第一张幻灯片添加标题"参军报国 准备出发",进入幻灯片母版视图,为演示文稿添加背景图片,效果如图 3-74 所示。

图 3-74　"标题"幻灯片效果

5）将演示文稿另存为"征兵宣传.pptx"。

4. 使用视频

在幻灯片中添加视频，可为演示文稿增添活力。使用方法如下：

（1）插入视频

选中要插入视频的幻灯片，单击"插入"|"媒体"|"视频"下拉按钮，在弹出的下拉菜单中选择"文件中的视频"、"来自网站的视频"或"剪贴画视频"命令，找到所需的视频文件插入。选中视频后选项卡自动切换到"视频工具"选项卡。该选项卡下包含"格式"和"播放"两个子选项卡，其中"视频工具-格式"选项卡如图 3-75 所示。"视频工具-播放"选项卡如图 3-76 所示。

图 3-75　"视频工具-格式"选项卡

图 3-76　"视频工具-播放"选项卡

（2）裁剪视频

选中视频，单击"视频工具-格式"|"大小"|"裁剪"按钮，拖动裁剪控制点，完成后单击其他位置。

（3）设置视频播放选项

在"视频工具-播放"选项卡中单击相应按钮，可进行调节音量、设置播放方式、设置未播放时隐藏及设置全屏播放等操作。

（4）添加视频封面

用图像作为视频的封面时，操作步骤如下：

选中要添加封面的视频，单击"视频工具-格式"|"调整"|"海报框架"下拉按钮，

在弹出的菜单中选择"文件中的图像"命令，弹出"插入图片"对话框。选择要作为视频封面的图像，单击"插入"按钮。

用视频中的某一帧画面作为视频封面时，操作步骤如下：

选中要添加封面的视频，单击"播放"按钮播放视频，当播放到要作为封面的那一帧时，单击"暂停"按钮，再单击"海报框架"下拉按钮，在弹出的下拉菜单中选择"当前框架"命令。

取消设置视频封面：单击"海报框架"下拉按钮，在弹出的下拉菜单中选择"重置"命令。

（5）设置视频书签

单击视频或"播放"按钮播放视频，当播放到要加视频书签位置时，单击"书签"｜"添加书签"按钮，添加视频书签。单击相应视频书签，再单击"播放"按钮，可快速定位分段播放。选中视频书签，单击"删除书签"按钮即可将其删除。

（6）视频编辑

剪裁视频长度：选中视频，单击"编辑"｜"剪裁视频"按钮，弹出"剪裁视频"对话框，拖动左侧的视频起点标记（绿色）至视频所需起始位置，再拖动右侧的视频终点标记（红色）至视频所需结束位置，即剪去绿色标记前和红色标记后的视频，只播放两标记间的部分视频，也可在"开始时间""结束时间"数值框中输入时间来剪裁视频。

设置淡入、淡出效果：分别在"编辑"组中"淡化持续时间"下的"淡入"和"淡出"数值框中输入时间或微调数值。

（7）设置视频画面效果

选中要设置画面格式的视频，单击"视频工具-格式"｜"调整"｜"更正""颜色"下拉按钮，或"视频样式"｜"其他""视频形状""视频边框""视频效果"下拉按钮，在弹出的下拉菜单中选择所需视频样式。也可以单击"视频样式"组右下角的对话框启动器按钮，或右击视频，在弹出的快捷菜单中选择"设置视频格式"命令，弹出"设置视频格式"对话框，进行全面视频画面格式设置。

【例 3-9】在例 3-8 的基础上，将宣传片插入演示文稿。

操作步骤：

1）在演示文稿中添加第二张幻灯片，版式为"标题和内容"。

2）在"内容"占位符中单击"插入视频文件"按钮，插入视频"宣传片.wmv"，并对视频进行适当裁剪，最后调整视频窗口至合适尺寸。

3）为视频添加封面。播放视频至适合做封面的一帧时暂停播放，单击"视频工具-格式"｜"调整"｜"海报框架"下拉按钮，在弹出的下拉菜单中选择"当前帧"命令。

4）加视频外边框。切换至"插入"选项卡，插入图片"视频边框.png"，并调整大小，将边框与视频对齐且居中。第二张幻灯片的最终效果如图 3-77 所示。

图 3-77　插入视频后的效果

3.3.2　宣传广告演示文稿的动画

通过 PowerPoint 2016 提供的动画功能，既可为幻灯片中的对象设置动画效果，又可为幻灯片切换设置动态效果，还可设置触发器、超链接，增加操作演示的趣味性和灵活性。

1. 使用幻灯片切换效果

添加合适的幻灯片切换效果能更好地展示幻灯片中的内容。使用方法如下：

选中 PowerPoint 2016 窗体左边窗格中要添加切换效果的幻灯片缩略图。单击"切换"|"切换到此幻灯片"|"其他"下拉按钮，弹出切换效果下拉列表框，如图 3-78 所示。选择一种切换效果，单击"效果选项"下拉按钮，设置所需的效果选项，利用"计时"组中的各选项可进一步设置声音效果、持续时间、换片方式等。

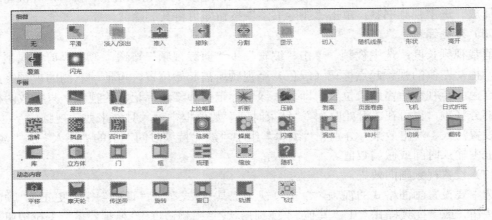

图 3-78　切换效果下拉列表框

2. 使用对象动画

使用对象动画可大大提高演示文稿的表现力。使用方法如下：

（1）创建对象动画

选中要添加动画的对象，单击"动画"|"动画"|"其他"下拉按钮，或"高级动画"|"添加动画"下拉按钮，弹出动画效果下拉菜单，如图 3-79 所示。

若选择"动作路径"类中的"自定义路径"动画，需画出路径，即单击"动画"|"效果选项"下拉按钮，选择要画的路径类型，从起点拖动到终点绘制路径。

若一个对象上有连续多个动画。可利用"添加动画"按钮重复为同一对象添加多种动画，并设置后面动画的启动方式为上一动画之后。

（2）设置动画效果

为幻灯片中的对象添加动画效果后，还可以进一步设置动画效果的进入方式、播放速度、声音等，使其能够完美地动态展示幻灯片的内容。

1）查看动画列表：单击"动画"|"高级动画"|"动画窗格"按钮，弹出"动画窗格"任务窗格，显示动画列表，如图 3-80 所示。

2）调整动画顺序：在"动画窗格"任务窗格的列表中选择要调整动画顺序的动画项，

然后单击向上或向下按钮，或单击"计时"组中"对动画重新排序"下的"向前移动"或
"向后移动"按钮。

3）设置动画效果和计时：单击"动画窗格"任务窗格的列表中要设置动画效果的动画
项，单击其后的下拉按钮，在弹出的下拉菜单中选择"效果选项"命令，弹出效果选项对
话框，在"效果"选项卡中设置效果选项，在"计时"选项卡中设置计时选项，如果 3-81
所示。

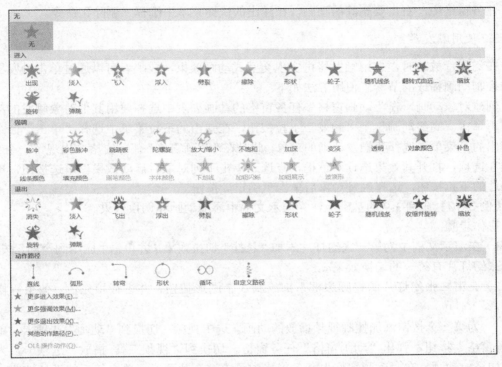

图 3-79 动画效果下拉菜单

图 3-80 "动画窗格"任务窗格

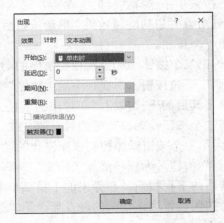

图 3-81 "计时"选项卡

（3）复制动画效果

选中已创建了动画的对象，单击"动画"｜"高级动画"｜"动画刷"按钮，当鼠标指针变为刷子形状时，单击要添加相同动画的对象。

（4）删除动画效果

删除动画效果常用以下两种方法。方法一：选中要删除动画的对象，单击"动画"｜"动画"｜"其他"下拉按钮，在弹出的下拉菜单中选择"无"选项。方法二：在"动画窗格"任务窗格中，右击要删除的动画，在弹出的快捷菜单中选择"删除"命令。

3.　使用触发器

在幻灯片放映时，使用触发器可实现交互式动画效果，放映者可以通过单击触发器控件来控制动画播放的节奏。使用方法如下：

创建对象动画，在"动画窗格"任务窗格的动画列表中选择要用其他对象触发的动画项。再单击"高级动画"｜"触发"下拉按钮，在弹出的下拉菜单中选择"单击"命令，在弹出的子菜单中选择要触发动画的对象，此时在"动画窗格"任务窗格中出现了一个"触发器"选项，打开其效果选项对话框，点选"单击下列对象时启动效果"单选按钮，单击其右边的下拉按钮，选择触发对象后单击"确定"按钮。

【例 3-10】在例 3-9 的基础上，为演示文稿中添加动画和切换效果。

操作步骤：

1）在演示文稿中为第一张幻灯片添加"悬挂"切换效果，并单击"应用到全部"按钮，使每张幻灯片有统一的切换效果。

2）在第二张幻灯片的视频边框下部绘制 3 个圆形按钮，并进行填充色、效果等格式设置。

3）为第一个按钮添加控制视频播放的动画。选中视频，切换到"动画"选项卡，单击"动画窗格"按钮，弹出"动画窗格"任务窗格。切换到"视频工具-播放"选项卡，为视频添加播放动画。在"动画窗格"任务窗格中单击这个动画，再单击其后的下拉按钮，在弹出的下拉菜单中选择"计时"命令，进入效果选项对话框。单击"触发器"按钮，点选"单击下列对象时启动动画效果"单选按钮后，单击其后的下拉按钮，在弹出的下拉列表框中选择第一个按钮。

4）为第二个按钮添加控制视频暂停的动画。选中视频，切换到"动画"选项卡，单击"添加动画"下拉按钮，为视频添加"暂停"动画，在"动画窗格"任务窗格中单击这个动画，再单击其后的下拉按钮，在弹出的下拉菜单中选择"计时"命令，进入效果选项对话框。将第二个按钮设为该动画的触发器。

5）为第三个按钮添加控制视频停止的动画。选中视频，切换到"动画"选项卡，单击"添加动画"按钮，为视频添加"停止"动画，在"动画窗格"任务窗格中单击这个动画，再单击其后的下拉按钮，在弹出的下拉菜单中选择"计时"命令，进入效果选项对话框，将第三个按钮设置为该动画的触发器。第二张幻灯片的最终效果及"动画窗格"任务窗格如图 3-82 所示。

图 3-82　第二张幻灯片的最终效果及"动画窗格"任务窗格

3.3.3　宣传广告演示文稿的放映

1. 设置放映方式

单击"幻灯片放映"｜"设置"｜"设置幻灯片放映"按钮，弹出"设置放映方式"对话框，在其中选择适合的放映方式，如图 3-83 所示。对于宣传广告演示文稿，一般点选"在展台浏览（全屏幕）"单选按钮进行自动放映，这就要求该演示文稿需要事先进行"排练计时"。

图 3-83　"设置放映方式"对话框

2. 幻灯片的选择性放映

（1）放映编号连续部分

打开"设置放映方式"对话框，在"放映幻灯片"组中，点选"从"单选按钮，然后在其后数值框中输入要放映的幻灯片编号范围。

（2）隐藏幻灯片

可将不需要放映的幻灯片暂时隐藏，需要放映时再取消隐藏。使用方法如下：

切换到幻灯片浏览视图，右击要隐藏的幻灯片，在弹出的快捷菜单中选择"隐藏幻灯片"命令；或单击"幻灯片放映"|"设置"|"隐藏幻灯片"按钮。如果要放映被隐藏的幻灯片，在幻灯片浏览视图中右击，并再次在弹出的快捷菜单中选择"隐藏幻灯片"命令即可。

（3）自定义放映

可以创建自定义放映方案，用于灵活设计放映的内容和次序。使用方法如下：

单击"幻灯片放映"|"开始放映幻灯片"|"自定义幻灯片放映"下拉按钮，在弹出的下拉菜单中选择"自定义放映"命令，弹出"自定义放映"对话框。单击"新建"按钮，弹出"定义自定义放映"对话框，在"在演示文稿中的幻灯片"列表框中选择要添加到自定义放映的幻灯片，并单击"添加"按钮。如果要改变放映次序，可使用"向上"或"向下"按钮调整次序。可以在"幻灯片放映名称"文本框中为该放映方案命名，如图 3-84 所示。

图 3-84　幻灯片的自定义放映

3. 排练计时

为了精确把握演示文稿的放映节奏，实现自动换片，可事先使用"排练计时"功能来测定每张幻灯片的放映时间和所有幻灯片的总放映时间。使用方法如下：

单击"幻灯片放映"|"设置"|"排练计时"按钮，PowerPoint 自动进入全屏放映模式，屏幕左下角会显示一个"录制"工具栏。排练放映结束时，弹出的提示框会显示用时信息。若单击"否"按钮，则取消本次排练；若单击"是"按钮，则接受本次排练计时，自动切换到幻灯片浏览视图，并显示每张幻灯片的放映时间。演示文稿可以选择使用排练计时的节奏换片。

4. 录制幻灯片演示

录制幻灯片演示功能可实现视频课程的录制。使用方法如下：

单击"幻灯片放映"|"设置"|"录制幻灯片演示"下拉按钮，在弹出的下拉菜单中选择"从头开始录制"或"从当前幻灯片开始录制"命令，进入录制课程场景。演示文稿全屏播放，且右下角为摄像头摄取的画面。此时，录制者可以切换幻灯片、控制视频录制进度、使用荧光笔或记号笔做标记、录制旁白，从而实现视频课程的录制。

录制者首先单击"录制"按钮开始录制，然后开始讲授内容并在幻灯片中做标记，讲完当前幻灯片后切换到下一张幻灯片继续讲授。在录制过程中，可以暂停、继续录制。录制者讲完所有内容后单击"停止"按钮终止录制。

当完成录制后，每张幻灯片中会嵌入录制的旁白和摄像头摄取的画面。再次放映视频时，可直接放映录制好的完整视频。

5. 演示文稿的导出

演示文稿可以导出为多种类型的文件，以适用于多种应用场景。"导出"面板如图 3-85 所示。

（1）输出为 PDF/XPS 文档

输出后，文件中只包含布局、格式、字体及图像等非动态内容。切换、动画、音频等动态元素无法保存。

（2）输出为视频

选择"文件"|"导出"命令，在"导出"面板中选择"创建视频"选项。在设置视频质量和计时等选项后，单击"创建视频"按钮，弹出"另存为"对话框，选择保存路径、输入文件名，单击"保存"按钮。

（3）演示文稿打包成 CD

如果在一台机器上创建的演示文稿要在另一台计算

图 3-85　"导出"面板

机上播放，且无法预知另一台计算机的软件版本和兼容性是否匹配、播放效果能否保证，可以使用打包成 CD 功能将演示文稿整体打包并复制到某文件夹或光盘。

在"导出"面板中选择"将演示文稿打包成 CD"选项，单击"打包成 CD"按钮，弹出"打包成 CD"对话框，如图 3-86 所示。通过单击"复制到文件夹"或"复制到 CD"按钮，完成相应的操作。该功能会将演示文稿中用到的相关数据、音频、图像、视频等资源整体打包成一个文件夹。

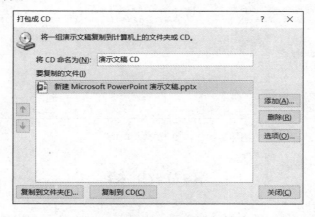

图 3-86　"打包成 CD"对话框

（4）创建讲义

创建讲义功能会将幻灯片和备注发送或链接至 Word 文档。在"导出"面板中选择"创建讲义"选项，弹出图 3-87 所示的对话框。

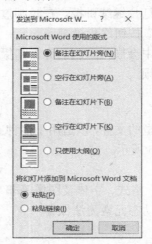

图 3-87　"发送到 Microsoft Word"对话框

（5）导出时更改文件类型

可将演示文稿更改为其他文件类型，包括图片、放映格式、模板格式等，具体如图 3-88 所示。

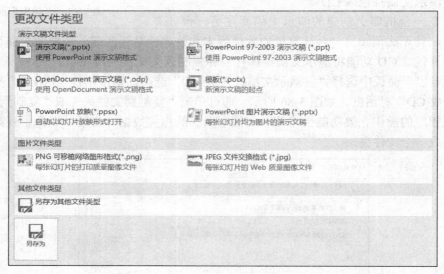

图 3-88　"更改文件类型"面板

本 章 小 结

本章从演示文稿作品中常见的问题入手，介绍了 10 种常见的影响 PowerPoint 演示文稿质量的问题，如条理不清、Word "搬家"、文本太多、颜色过多、图片变形、图与主题不相关等。

　　围绕如何制作一个质量较高的演示文稿的问题，介绍了演示文稿制作的目的、设计原则和目标。工作型演示文稿的终极目的是说服。为了达到该目的，就需要使观众看得清楚，听得明白。因此，在设计时需要中心明确、逻辑清晰，演示文稿应简洁、简单并且美观，可视化是使演示文稿简洁和美观的好方法。

　　逻辑清晰的演示文稿应该包含封面、目录、过渡页、正文页和结尾页等部分。

　　在页面排版时要综合使用对齐、聚拢、对比、留白和统一这些原则。文本的精炼、美化和图形化，图片与文本的搭配，可以让页面简洁和美观。

　　本章介绍了演示文稿的制作方法与技巧，重点讲解了母版的制作，图片素材的插入，音频、视频素材的插入，形状的绘制及设置，SmartArt 图形的制作和设计，切换和动画效果的编排。

　　母版的制作和动画效果的处理要考虑演示文稿具体的使用背景，并不是越复杂越好。

　　形状的使用具有很大的灵活性，可以通过形状效果的设置和形状之间的组合形成适合应用场景的形状元素。

　　SmartArt 图形为用户提供了一种快速生成美观图形的方法，并且其中的每个小的形状都可以具体设置，形成多变的风格，且 SmartArt 图形的动画设置方法简单、效果生动。

习　　题

一、选择题

　　1. 如需将 PowerPoint 演示文稿中的 SmartArt 图形列表内容通过动画效果一次性展现出来，最优的操作方法是（　　　）。

　　　A. 将 SmartArt 动画效果设置为整批发送

　　　B. 将 SmartArt 动画效果设置为一次按级别

　　　C. 将 SmartArt 动画效果设置为逐个按分支

　　　D. 将 SmartArt 动画效果设置为逐个按级别

　　2. 在 PowerPoint 演示文稿中通过分节组织幻灯片，如果要选中某一节中的所有幻灯片，最优的操作方法是（　　　）。

　　　A. 按 Ctrl+A 组合键

　　　B. 选中该节的一张幻灯片，然后按住 Ctrl 键，逐个选中该节的其他幻灯片

　　　C. 选中该节的第一张幻灯片，然后按住 Shift 键，单击该节的最后一张幻灯片

　　　D. 单击节标题

　　3. 小梅需要将 PowerPoint 演示文稿内容制作成一份 Word 版本讲义，以便后续可以灵活编辑及打印，最优的操作方法是（　　　）。

　　　A. 将演示文稿另存为"大纲/RTF 文件"格式，然后在 Word 中打开

　　　B. 在 PowerPoint 中利用创建讲义功能，直接创建 Word 讲义

　　　C. 将演示文稿中的幻灯片以粘贴对象的方式一张一张地复制到 Word 文档中

　　　D. 切换到演示文稿的大纲视图，将大纲内容直接复制到 Word 文档中

　　4. 小刘正在整理公司产品介绍的 PowerPoint 演示文稿，因幻灯片内容较多，不易于

对各产品线演示内容进行管理。快速分类和管理幻灯片的最优操作方法是（　　）。

    A．将演示文稿拆分成多个文档，按每个产品线生成一份独立的演示文稿

    B．为不同的产品线幻灯片分别指定不同的设计主题，以便浏览

    C．利用自定义幻灯片放映功能，将每个产品线定义为独立的放映单元

    D．利用节功能，将不同的产品线幻灯片分别定义为独立节

5．如果需要在一个演示文稿的每页幻灯片左下角相同位置插入学校的校徽图片，最优的操作方法是（　　）。

    A．打开幻灯片母版视图，将校徽图片插入在母版中

    B．打开幻灯片普通视图，将校徽图片插入在幻灯片中

    C．打开幻灯片放映视图，将校徽图片插入在幻灯片中

    D．打开幻灯片浏览视图，将校徽图片插入在幻灯片中

6．江老师使用 Word 编写完成了课程教案，需根据该教案创建 PowerPoint 课件，最优的操作方法是（　　）。

    A．参考 Word 教案，直接在 PowerPoint 中输入相关内容

    B．在 Word 中直接将教案大纲发送到 PowerPoint

    C．从 Word 文档中复制相关内容到幻灯片中

    D．通过插入对象方式将 Word 文档内容插入幻灯片中

7．可以在 PowerPoint 内置主题中设置的内容是（　　）。

    A．字体、颜色和表格　 B．效果、背景和图片

    C．字体、颜色和效果　 D．效果、图片和表格

8．在 PowerPoint 演示文稿中，不可以使用的对象是（　　）。

    A．图片　 B．超链接　 C．视频　 D．书签

9．小姚负责新员工的入职培训。在培训演示文稿中需要制作公司的组织结构图。在 PowerPoint 中最优的操作方法是（　　）。

    A．通过插入 SmartArt 图形制作组织结构图

    B．直接在幻灯片的适当位置通过绘图工具绘制出组织结构图

    C．通过插入图片或对象的方式，插入在其他程序中制作好的组织结构图

    D．先在幻灯片中分级输入组织结构图的文字内容，然后将文字转换为 SmartArt 组织结构图

10．李老师在用 PowerPoint 制作课件，她希望将学校的徽标图片放在除标题页之外的所有幻灯片右下角，并为其指定一个动画效果。最优的操作方法是（　　）。

    A．先在一张幻灯片上插入徽标图片，并设置动画，然后将该徽标图片复制到其他幻灯片上

    B．分别在每一张幻灯片上插入徽标图片，并分别设置动画

    C．先制作一张幻灯片并插入徽标图片，为其设置动画，然后多次复制该幻灯片

    D．在幻灯片母版中插入徽标图片，并为其设置动画

11．在 PowerPoint 中，幻灯片浏览视图主要用于（　　）。

    A．对所有幻灯片进行整理编排或次序调整

B．对幻灯片的内容进行编辑修改及格式调整

C．对幻灯片的内容进行动画设计

D．观看幻灯片的播放效果

12．小李利用 PowerPoint 制作产品宣传方案，并希望在演示时能够满足不同对象的需要，处理该演示文稿的最优操作方法是（　　）。

A．制作一份包含适合所有人群的全部内容的演示文稿，每次放映时按需要进行删减

B．制作一份包含适合所有人群的全部内容的演示文稿，放映前隐藏不需要的幻灯片

C．制作一份包含适合所有人群的全部内容的演示文稿，然后利用自定义幻灯片放映功能创建不同的演示方案

D．针对不同的人群，分别制作不同的演示文稿

13．PowerPoint 演示文稿包含 20 张幻灯片，需要放映奇数页幻灯片，最优的操作方法是（　　）。

A．将演示文稿的偶数张幻灯片删除后再放映

B．将演示文稿的偶数张幻灯片设置为隐藏后再放映

C．将演示文稿的所有奇数张幻灯片添加到自定义放映方案中，再放映

D．设置演示文稿的偶数张幻灯片的换片持续时间为 0.01 秒，自动换片时间为 0 秒，再放映

14．将一个 PowerPoint 演示文稿保存为放映文件，最优的操作方法是（　　）。

A．选择“文件”｜“保存并发送”命令，将演示文稿打包成可自动放映的 CD

B．将演示文稿另存为.ppsx 文件格式

C．将演示文稿另存为.potx 文件格式

D．将演示文稿另存为.pptx 文件格式

15．李老师制作完成了一个带有动画效果的 PowerPoint 教案，她希望在课堂上可以按照自己讲课的节奏自动播放，最优的操作方法是（　　）。

A．为每张幻灯片设置特定的切换持续时间，并将演示文稿设置为自动播放

B．在练习过程中，利用排练计时功能记录适合的幻灯片切换时间，然后播放即可

C．根据讲课节奏，设置幻灯片中每一个对象的动画时间，和每张幻灯片的自动换片时间

D．将 PowerPoint 教案另存为视频文件

二、操作题

1．为主题班会制作名为“新学期新计划”的报告式演示文稿，请按照如下需求完成制作工作：

（1）新建一个空白演示文稿，并将文件保存为“新学期新计划.pptx”。之后所有的操作均在该文件中进行。

（2）新建第一张幻灯片，为幻灯片选择一种主题，并设置为“标题”版式，在“单击此处添加标题”占位符中输入“新学期新计划”，并设置为华文琥珀、60 号、深蓝色。在“单击此处添加副标题”占位符中输入“××××年×月×日”，并设置为黑体、40 号。

（3）新建第二张幻灯片，并设置为"标题和内容"版式，标题设置为"计划的重要性"，在本张幻灯片中插入相关主题的图片，并写入关于计划重要性的介绍性文字。

（4）新建第三～五张幻灯片，并设置为"标题和内容"版式，标题分别设置为"怎样制订适合自己的学习计划""怎样遵守计划""良好习惯的养成"，并在每张幻灯片中插入相关图片，并写入相关介绍性文字。

（5）在第一张与第二张幻灯片之间插入一张幻灯片，设置为"标题和内容"版式，在"单击此处添加文本"占位符中依次输入后面几张幻灯片的主题，即"计划的重要性""怎样制订适合自己的学习计划""怎样遵守计划""良好习惯的养成"，并为它们分别添加超链接，链接到相应主题的幻灯片。

（6）为第三、四张幻灯片分别添加"百叶窗"和"随机线条"切换效果。

（7）为第五、六张幻灯片中的图片分别添加"轮子"和"缩放"动画效果。

（8）保存文件。放映演示文稿，观看效果。

2. 某会计网校的刘老师正在准备有关《小企业会计准则》的培训课件，她的助手已搜集并整理了一份该准则的相关资料存放在 Word 文档"《小企业会计准则》培训素材.docx"中。按下列要求帮助刘老师完成课件的整合制作：

（1）在 PowerPoint 中创建一个名为"小企业会计准则培训.pptx"的新演示文稿，该演示文稿需要包含 Word 文档"《小企业会计准则》培训素材.docx"中的所有内容，每一张幻灯片对应 Word 文档中的一页。其中，Word 文档中应用了"标题 1""标题 2""标题 3"样式的文本内容分别对应演示文稿中每张幻灯片的标题文字、第一级文本内容、第二级文本内容。

（2）将第一张幻灯片的版式设为"标题幻灯片"，在该幻灯片的右下角插入任意一幅剪贴画，依次为标题、副标题和新插入的图片设置不同的动画效果，并且指定动画出现顺序为图片、标题、副标题。

（3）取消第二张幻灯片中文本内容前的项目符号，并将最后两行落款和日期右对齐。将第三张幻灯片中用绿色标出的文本内容转换为"垂直框列表"类的 SmartArt 图形，并分别将每个列表框链接到对应的幻灯片。将第九张幻灯片的版式设为"两栏内容"，并在右侧的内容框中插入对应素材文档第九页中的图形。将第 14 张幻灯片最后一段文字向右缩进两个级别，并链接到文件"小企业准则适用行业范围.docx"。

（4）将第 15 张幻灯片自"（二）定性标准"开始拆分为标题同为"二、统一中小企业划分范畴"的两张幻灯片，并参考原素材文档中的第 15 页内容将前一张幻灯片中的红色文字转换为一个表格。

（5）将素材文档第 16 页中的图片插入对应幻灯片中，并适当调整图片大小。将最后一张幻灯片的版式设为"标题和内容"，将图片 pic1.gif 插入内容框中并适当调整其大小。将倒数第二张幻灯片的版式设为"内容与标题"，参考素材文档第 18 页中的样例，在幻灯片右侧的内容框中插入 SmartArt 不定向循环图，并为其设置一个逐项出现的动画效果。

3. 校摄影社团在今年的摄影比赛结束后，希望可以借助 PowerPoint 将优秀作品在社团活动中进行展示。这些摄影作品保存在素材文件夹中，并以 Photo（1）.jpg～Photo（12）.jpg 命名。请按照如下要求，在 PowerPoint 中完成制作工作：

（1）利用 PowerPoint 应用程序创建一个相册，并包含 Photo（1）.jpg～Photo（12）.jpg 共 12 幅摄影作品。在每张幻灯片中包含 4 张图片，并将每幅图片设置为"居中矩形阴影"相框形状。

（2）设置相册主题为素材文件夹中的"相册主题.pptx"样式。

（3）为相册中每张幻灯片设置不同的切换效果。

（4）在标题幻灯片后插入一张新的幻灯片，将该幻灯片设置为"标题和内容"版式。在该幻灯片的标题位置输入"摄影社团优秀作品赏析"，并在该幻灯片的内容文本框中输入 3 行文字，分别为"湖光春色""冰消雪融""田园风光"。

（5）将"湖光春色""冰消雪融""田园风光"这 3 行文字转换为样式为"蛇形图片重点列表"的 SmartArt 对象，并将 Photo（1）.jpg、Photo（6）.jpg 和 Photo（9）.jpg 定义为该 SmartArt 对象的显示图片。

（6）为 SmartArt 对象添加自左至右的"擦除"进入动画效果，并要求在幻灯片放映时该 SmartArt 对象元素可以逐个显示。

（7）在 SmartArt 对象元素中添加幻灯片跳转链接，使单击"湖光春色"标注形状时，可跳转至第三张幻灯片；单击"冰消雪融"标注形状时，可跳转至第四张幻灯片；单击"田园风光"标注形状时，可跳转至第五张幻灯片。

（8）将素材文件夹中的"ELPHRG01.wav"声音文件作为该相册的背景音乐，并在幻灯片放映时即开始播放。

（9）将该相册保存为"PowerPoint.pptx"文件。

第4章
Camtasia Studio 微课制作软件

微课是时间在 10 分钟以内，有明确的教学目标，内容短小，集中说明一个问题的小视频课程。微课具有短、小、精、悍等特点，方便学习者利用网络或移动设备进行碎片化学习，拓宽了课堂教学的时空，整合优质微课资源，能充分体现学习者的主人翁地位，实现自主、合作学习，提高了学习者的学习效果和素养。因此，微课作为一种新型学习资源和网络学习手段，深受数字化时代学习者的青睐，各行各业也在积极进行微课改革。

制作微课的方式有多种，各种方式需要的设备和相应的软件也不相同。常见的有拍摄式、屏幕录制式、动画式、HTML5 交互式等，各种方式都有各自的优势和劣势。本章选择制作时间短、成本较低的屏幕录制方式进行微课设计。录制屏幕视频可以采用 Camtasia Studio、Snagit、Total Screen Recorder Gold、爱剪辑等软件，这里选择比较常见的 Camtasia Studio。

4.1 Camtasia Studio 软件介绍

Camtasia Studio 是由 TechSmith 开发的一款功能丰富的屏幕动作录制工具。Camtasia Studio 的定位是一套完整的解决方案，涉及视频录制（包括影像、音效、鼠标移动轨迹、解说声音等）、编辑、生成的完整流程。使用该软件，用户可以方便地进行屏幕操作的录制和配音、视频的剪辑和转场动画、添加字幕和水印、制作视频封面和菜单、视频压缩和播放。相对于每个环节使用专门的软件，利用 Camtasia Studio 制作视频的工作效率要高很多。Camtasia Studio 广泛用于教学、培训、销售等领域。

4.1.1 下载与安装

Camtasia Studio 的各版本可在其官方网站 http://www.techsmith.com 下载。目前广泛使用的 Camtasia Studio（以下简称 CS）软件版本主要有 CS 8.6 和 CS 9.1。CS 8.6 版本支持 32 位操作系统，使用 32 位 Windows 7 操作系统的用户大多选择该版本。CS 9.1 版本之后的各版本只支持 64 位操作系统，并且需要 Microsoft .NET 4.6 插件的支持（Windows 10 系统已经集成了本插件）。

　　在安装时，先运行 CS 9.1 英文原版安装程序，待安装完毕后，再运行 CS 9.1 汉化补丁安装程序即可。

4.1.2　软件界面

　　CS 9.1 的界面主要包括菜单栏、工具栏、编辑面板、画布与播放面板、属性面板、时间轴等，如图 4-1 所示。

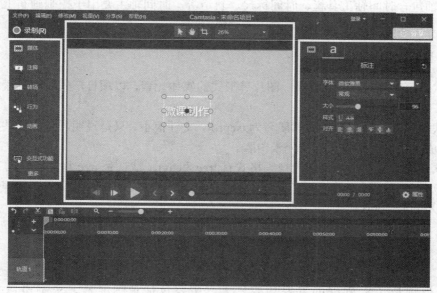

图 4-1　CS 9.1 软件界面

1．菜单栏

　　菜单栏包含文件、编辑、修改、视图、分享和帮助等菜单。其中，"文件"菜单主要用于新建项目、打开项目、保存项目及导入导出项目等。其他各菜单中的命令，也可以在右键快捷菜单中进行选择。

2．工具栏

　　工具栏包含"录制"和"分享"2 个按钮。其中，"录制"按钮用于启动录制屏幕功能。

3．编辑面板

　　编辑面板包含媒体、注释、转场、行为和动画等选项卡。该区域的各选项卡的功能主要是为后期的视频、图片、音频等素材提供各类效果。

4．画布与播放面板

　　画布与播放面板的作用：一方面可以预览显示素材内容，另一方面可以控制播放。该区域包括编辑素材的尺寸、位置、效果，素材的裁剪、播放视频控制及控制画布的显示大小等功能按钮，常与时间轴配合使用。

5. 属性面板

属性面板用于修改画布中各素材的属性，如文本的颜色、字体、字号及对齐方式，图片的着色、动画的效果细节等。

6. 时间轴

时间轴包含时间轴工具栏、时间标尺、轨道等。时间轴主要用于控制画布上各元素的开始时间、持续时间及各元素所处的轨道位置。

4.1.3　项目与文件格式

CS 软件可以处理视频、音频、图片等形式的媒体元素，以项目形式对各种素材进行组织管理。

CS 软件保存的项目文件的扩展名为.tscproj，文件很小，只是说明项目由哪些媒体元素构成及构成关系，并不包含媒体元素内容。

CS 软件能录制视频，录制的视频格式有.trec 和.avi，默认是.trec 格式。

CS 软件能导入处理的视频、音频和图片的格式比较多。CS 软件中导入的演示文稿扩展名可以是.ppt、.pptx。

4.2　录 制 视 频

录制视频是 CS 软件的重要功能之一，主要包括录制屏幕、录制摄像头和录制 PowerPoint 文件 3 个功能。

4.2.1　录制屏幕和摄像头

CS 软件使用自带的录像机录制屏幕和摄像头。使用录像机之前，需要对录像机的选择区域、录制输入两部分参数进行设置。

1. 录像机对话框

单击工具栏上的"录制"按钮，弹出录像机对话框，如图 4-2 所示。

图 4-2　录像机对话框

录像机对话框主要包含"选择区域"组、"录制输入"组和"录制"（rec）按钮。"选择区域"组有全屏、自定义和固定到应用程序 3 种录制模式。全屏是指录制整个屏幕，若启动该模式，会看到整个屏幕边缘有绿色虚线框，用于标记录制的范围。自定义是指自由选择区域，选择后会出现一个范围框，可根据需要调整范围框的大小和位置。固定到应用程序是指将录制范围框设置为某程序窗口大小，当程序的位置发生变化时，范围框的位置随之发生变化。对于前两种模式，当录制范围框设定好后，在整个录制过程中位置是不会变化的。

"录制输入"组主要用于设置计算机上的摄像头及录音设备是否开始工作，以及摄像头和录音设备的录制方式。若启用摄像头，则同时录制计算机屏幕和摄像头中的画面，形成画中画的效果。音频设备的录制方式有麦克风、不录制麦克风和录制系统音频 3 种，如图 4-3 所示。麦克风和不录制麦克风用于指定是否录制外部录音设备中的声音，而录制系统音频是指录制计算机内部播放的声音，如单击鼠标的声音、正在播放的某个音乐等，此种录制方式不会掺入杂音、噪声。

单击"录制"按钮，经过 3 秒的倒计时后，进入录制状态。录制状态下，录像机对话框如图 4-4 所示。单击"删除"按钮，可删除刚录制的视频，返回开始录制前的状态。单击"暂停"按钮，可暂停录制。单击"停止"按钮，可结束录制。在默认情况下，按 F9 键暂停，再次按 F9 键恢复，按 F10 键停止录制。

　　　图 4-3　音频设备的录制方式　　　　　图 4-4　录制状态下的录像机对话框

【例 4-1】自定义录制区域，录制打开画图程序绘制图形的过程。

操作步骤：

1）启动 Windows 10 自带的画图程序，使其处于非最大化窗口模式。

2）启动 CS 9.1 软件，选择"文件"|"新建项目"命令，单击工具栏上的"录制"按钮，弹出录像机对话框。

3）单击"自定义"按钮右边的下拉按钮，在弹出的下拉菜单中选择"选择要录制的区域"命令，此时鼠标指针变成加号形状，拖动鼠标设置录制区域，使其与画图窗口一样大。

4）打开"音频录制"开关，单击"音频 开"按钮右边的下拉按钮，在弹出的下拉菜单中选择"麦克风"命令，单击"录制"按钮，经过 3 秒倒计时后开始录制。

5）在画图程序中绘制一个红色矩形和蓝色的圆。

6）按 F10 键或录像机对话框中的"停止"按钮，结束录制。

7）录制的视频自动出现在媒体箱和轨道 1 中，单击"播放"按钮，观看录制效果。

2. 在录制过程中添加屏幕绘图

使用 CS 软件录制视频时，往往需要为录制的内容添加箭头、矩形、笔迹等，用于突出重要内容，把这些类似于绘图的效果称为 CS 软件的屏幕绘图。绘制的图形会一同被录制到视频中保存。CS 软件提供了屏幕绘图工具和快捷键两种方式来添加屏幕绘图。

（1）屏幕绘图工具

采用屏幕绘图工具方式，需要首先开启"效果"选项。

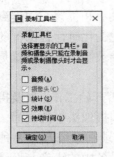

图 4-5　"录制工具栏"对话框

打开录像机对话框后，选择"工具"｜"录制工具栏"命令，弹出"录制工具栏"对话框，勾选"效果"复选框，如图 4-5 所示。

在录制过程中，单击"屏幕绘制"按钮，可以展示绘图区域，如图 4-6 所示。在绘图区域中，列出了 4 组常用的工具，如不同颜色的矩形、笔、高亮显示、椭圆等，各常用工具可调整。绘图前，可单击任意一个绘图工具右侧的下拉按钮，在弹出的下拉菜单中选择工具、颜色和线条宽度，然后在屏幕上绘制所需图形。

图 4-6　录像机对话框的绘图效果

（2）屏幕绘图工具快捷键

录制屏幕时，也可以利用快捷键进行屏幕绘图。这种方式操作快捷，并且不会将"录制工具栏"对话框录制到视频中，简化后期处理。屏幕绘图选项及快捷键如表 4-1 所示。

表 4-1　屏幕绘制选项及快捷键

选项	快捷键	选项	快捷键
开启屏幕绘图	Shift+Ctrl+D	线条宽度	1～8
退出屏幕绘图	Esc	红色（red）	R
撤销上一次绘图	Ctrl+Z	绿色（green）	G
矩形方框（frame）	F	蓝色（blue）	B
椭圆（ellipse）	E	黑色（black）	K
直线（line）	L	白色（white）	W
笔（pen）	P	黄色（yellow）	Y
箭头（arrow）	A	青色（cyan）	C
高亮显示（highlight）	H		

【例 4-2】录制全屏区域，录制通过任务栏调整系统日期的过程。

操作步骤：

1）启动 CS 9.1 软件，选择"文件"｜"新建项目"命令，单击工具栏上的"录制"按钮，弹出录像机对话框。

2）单击"全屏"按钮，打开"音频录制"开关，单击"音频 开"按钮右边的下拉按钮，在弹出的下拉菜单中选择"麦克风"命令，单击录像机对话框中的"录制"按钮，经过 3 秒倒计时后开始录制。

3）右击任务栏右侧的时间，调整时间为 2020 年 6 月 1 日。

4）在录制过程中，按 Shift+Ctrl+D 组合键开启屏幕绘图。按 F 键，拖动鼠标绘制矩形框。按 E 键，再按 B 键，拖动鼠标绘制椭圆。对照表 4-1 中的快捷键，多绘制几个图形。

5）按 F10 键，结束录制。

6）录制的视频自动出现轨道 1 中，单击"播放"按钮，观看录制效果。

7）在"媒体箱"面板中右击刚录制的视频，在弹出的快捷菜单中选择"详情"命令，观察录制视频的保存位置，视频文件的扩展名为.trec。

3. 录制工具选项设置

录制屏幕前，可以利用"工具选项"对话框对录制视频的默认保存位置、保存名称、快捷键、工作流程等进行设置，方便后期使用。

在录像机对话框中，选择"工具"｜"选项"命令，弹出"工具选项"对话框，其中包括"常规""输入""热键""程序"4 个选项卡，如图 4-7 所示。

图 4-7　"工具选项"对话框

"常规"选项卡主要用于设置录制的保存视频格式（.trec 或.avi），以及视频保存默认名称和位置。单击"文件选项"按钮，弹出"文件选项"对话框，如图 4-8 所示。在其中可以设置录制视频的默认保存名称，以及文件输出位置。CS 软件默认以录制日期加序号的方式命名，保存在"我的文档"的"Camtasia Studio"文件夹中。

"输入"选项卡主要用于设置麦克风和摄像头的相关参数。

"热键"选项卡主要用于设置录制、停止、屏幕绘图、选择区域等功能的快捷键。

"程序"选项卡主要用于设置录制区域外观、工作流程、录制工具栏最小化后的位置等。

注意，CS 软件以项目形式对各种素材进行组织管理，仅说明某个项目由哪些图片、视频、音频等内容组成，并不包含各素材本身。因此，在制作某个新的项目时，应该先建立一个文件夹，并将录制的视频、所需的

图 4-8　"文件选项"对话框

各种素材都保存该文件夹中，并且项目也应该保存到该文件夹中，方便后期编辑、复制等。

4.2.2 录制 PowerPoint 文件

CS 9.1 在安装时会自动为 PowerPoint 安装录制插件，使用该插件可以实现对 PowerPoint 演示文稿的录制。

打开 PowerPoint 后，"加载项"选项卡中列出了 CS 录制插件的 5 个按钮，分别是"录制""录制音频""录制摄像头""显示摄像头预览""录制选项"。"录制选项"按钮主要用于设置是否添加水印、是否录制声音、是否录制摄像头、快捷键等，与"工具选项"对话框的功能类似。

图 4-9   PowerPoint 录制提示框

单击"加载项"|"录制"按钮，PowerPoint 进入全屏放映状态，同时在右下角弹出提示框。其中包括测试麦克风、提示暂停和停止快捷键、开始录制按钮等，如图 4-9 所示。单击"单击开始录制"按钮，开始幻灯片的录制，待幻灯片播放完毕后，弹出提示框，询问用户下一步操作选择"停止录制"还是"继续录制其他幻灯片"。

【例 4-3】录制 PowerPoint 文件。

操作步骤：

1）启动 CS 9.1 软件，选择"文件"|"新建项目"命令。选择"编辑"|"首选项"命令，弹出"首选项"对话框，选择"合作伙伴"选项卡，点选"始终将 PowerPoint 幻灯片备注导入为字幕"单选按钮，单击"确定"按钮完成设置。

2）打开素材文件夹下例题 4-3 中的"微课.pptx"文件，为每一张幻灯片输入相关的备注文字，作视频的字幕使用。

3）单击"加载项"|"录制"按钮。在弹出的提示框中单击"单击开始录制"按钮，进行录制。

4）等幻灯片播放完毕后，在弹出的提示框中单击"结束录制"按钮，保存录制的视频。返回 CS 9.1 软件窗口。

5）将录制的视频拖到轨道 1 上播放，并观看效果。此时，会发现幻灯片中的备注文字，会作为字幕出现在视频中。关于字幕的处理后续内容再做讲解。

注意，在录制过程中不可避免地会出现小的错误，如说错话、操作控制失误等。此时不需要重新录制视频，可以暂停讲话 2 秒左右，然后继续录制。后期可以修正录制过程中出现的小错误。

4.3 编 辑 视 频

CS 软件提供了丰富的视频编辑功能，如视频裁剪、分离视频中的声音、添加字幕、添加缩放动画、分享视频等。

对各种素材进行处理时，需要先将素材添加到舞台。添加的流程如下：

1）导入素材到媒体箱或库。

2）将素材拖到时间轴上，确定各素材的开始时间、层次位置。

3）调整素材在画布上的尺寸、位置等。

4.3.1　媒体箱和库

在对素材进行操作前，需要将素材（视频、音频、动画、图片、PowerPoint 文件）导入媒体箱或库中。媒体箱和库都是一种容器，其中，媒体箱中显示了当前项目所要加载的媒体素材，项目不同，媒体箱中的内容也不同。库中存放的是经常要使用的素材，各个素材可以在不同项目中多次重复使用。库中默认存放了一些素材，如动态图形、图标、动画和音乐。

在"媒体箱"面板中右击，其快捷菜单中包含导入媒体、从 Google Drive 导入、删除未使用的媒体、排序方式等命令，如图 4-10 所示。

CS 库中有免费的视频、音频和图像等媒体资源，用户可以根据需要导出或导入媒体资源，如图 4-11 所示。在库中空白处右击，其快捷菜单中包含导入媒体到库、新建文件夹、导出库、导入 ZIP 库、下载更多资源等命令。

图 4-10　"媒体箱"面板　　　　　图 4-11　"库"面板

CS 软件允许将 PowerPoint 文件直接导入媒体箱中，导入后 PowerPoint 中的每张幻灯片会转换为一张图片，PowerPoint 中原有的动画效果都会消失。

4.3.2　时间轴

时间轴是 CS 软件主界面的重要组成部分。视频的编辑主要通过时间轴来完成，熟练、巧妙地运用时间轴是编辑高质量视频的保障。时间轴主要包括时间轴工具栏、刻度尺、播放头、轨道、显示或隐藏视图、轨道缩放、轨道编辑菜单等，如图 4-12 所示。下面仅介绍时间轴工具栏、刻度尺、播放头、轨道的相关内容。

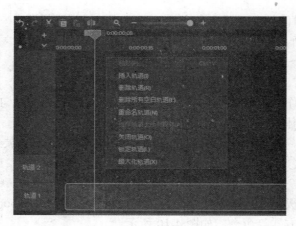

图 4-12　时间轴

1．时间轴工具栏

时间轴工具栏包括撤销、重做、剪切、复制、粘贴、分割和缩放条。编辑视频、音频时，可以利用分割功能将视频、音频分割成若干段。缩放条用于在水平方向上的缩放，常使用缩放条的快捷菜单完成时间轴的缩放，如"缩放到适合""缩放到选择"等。

2．刻度尺

刻度尺上的时间表示形式为时、分、秒、帧，其格式为 00:00:00;00。视频对画面、声音、字幕等之间的配合要求比较高，因此以秒作为视频素材的编辑单位时误差比较大。CS 软件以 30 帧为 1 秒，方便用户控制时间，在 CS 软件中帧是比秒小的时间单位。当视频放大到最大状态时，两个刻度线之间为 1 帧。通过播放控制条中的"上一帧""下一帧"按钮可以精确调整播放头的位置。因此，刻度尺上面刻度线的规模变化与时间轴的缩放级别密切相关。当通过缩放条改变时间轴的缩放时，刻度尺也随之进行缩放。

3．播放头

播放头由选择开始、播放头、选择结束 3 个滑块构成。将播放头置于某帧所在的位置，即表示选定该帧，在画布与播放区中会显示当前选定帧的视频内容。拖动"选择开始"或"选择结束"滑块，可以选择某个时间段的素材。双击播放头可以结束选择。

将缩放条、刻度尺、播放头配合使用，可以很方便地选取视频片段。

4．轨道

轨道是时间轴的重要组成部分，时间轴包含若干轨道，用户可以根据需要随时增、减轨道的数量。时间轴上的每条轨道均可以加载视频、音频、图像、动画等媒体。

轨道水平方向（时间方向）上各媒体的排列顺序，决定着最终视频各媒体画面播放的先后顺序。排列在轨道左侧的内容先播放，排列在轨道右侧的视频后播放，因此轨道水平方向实质上就是视频播放的时间线。

垂直方向所有轨道同一帧的画面会同一个时间播放。轨道垂直方向的排列顺序，决定着最终视频媒体画面的先后顺序，即有叠放层次。时间轴上部轨道的媒体画面距离人视觉最近，时间轴下部轨道的媒体画面距离人视觉最远。例如，同一时刻，在画布与播放区可见，轨道 2 上的"显示器"图片会叠放在轨道 1 上的"恐龙"图片的上方，如图 4-13 所示。

图 4-13   同一时刻播放画面叠放

轨道的操作主要包括插入轨道、删除空轨道、重命名轨道、选择轨道上的所有媒体、打开或关闭轨道、锁定或解锁轨道、缩放轨道等。可以使用时间轴上各个按钮，或右键快捷菜单中的命令完成对轨道的各种操作，在此不再赘述。下面介绍在轨道上添加素材和编辑媒体元素的方法。

（1）添加媒体素材到轨道

添加媒体素材到轨道有使用快捷菜单和鼠标拖动两种方法。可以在"媒体箱"或"库"面板中右击媒体素材，在弹出的快捷菜单中选择"添加到时间轴播放头位置"命令，也可以直接将媒体箱中的素材拖到轨道的合适位置。各媒体素材都有默认持续时间，如图片的默认持续时间是 5 秒，在轨道上拖动图片的结束时间位置，改变图片的持续时间。

（2）在轨道上编辑媒体元素

在轨道上右击视频、图片、音频等，利用弹出的快捷菜单可编辑媒体元素，如"删除""复制效果""粘贴效果""组合""添加剪辑速度""分离音频和视频""添加音频点"等。用户可以根据需要选择相关的命令。

4.3.3 画布与播放面板

画布与播放面板的主要功能是预览画布上放置的媒体元素及其效果、编辑元素的视觉效果、设置画布尺寸和背景色等。

画布与播放面板由工具栏、画布和播放控制按钮构成。其中，工具栏包含"编辑"按钮、"平移"按钮、"裁剪"按钮、"画布选项"下拉列表框 23%。在画布上对元素进行操作时，大多选择"编辑"模式，只有裁剪图片时才进入"裁剪"模式，只

图 4-14　"项目设置"对话框

有移动画布查看局部细节时才进入"平移"模式，"画布选项"下拉列表框中主要提供了改变画布显示比例及设置画布尺寸、背景颜色的选项。在其中选择"项目设置"命令，弹出"项目设置"对话框，如图 4-14 所示。

播放控制按钮组包含"上一帧"按钮、"下一帧"按钮、"播放/暂停"按钮、"上一个媒体"按钮、"下一个媒体"按钮、播放进度条。

4.3.4　视觉效果

CS 软件提供了丰富的视觉效果，包括阴影、边框、着色、颜色调整、删除颜色、设备框架、剪辑速度和交互功能 8 种，如图 4-15 所示。其中，"阴影"用于设置媒体元素的阴影效果，如角度、偏移、模糊等。"边框"用于设置媒体元素的边框效果，如边框颜色、宽度。着色用于设置所选媒体的着色情况。"颜色调整"用于设置所选媒体元素的亮度、对比度、饱和度等。"删除颜色"主要用于删除所选媒体的某一个颜色，如删除背景色进行抠图。"设备框架"用于为媒体元素设置一个显示载体，如用 iPhone 显示图片。"剪辑速度"用于设置媒体元素的播放速度和持续时间。"交互功能"用于设置媒体源的热点及热点链接的跳转位置，类似于 PowerPoint 中的超链接。

图 4-15　"视觉效果"面板

1. 添加视觉效果

在同一个素材中可以添加多种视觉效果。CS 软件中提供了两种为素材添加视觉效果的方法。

方法一：通过画布添加效果。在画布上右击素材，在弹出的快捷菜单中选择"添加视觉效果"命令，在其子菜单中选择合适的视觉效果。

方法二：添加效果到时间轴。在编辑面板上单击"更多"按钮，在弹出的菜单中选择"视觉效果"选项卡，打开视觉效果区。从"视觉效果"面板中拖动某种视觉效果到时间轴对应的元素上。

2. 效果管理

为素材元素添加效果后，该元素所在的轨道自动添加效果条。单击效果条上的"显示效果/隐藏效果"切换按钮，可以看到该元素上添加的所有效果，如图 4-16 所示。单击某个效果，打开对应的属性面板，可以对效果进行各种参数的设置，如图 4-17 所示。关闭对应的属性面板，可以删除效果。右击效果条中的某种效果，在弹出的快捷菜单中选择"删除"命令，也可以删除某种视觉效果。

3. 控制效果播放

对于媒体元素中的每一个效果，通过效果条可以控制其开始时间和结束时间。调整的方法是将鼠标指针移动到效果条的开始处或结束处，按住鼠标左键向右或向左拖动，调整其播放的时间。

图 4-16　轨道上媒体的多个效果条　　　　　图 4-17　视觉效果的属性面板

【例 4-4】将 PowerPoint 导入媒体箱，为各张幻灯片图片添加相关的视觉效果，并添加 Desktop 设备框架。

操作步骤：

1）启动 CS 9.1 软件，新建项目。在"媒体箱"面板中右击，在弹出的快捷菜单中选择"导入媒体"命令，弹出"打开"对话框，选择 PowerPoint 文件"荆州美景.pptx"，单击"打开"按钮，各张幻灯片自动转换成.png 图片导入媒体箱。

2）将 PowerPoint 生成的图片添加到轨道 1 上。在画布上缩小图片尺寸，右击图片，在弹出的快捷菜单中选择"添加视觉效果"｜"边框"命令，在右侧的"边框"属性面板中，设置颜色为红色，厚度为 10。

3）将第二张图片添加到轨道 1 上，位于图片 1 之后。图片 2 的默认播放时间为 5 秒，向右拖动图片 2 的结束时间，延迟图片 2 的播放时间为 10 秒。

4）从"视觉选项卡"中分别将"着色""颜色调整"拖动到轨道 1 上的图片 2 中。在"着色"属性面板中设置着色为红色，量为 20%；在"颜色调整"属性面板中设置亮度为-45，对比度为 150。

5）显示图片 2 的效果条，将"着色"效果开始时间调整为 10 秒处，如图 4-18 所示。

6）参照步骤 3），将图片 3 添加到轨道 1 中，添加"设备框架"视觉效果，并设置类型为 Desktop。

7）参照步骤 3），将图片 4 添加到轨道 2 的"00:00:00;25"处，并减少图片 4 的持续播放时间。选中图片 4，单击画布与播放面板中工具栏上的"裁剪"按钮，图片四周的控制点由圆形变成方框，拖动方框控制点，对图片 4 进行裁剪，效果如图 4-19 所示。

8）播放并观看效果，项目保存为"例 4-4 视觉效果颜色"。

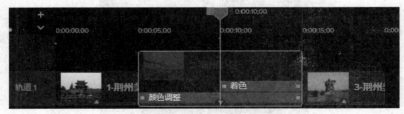

图 4-18　例 4-4 轨道图

图 4-19　图片裁剪效果

【例 4-5】抠取视频中的人物动作，添加合适的背景。

操作步骤：

1）启动 CS 9.1 软件，新建项目。将图片"舞台背景.jpg"和视频文件"跳舞的人物 1.mp4"导入媒体箱。

2）把图片添加到轨道 1，把视频添加到轨道 2，调整图片的播放时长使其与轨道 2 上的视频时长相同。画面上调整视频、图片的大小与位置。

3）选择"视觉效果"选项卡，从视觉效果区中把"删除颜色"效果拖到轨道 2 的视频上，视频上会添加一个"删除效果"效果条。

4）双击"删除颜色"效果条，打开"删除颜色"属性面板。单击"颜色"右侧的下拉按钮，在弹出的下拉菜单中选择"从图像中选择颜色"命令，然后到画布中视频的绿色区域上单击，完成绿色的选取，此时画布与播放区视频中的绿色被隐藏。

5）进一步设置相关属性，完善显示效果。设置可接受范围的值为 42%、柔软度的值为 35%、色相的值为 0、边缘修正的值为 0。

6）播放到"00:01:05;16"处时，人物图形位置太高，位置不理想。可以将播放头定位到"00:01:05;16"处，然后单击时间轴上的"分割"按钮，调整人物图形的高度，做到完美。

经过上述操作，即可把原视频的背景色抠除，前后效果对比如图 4-20 所示。常常用此方法制作演讲者出镜头的视频。

图 4-20　抠取视频背景效果对比

4.3.5　指针效果

给录制的视频添加指针效果，特别是录制操作计算机步骤的视频，用指针效果突出显示操作的菜单或按钮，会收到良好效果。

CS 9.1 为鼠标指针、单击、右击 3 种情形设置了不同的大小、形状和效果，如图 4-21 所示。

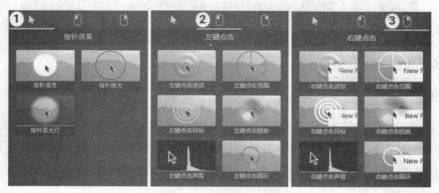

图 4-21　3 类鼠标指针效果

将某种指针效果拖动到某段视频中，即可为视频添加指针效果。双击时间轴中的"指针效果"效果条，打开"指针效果"属性面板，在其中可进行指针颜色、大小、不透明度等设置，如图 4-22 所示。

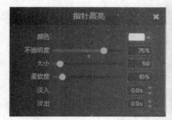

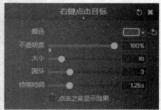

图 4-22　"指针效果"属性面板

【例 4-6】为录制的视频添加指针效果。

操作步骤：

1）启动 CS 9.1 软件，新建项目。将录制的"调整系统时间.trec"视频文件导入媒体箱。

2）把视频添加到轨道 1 上。

3）选择"指针效果"选项卡，在指针效果区中把"指针高亮"效果拖动到轨道 1 的视频上，并利用属性面板设置高亮颜色、不透明度及大小。

4）参照步骤 3），从左键点击区中把"左键点击范围"效果拖动到轨道 1 的视频上，并利用属性面板设置颜色为红色、大小为 75。

5）参照步骤 3），从右键点击区中把"右键点击范围"效果拖动到轨道 1 的视频上，并利用属性面板设置颜色为蓝色、大小为 10。

6）显示轨道 1 视频上的效果条，发现在"左键点击""右键点击"效果条上有一些小圆点标记，该标记就是视频中单击、右击的时间节点，如图 4-23 所示。

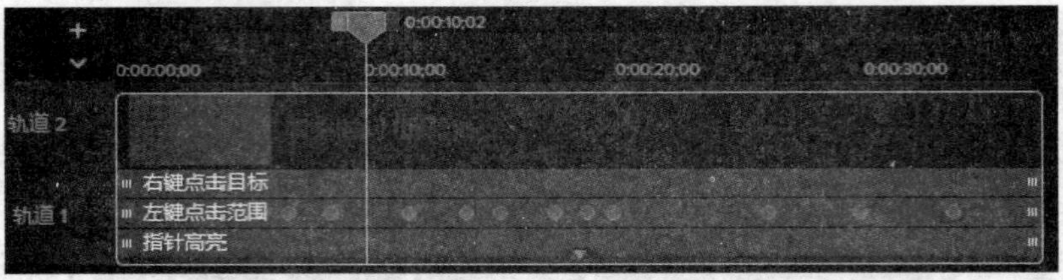

图 4-23　"指针效果"效果条

7）播放视频，观察效果，并保存为"例 4-6 鼠标指针效果"项目。

4.3.6　注释

注释是指在媒体中添加的具有注释、指向、特效或强调重点内容的文字、图形或特效，其主要作用是吸引观看者注意力，或对某些内容做进一步解释。此部分的内容与 PowerPoint 中的插入图形、文本框等类似。

1.　注释类别

"注释"面板中提供了标注（图 4-24）、箭头线条、形状、模糊&高亮、草图运动和按键 6 类注释供用户使用。

图 4-24　"注释"面板的标注类注释

标注注释、箭头线条注释、形状类似于 PowerPoint 中的气泡图、文本框、箭头、形状等。模糊&高亮注释包含模糊、聚光灯、像素化注释（马赛克效果）、高亮注释、交互功能/热点注释。编辑视频时，某些敏感内容（如银行卡号、身份证号等）不需要清晰显示时，可以使用模糊或像素化注释；若要突出显示某个局部区域，吸引观众注意，可以使用聚光灯或高亮注释。草图运动注释类似于添加.gif 图片。模糊&高亮注释和草图运动注释如图 4-25 所示。按键注释即在视频编辑时，添加一个设置快捷键的注释。其以键盘按键的外观形式将某些字母、数字等添加到视频中，视频观看者可以直观地看到操作者单击了哪些键。

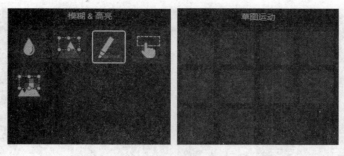

图 4-25　模糊&高亮注释和草图运动注释

2. 注释操作

注释的基本操作包括添加、删除、复制、移动、粘贴、旋转、改变大小，改变叠放顺序等。

使用注释时，需要综合应用注释面板、时间轴、画布和播放面板和属性面板。注释面板主要用于注释的选择、添加。时间轴上的轨道用于确定注释的起始时间、持续时间、叠放顺序等。画布和播放面板，用于确定各注释的位置、大小等。属性面板用于对注释属性参数进行设置。"模糊注释"属性面板如图 4-26 所示。

图 4-26　"模糊注释"属性面板

【例 4-7】为视频添加特殊和草图运动注释。

操作步骤：

1）启动 CS 9.1 软件，新建项目。将视频文件"万彩动画.mp4"导入媒体箱。

2）把视频添加到轨道 1 上。

3）视频的左上角有版权标志"万彩动画"，为其添加马赛克效果。选择"注释"选项卡，选择"模糊&高亮"选项卡，把"像素化"注释拖动到轨道 2 上，并调整"像素化"注释的播放时间，使其与视频文件相同。

4）在画布与播放区调整"像素化"注释的大小和位置（调到左上角），保证可以覆盖版权标志，并利用"像素化"属性面板设置其强度为 20。

5）播放头置于"00:00:03;24"处，在注释区右击"聚光灯"注释，在弹出的快捷菜单中选择"添加到播放头处"命令，"聚光灯"注释自动添加到轨道 3 上，调整该注释的持续时间为 1 秒，并利用属性面板设置强度为 80。

6）播放头置于"00:00:10;0"处，选择"草图运动"选项卡，右击"圆"注释，在弹出的快捷菜单中选择"添加到播放头处"命令，"圆"注释自动添加到轨道 4 上，调整该注释的位置，如图 4-27 所示。

7）播放视频，观察效果，并保存为"例 4-7 注释特效应用"项目。

图 4-27　各元素位置关系

4.3.7　动画效果

动画效果指运用 CS 软件制作视频时，媒体间的转场效果、快慢镜头效果、镜头缩放、各媒体元素的自定义动画效果等。CS 9.1 软件提供了"转场""行为""动画"3 个选项卡来进行各类动画设计。

图 4-28　"转场"面板

1. 转场动画

选择"转场"选项卡，在"转场"面板中提供了 30 种转场效果，如折叠、翻页、圈伸展等，以实现视频剪辑之间的过渡效果，类似于 PowerPoint 中的切换动画功能，如图 4-28 所示。

将鼠标指针悬停在某一转场效果上，可以预览该转场动画效果。

用鼠标将转场效果拖到轨道上的两个媒体片段之间，此时前一个媒体片段的结束位置和后一个媒体片段的开始位置，同时添加了同时间长度的转场效果。如果要为两个媒体片段的结束与开始添加不同的过渡效果，应先将两个媒体片段之间增加一些时间间隔，然后分别用鼠标拖动某一过渡效果到轨道上前一个媒体片段的结束位置，将另一过渡效果拖动到轨道上后一个媒体片段的开始位置。

添加过渡效果后，用户将鼠标指针移到效果的边线左右拖动，即可调整效果的播放时间长度。

【例 4-8】转场的使用。为视频添加 3 种不同的转场效果，并调整效果的播放时间。

操作步骤：

1）启动 CS 9.1 软件，将例 4-5 中应用的视频文件"跳舞的人物 1.mp4"导入媒体箱；将视频文件添加到轨道 1 上。分别在"00:00:05;0"和"00:00:15;0"处对视频进行分割。

2）选择"转场"选项卡，打开"转场"面板，选择"圈伸展"效果。用鼠标把"圈伸展"效果拖动到轨道 1 的视频片段 1 与视频片段 2 之间。视频片段 1 结束位置与视频片段 2 开始位置出现绿色矩形后，松开鼠标左键，完成转场的添加。默认的转场时间为 1 秒，即视频片段 1 转场时间为 15 帧，视频片段 2 转场时间为 15 帧。

3）在轨道 1 上将视频片段 3 向右移动，使其与视频片段 2 有一定间隔。

4）从"转场"面板中选择"百叶窗"效果，拖动到视频片段 2 的结束位置，完成"百叶窗"效果的添加。默认的转场时间为 1 秒，把鼠标指针移至百叶窗转场的开始位置，当指针变为双向箭头时，按住鼠标左键向右拖动，调整转场的时长为 15 帧。

5）从"转场"面板中选择"棋盘格"效果，拖动到视频片段 3 的开始位置，完成"棋盘格"效果的添加。调整转场的持续时间为 00:00:01;11。

6）用鼠标把视频片段 3 向左移动与视频片段 2 无缝对接。最终效果如图 4-29 所示。

7）播放视频，观察效果。

图 4-29　转场效果

2. 行为动画

行为是指给媒体元素添加的一种动画效果，包括元素进入、持续、退出时的动画效果，类似于 PowerPoint 中的自定义动画。"行为"面板中提供了 9 种效果，如弹出、漂移、滑动等，以实现视频中图片、视频的动画效果，如图 4-30 所示。

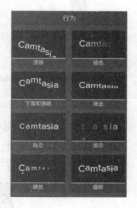

行为的使用主要通过"行为"面板、轨道和属性面板来完成。为媒体添加、删除、修改行为动画的方式与添加视觉效果的方式相同，在此不再赘述。需要说明的是，每种行为动画中都包括进入、持续、退出 3 种行为方式，因此添加行为动画后，需要分别设置"进入""持续""退出" 3 种行为方式才能达到目标效果。例如，"下落和弹跳"行为的 3 种方式如图 4-31 所示。

图 4-30　"行为"面板

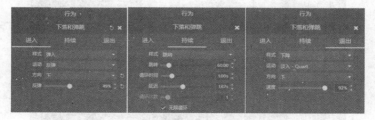

图 4-31　"下落和弹跳"行为的 3 种方式

【例 4-9】根据结果视频动画效果，利用注释和行为创建片头动画，并将制作过程录制下来，供后续例题使用。

操作步骤：

1）启动 CS 9.1 软件，新建项目。单击"录制"按钮，设置录制区域为全屏，单击"录制"按钮，进入录制状态。

2）打开"注释"面板，从"形状"注释中拖动矩形到轨道 1 的播放头。

3）在轨道 1 上，将鼠标指针移动到矩形框的结束时间处，当指针变成双向箭头后向右拖动，将矩形框的持续时间更改为 15 秒，即到"00:00:15;0"处结束。

4）在画布上用鼠标拖动矩形框的边框线，调整其宽度和高度，使其宽度与画布宽度相同，高度为画布的一半，底部与画布底边对齐，如图 4-32 所示。当矩形框的上边框线位于画布正中间时，画布中会出现黄色提示线。

5）选中画布中的矩形框，单击"属性"按钮，打开矩形框的"形状注释"属性面板。单击"填充"下拉列表框右边的下拉按钮，在弹出的下拉列表中选择"从图像中选择颜色"选项，单击工具栏上的"分享"按钮，让矩形框的填充色与"分享"按钮颜色相同，如图 4-33 所示。以同样的方法，设置边框线颜色。

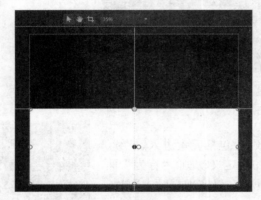

图 4-32　矩形框位置

图 4-33　"形状注释"属性面板

6）从"行为"面板拖动"下落和弹跳"效果到轨道 1 中的矩形框标注中。通过"行为"属性面板，"进入"行为方式中的样式设置为弹入，方向为上，如图 4-34 所示；"持续"行为方式中的样式设置为无；"退出"行为方式中的样式设置为无。

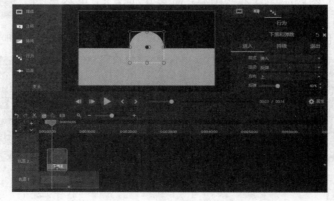

图 4-34　圆形最终效果

　　7）将播放头定位到"00:00:02;0"处，参照步骤2)、4)、5)，添加椭圆到轨道2的播放头处。改变椭圆的高度、宽度，形成圆形，并将其拖放到画布的正中间（圆心与画布中间点重合），设置圆形的填充色和边框颜色与矩形框相同。删除圆形的阴影视觉效果，最终效果如图4-34所示。

　　8）参照步骤6)，为轨道2上的圆形添加"下落和弹跳"效果。其中，"进入"行为方式中的样式设置为弹入，方向为上；"持续"行为方式样式设置为无；"退出"行为方式样式设置为下降，运动设置为平滑，方向为上，速度设置为30%。

　　9）复制轨道2上的圆形，然后单击轨道2上的"禁用轨道"图标，禁用轨道2。

　　10）将播放头定位到"00:00:07;0"处，按 Ctrl+V 组合键进行粘贴，在轨道3中出现复制过来的圆形。此时，轨道3的圆形具有与轨道2中相同的效果，将轨道3中圆形"退出"行为方式的"样式"设置为无。参照步骤3)，更改圆形的播放持续时间为8秒。

　　11）复制轨道3上的圆形，锁定轨道3。将播放头定位到"00:00:07;0"处，按 Ctrl+V 组合键进行粘贴，在轨道4中出现复制过来的圆形。

　　12）选择轨道4中的圆形，增加圆形的高度、宽度，并调整圆形在画布的正中间位置。将圆形的不透明度设置为0，轮廓的厚度设置为50。效果如图4-35所示。

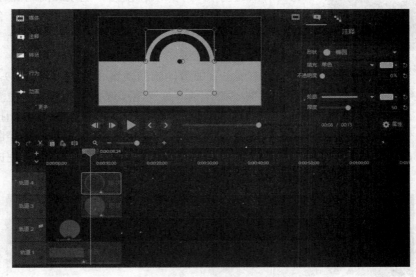

图 4-35　各个图形对应效果

　　13）将播放头定位到"00:00:08;15"处，将"文本"注释添加到画布上，输入文字"CS动画集合"作为标题。通过"注释"属性设置文本的颜色为白色，字号为120，如图4-36所示。

　　14）参照步骤6)，为标题文本添加"滑动"行为效果。

　　15）按F10键，结束录制。

　　16）保存项目为"例4-9动画片头.tscproj"。建议保存项目文件的位置与录制视频的保存位置相同，方便后期编辑。

图 4-36　文本效果

3. 缩放动画

图 4-37　"缩放和平移"选项卡

"动画"面板包含"缩放和平移"和"动画"两个选项卡，如图 4-37 所示。编辑视频时，为了使用户清晰地看到视频的某个局部，可以通过"缩放和平移"选项卡对视频的该局部进行镜头缩放。

镜头缩放的设置需要通过"缩放和平移"选项卡来完成。"缩放和平移"的上半部分为缩放矩形选择框，其中显示了轨道当前帧的视频尺寸大小、位置。视频画面周围有 8 个控制点，拖动可以改变缩放尺寸。当选择框缩小时，会局部放大显示选择框中的内容，反之，会缩小显示选择框中的画面。拖动选择框可以在画布中预览缩放情况。

选中要设置缩放动画的轨道（其他轨道锁定），将播放头定位于设置缩放动画的起始位置。在缩放和平移区改变矩形选择框的大小和位置，此时轨道播放头所在的位置，自动添加一个动画，动画的开始处有一个小圆圈（开始控制点）和箭头，结束处有一个大圆圈（结束控制点），如图 4-38 所示。可以拖动开始控制点调整动画开始时间，也可以拖动结束控制点调整动画结束时间，箭头的长度表明了完成动画变化需要的时间。

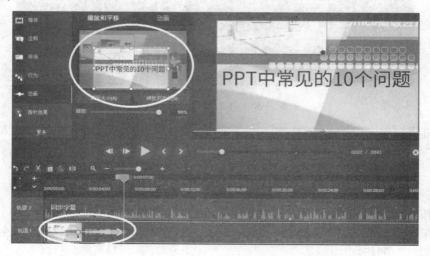

图 4-38　缩放动画

大多数情况下，添加缩放动画后，还需要添加一个还原动画显示完整画面。

【**例 4-10**】为视频添加一个局部放大动画和还原动画。

操作步骤：

1）启动 CS 9.1 软件，新建项目。把视频文件"PPT 问题.mp4"导入媒体箱，并把视频添加到轨道 1 上。

2）将播放头定位于 7 秒处，选择"缩放和平移"选项卡，缩小缩放矩形选择框，使其位于中下部，如图 4-38 所示。此时，自动在时间轴上添加一个动画标记，动画结束控制点位置在播放头所在的位置（7 秒处）。

3）向前拖动开始控制点，延长动画持续时间。

4）观看视频效果，发现此时 7 秒之后的画面都是放大显示的。

5）将播放头定位于 12 秒处，选择"缩放和平移"选项卡，单击"缩放到适合"按钮。此时，自动在时间轴上添加一个还原动画标记。

6）观看视频效果。保存项目为"例 4-10 缩放动画"。

4. 自定义动画

在"动画"面板的"动画"选项卡中提供了自定义、还原、完全透明、完全不透明、向左倾斜、按比例放大、智能聚焦等 10 个动画效果，如图 4-39 所示。"动画"选项卡主要用于改变媒体元素的位置、大小、旋转、不透明度等，添加这些动画效果时在轨道上都会添加动画图标。通过改变动画开始控制点前和动画结束控制点后媒体元素的状态产生动画效果。

图 4-39　"动画"选项卡

【**例 4-11**】制作位移动画。

操作步骤：

1）启动 CS 9.1 软件，打开"例 4-9 动画片头.tscproj"项目。

2）将播放头定位到片头动画之后，插入白色矩形注释，并调整矩形大小和位置。

3）在矩形框上方插入文本注释，将文本内容设置为位移动画，文字颜色设置为黑色，如图 4-40 所示。

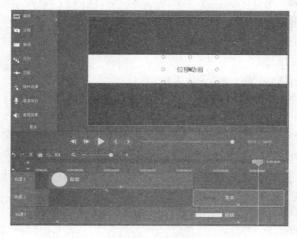

图 4-40　矩形和文本注释位置

4）选择"行为"选项卡，将"脉动"效果拖动到"位移动画"文本中，并通过"行为"属性面板设置样式为发光。

5）播放头置于矩形动画之后，在轨道 1 中插入"八角星"注释，在画布上调整八角星大小，位置调整为在画布左下角。

6）选择"动画"选项卡，将"自定义"动画拖动到轨道 1 上的八角星中。此时，轨道上自动添加了动画图标。

7）将播放头置于动画结束标记之后，在画布上将八角星从左下角移动到右上角，并调整动画开始控制点和结束控制点，延长动画运动速度。动画开始前与动画结束八角星位置对比如图 4-41 所示。

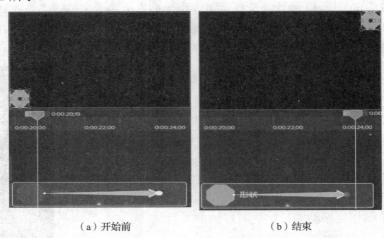

（a）开始前　　　　　　　　（b）结束

图 4-41　动画开始前与动画结束八角星位置对比

8）复制轨道 1 中的八角星，并隐藏轨道 1，将播放头置于"00:00:20;0"处，在轨道 2 中粘贴刚才复制的八角星。此时，播放头处于轨道 2 中动画开始控制点左侧，在画布上将八角星从左下角拖动到右下角。

9）将播放头拖动到八角星动画结束控制点右侧，在画布上将八角星从右上角拖到左上角，利用注释属性面板，将八角星的颜色填充为红色，缩放到 170%，Z 轴旋转到-400，X 轴旋转到 300。

10）解除轨道 1 的隐藏。

11）播放动画，观察效果，并保存项目。

5．快慢镜头

快慢镜头可以通过调整剪辑速度、改变片段视频的播放速度来实现。剪辑速度越快，视频播放速度越快；剪辑速度越慢，视频播放速度越慢。

在进行快慢镜头设置前，最好将音频从视频中分离出来，再单独编辑声音，否则会造成声音与画面不同步。音频处理详见 4.3.8 节的内容。

【例 4-12】为视频添加快镜头和慢镜头效果。

操作步骤：

1）启动 CS 9.1 软件，新建项目。将视频文件"街舞.mp4"导入媒体箱；将视频文件添加到轨道 1 上。

2）将播放头定位"00:00:20;0"处，单击时间轴上的"分割"按钮，分割视频。

3）参照步骤 2），将视频在"00:00:25;0"处分割。至此，视频被分割为 3 个视频片段。

4）右击视频片段 1，在弹出的快捷菜单中选择"添加剪辑速度"命令，向右拖动速度剪辑条，修改为 2 倍速，如图 4-42 所示。

图 4-42　剪辑速度调整

5）参照步骤 4），为视频片段 2 设置剪辑速度为 0.33。

6）播放视频，观察效果，并保存项目。

4.3.8　音频处理

CS 软件对音频的处理主要包括录制、调整音量、添加效果及去除噪声等，恰当的音频处理是保障视频质量的重要内容。

1. 语音旁白

利用 CS 软件的录制语音旁白功能，能够为视频添加语音。进行视频编辑时，常常需要对视频的部分内容进行讲解。有时，前期录制的视频中存在一些讲解性错误，需要对此部分语音进行重新录制，以达到修正的目的，这就是录制旁白。

选择"语音旁白"选项卡，打开"语音旁白"面板，如图 4-43 所示。其中包括输入设备设置、录制过程中静音时间轴、开始从麦克风录制等内容。如果在"语音旁白"面板中取消"录制过程中静音时间轴"复选框的勾选，则录制语音时，麦克风在记录讲解声音的同时，会一同记录其他轨道上播放的声音；如果勾选此复选框，则录制语音旁白时，不会录制其他轨道上的声音。但是，有时需要录制背景声音轨道的声音，而不录制其他轨道上的声音，这时需要锁定某些轨道以完成任务。

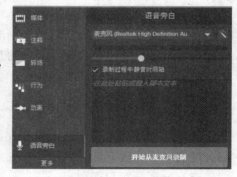

图 4-43　"语音旁白"面板

【例 4-13】为视频录制语音旁白。

操作步骤：

1）启动 CS 9.1 软件，新建项目。导入视频，并添加到轨道 1 的播放头处。

2）打开"语音旁白"面板，单击"开始从麦克风录制"按钮，对照讲稿文件录音。

3）录制完成后，单击"停止"按钮，保存音频文件，并将音频添加到轨道上。

4）播放视频，观看效果，并保存项目。

2. 音频效果

对音频进行效果设置主要包括降噪、音量调整、音频淡入、音频淡出和片段音频间的过渡效果。"音频效果"面板，如图 4-44 所示。

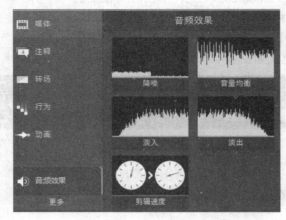

图 4-44 "音频效果"面板

（1）降噪

录制视频或音频时，会一同记录环境的声音（如计算机风扇声音、户外的声音），把环境的声音称为噪声。对于含有比较大噪声的视频，观众在观看时，噪声对讲解声音的干扰比较大。因此，需要将视频中的噪声去除。

（2）音量调整

录制的声音可能会忽大忽小，音量调整可以防止音量出现比较大的波动，使音量始终保持在一个比较稳定的范围。通过调整音频变化、帧率、阈值、增益等参数达到理想效果。

（3）淡入、淡出

音频的淡入和淡出，就是声音渐渐地进入与退出。将"音频效果"面板中的"淡入"效果拖动到音频轨道中，此时音频的开始位置会出现一个音频点。

沿着轨道水平方向拖动音频点，可以改变音频淡入的时间；上下移动音频点的高低，可以改变音频音量的大小。

（4）片段音频间的过渡效果

运用 CS 编辑视频时，经常会在两个片段音频之间设置过渡效果，即上一段音频结尾部分淡出，下一段音频开始部分淡入。

（5）分离音频和视频

轨道上的视频，一般包括画面和音频两部分。为方便分别对音频和视频进行编辑，CS软件提供了分离音频和视频的功能。分离后，音频、画面分别处在不同轨道上。在轨道上右击视频，在弹出的快捷菜单中选择"分离音频和视频"命令，即可完成音频和视频的分离。

（6）扩展帧与持续时间

扩展帧的作用是调整视频中某帧的播放时间。通常使用扩展帧功能来解决帧画面与声音长度不匹配的问题，即音画不同步问题。

扩展帧的使用方法，将播放头置于视频的某一帧上，右击，
在弹出的快捷菜单中选择"扩展帧"命令，弹出"扩展帧"对
话框（图 4-45），输入扩展帧的持续时间即可。扩展帧的默认
时间为 1 秒，即选取某一帧并执行扩展帧，该帧就会扩展为播
放 1 秒。扩展帧的时间单位为秒，最小值为 0.1 秒，用户可根据需要设置持续时间。

图 4-45　"扩展帧"对话框

【例 4-14】分离视频中的音频，对音频进行降噪处理，添加淡入、淡出效果，并降低
音量。

操作步骤：

1）启动 CS 9.1 软件，新建项目。导入视频文件 "PPT 中常见的问题.mp4"，并将其添
加到轨道 1 的播放头处。

2）右击轨道 1 上的视频，在弹出的快捷菜单中选择"分离音频和视频"命令，完成音
频和视频的分离，使音频处于轨道 2 中。

3）将"降噪"效果拖动到轨道 2 的音频中，通过"降噪"属性面板设置灵敏度为 10，
量为 15。

4）将"淡入"效果拖动到轨道 2 的音频中，拖动音频轨道中的音频点，将开始时间设
置为 1 秒，音量为 75%。

5）参照步骤 4），添加"淡出"效果。

6）播放视频，观看效果，并保存项目。

4.3.9　画中画

人们在观看新闻节目时，除了视频节目内容外，有时在屏幕的左下角有用手语比划讲
解的小窗口，这种画面就是画中画效果。

画中画是指视频主画面中套用小画面，且小画面可以是视频、动画、图片等。画中画
起到对主视频进一步解释、说明的作用。

画中画的制作方法通常有 3 种。

方法一：应用 CS 软件录制屏幕时，同时通过摄像头获取外部实时画面，形成画中画。

方法二：编辑视频时，在主视频所在的轨道之上，添加一个新的轨道，同时添加一段
视频，并缩小该视频的尺寸，调整在画布中的位置。

方法三：编辑视频时，为视频添加图片、文字注释或在渲染生成视频时添加水印图片，
形成台标、版权信息，如在每个视频的右上角添加"腾讯视频"的 Logo。

画中画实际上就是在两个轨道上，轨道 1 中的图大些，轨道 2 中的图小些。

4.3.10　片头与片尾

片头是给观众的第一视听感受，往往为视频的主标题。片尾一般为视频设计者、制作
者等信息。例如，电影的片头一般出现电影名称、主演等，片尾一般出现电影的制作单位、
片尾曲等信息。CS 软件提供了片头、片尾的素材及创建功能。用户使用这些素材和功能可
以很轻松地制作出非常专业、效果极佳的视频。

制作片头、片尾通常有以下 3 种方法。

方法一：将 CS 软件的注释、动画、音频功能进行合理地组合、使用，可以制作片头，如例 4-9 制作的片头动画。

方法二：CS 库中提供了比较丰富的片头、片尾制作素材，合理使用这些素材，便可以轻松地制作出视觉效果极佳的片头、片尾。打开"库"面板，双击动态图形中的某个效果，如井字棋、六角编队，可以预览效果。

方法三：也可以用其他软件自主设计片头、片尾，如万彩动画大师、Flash、Adobe after Effects（简称 AE）、PowerPoint 2016 等。

对于经常使用的片头或片尾效果，可以添加到库，方便后期重复使用。

【例 4-15】利用"库"面板中的媒体元素制作片头。

片头制作可以在编辑视频时第 1 步完成，也可以待视频编辑完后再插入片头，本例采用后一种方法。

操作步骤：

1）启动 CS 9.1 软件，将视频文件"1.avi"导入媒体箱，并将其添加到轨道 1 上。

2）在轨道上框选所有的媒体元素，然后先后移动各媒体元素，为片头腾出时间。片头时间一般为 20 秒左右，若时间不够或多余可以后期再进行调整。

3）打开"库"面板，从"动态图形_介绍剪辑"文件夹中将"波纹"拖动到轨道 1 的开始处。

4）单击轨道 1 上"波形"动态图形前的"+"按钮，将其展开，通过属性面板可以看到各个标题文字、颜色的设置情况，如图 4-46 所示。

图 4-46　修改库剪辑

5）在属性面板中将标题更改为"利用 AU 进行音频处理"，将副标题更改为"微课制作第 6 小组"。

6）在画布上调整副标题的位置。播放视频，观察效果。

7）在轨道上单击副标题媒体元素的效果条，单击"弹出"效果，利用属性面板修改样式为漂移，类型为文本_波纹进入。播放视频，观察效果。

8）参照步骤 3），从"音乐曲目"文件夹中将"彩色的梦"拖动到轨道 2，为片头设置背景声音。此时，音频长度大于波形文件长度。

9）将播放头置于"00:00:10;0"处，将音频分割成两个部分，并删除后一部分的音频。

10）为音频添加"淡入""淡出"效果，音量调整为原来的 70%。

11）拖到播放头两侧的"选择开始""选择结束"滑块，选中多余的时间，右击，在弹出的快捷菜单中选择"删除"命令，删除多余的时间。

12）播放视频，观察效果。保存为"例 4-15 动画片头"项目。

4.3.11　字幕

字幕指显示在视频上的文本，主要作用为在播放媒体资源时为观众提供视觉的帮助或解释性信息。此外，字幕还为一些特殊群体提供帮助，如为听觉障碍的观众提供字幕等。

使用 CS 软件对字幕进行管理非常方便。在 CS 中，选择"字幕"选项卡，即打开"字幕"面板，如图 4-47 所示。"字幕"面板中包括"脚本选项"按钮、字幕列表、"添加字幕"按钮。单击"脚本选项"按钮可导入、导出字幕，快速同步字幕和实现语音转字幕功能。单击"添加字幕"按钮，可打开"字幕编辑"面板，该面板用于输入字幕内容，设置字幕文字的格式，如图 4-48 所示。

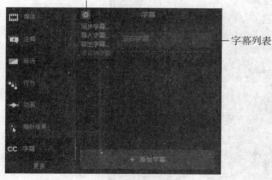
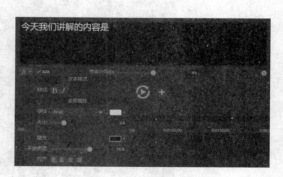

图 4-47　"字幕"面板　　　　　　　　图 4-48　"字幕编辑"面板

字幕默认采用 ADA 标准（黑底白字）。《美国残疾人法案》（Americans with Disabilities Act of 1990，ADA）是一项联邦反歧视法案，旨在让残疾人享受和正常人同样的待遇。许多国家的政府或教育机构制作的视频，必须包含 ADA 兼容的视频字幕。CS 按照这些标准提供了一个 ADA 字幕功能。

用户也可以自定义字幕格式，使用工具栏设置字符的字体、字号、颜色、字幕背景颜色、对齐方式等。字幕默认播放时间为 4 秒。

在 CS 软件中，提供了手动添加字幕、同步字幕、导入字幕和语音转字幕 4 种添加字幕的方式。目前，语音转字幕功能，对汉字的识别精确度不高，本书不做讲解。

在字幕编辑文本框中输入的文字不得超过 3 行。如果超过 3 行，则超出部分将不在视频中显示。如果需要显示超过 3 行的内容，应将文本框内容分解为两个文本框。

1. 手动添加字幕

将播放头定位于需要添加字幕的位置，打开"字幕"面板，单击"添加字幕"按钮，在字幕编辑文本框中输入文本，可在画布上预览字幕文本内容。

【例 4-16】为视频添加字幕。

操作步骤：

1）启动 CS 9.1 软件，将视频文件"1.mp4"导入媒体箱；将视频文件添加到轨道 1 上。

2）将播放头定位于第一句声音开始处，打开"字幕"面板，单击"添加字幕"按钮，在字幕编辑文本框中输入视频中第一句话的文本，调整字幕的显示时间。

3）参照步骤 2），输入第二句话的文本，调整字幕的显示时间。

4）播放视频，观察效果，保存为"例 4-16 添加字幕"项目。

2. 同步字幕

手动添加字幕方式比较烦琐，只适合用于添加少量字幕的情况。同步字幕可以快速把大量文本制作成字幕。方法为，先把字幕编辑成.doc 或.txt 文档，复制文档中的文本内容，然后将其粘贴到字幕编辑文本框中，此时会在轨道上添加一个字幕。在"字幕"面板中单击"脚本选项"按钮，在弹出的菜单中选择"同步字幕"命令，弹出"如何同步字幕"对话框，如图 4-49 所示。

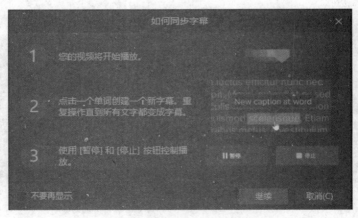

图 4-49　"如何同步字幕"对话框

在"如何同步字幕"对话框中单击"继续"按钮，视频就会播放。在播放的过程中，当听到一句话结束后，在字幕文本框中单击下一句话的开始单词，即可创建一个新的字幕。重复上述操作，即可把全部文本分割为若干新的字幕，并实现字幕与画面、音频的同步。在播放过程中，还可以使用"暂停"和"停止"按钮来控制视频的播放。同步字幕过程中的"字幕"面板，如图 4-50 所示。实现同步字幕后的"字幕"面板如图 4-51 所示。

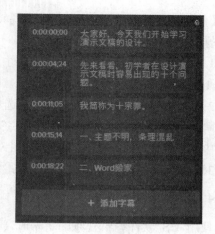

图 4-50　同步字幕过程中的"字幕"面板　　　图 4-51　实现同步字幕后的"字幕"面板

【例 4-17】同步字幕的制作。

操作步骤：

1）启动 CS 9.1 软件，将视频文件"同步字幕.mp4"导入媒体箱，将视频文件添加到轨道 1 上。

2）打开文本文件"同步字幕讲稿.txt"，复制文件中的所有文字。

3）打开"字幕"面板，单击"添加字幕"按钮，在打开的"字幕编辑"面板的字幕编辑输入区中粘贴刚刚复制的文本。

4）单击"脚本选项"按钮，在弹出的菜单中选择"同步字幕"命令，弹出"如何同步字幕"对话框，单击"继续"按钮，开始同步字幕。

5）根据所听到的语音，单击每句话的第 1 个字。完成所有字幕的同步。

6）播放视频，观察效果。保存为"例 4-17 同步字幕"项目。

3. 导入字幕

使用 CS 软件编辑视频的字幕时，还可以使用外部字幕文件。制作字幕文件的软件有 Time Machine、Srtedit、Popsub 等。CS 支持的外部字幕文件格式包括 SRT、SAMI、SMI 共 3 种。字幕文件实际是指定某些文字出现的开始时间和结束时间，如图 4-52 所示。在使用导入字幕功能时，需要事先做好字幕文件。

在 CS 软件中，选择某一轨道并将播放头定位于要添加字幕的位置，在"字幕"面板中单击"脚本选项"按钮，在弹出的菜单中选择"导入字幕"命令，弹出"导入字幕文件"对话框，选择字幕文件，即可将字幕文件中的字幕添加到时间轴的轨道。

图 4-52　SRT 格式的字幕文件样式

【例 4-18】利用导入字幕方式为视频添加字幕。

操作步骤：

1）启动 CS 9.1 软件，将视频文件"同步字幕.mp4"导入媒体箱，将视频文件添加到轨道 1 上。

2）在"字幕"面板中单击"脚本选项"按钮，在弹出的菜单中选择"导入字幕"命令，弹出"导入字幕文件"对话框，选择字幕文件"同步字幕.srt"，单击"打开"按钮，字幕文件中的内容就会自动添加到轨道 2 上，同时"字幕"面板上显示出全部字幕。

3）播放视频，观察效果。保存为"例 4-18 导入字幕"项目。

4. 导出字幕

使用 CS 软件编辑视频的字幕时，也可以把编辑的字幕导出为外部的字幕文件。导出的字幕文件格式包括 SRT 和 SMI 两种。

5. 字幕的编辑

字幕的编辑包括字幕文本的编辑、文本属性的编辑、更改字幕的持续时间、分割与合并字幕、移动字幕、删除字幕等操作。

字幕在轨道上有一定的播放时间。如果需要调整某一字幕的播放时间，可将鼠标移动到该字幕的开始位置或结束位置，按住鼠标左键左右拖动，以调整它的开始时间或结束时间，使字幕的播放时间长度发生改变。

分割与合并字幕的作用是将一句字幕文本分割成多句字幕文本，或将多句字幕合并为一句字幕。

需要特别强调的是，对字幕组的操作有一些特殊情况，即利用同步字幕功能创建的字幕，在同一轨道形成一个字幕组。在删除字幕时，直接选择"删除字幕"命令，会将字幕组文件全部删除。调整某一句字幕的持续时间会影响后一句的持续时间。

若只是删除或更改字幕组中间的某一句字幕，需要使用时间轴上的分割工具，先对字幕进行分割，再进行后一步操作。

6. 生成带有字幕的视频

在默认情况下，最后生成视频时处于关闭字幕状态，因此，需要更改字幕的状态。

【例 4-19】生成带有字幕的视频。

操作步骤：

1）启动 CS 9.1 软件，打开项目文件"例 4-18 导入字幕.tscproj"。

2）单击"分享"按钮，弹出"生成向导"对话框，并单击"下一步"按钮，直到显示"Smart Player 选项"界面时，选择"选项"选项卡，勾选"字幕"复选框，并在"字幕类型"下拉列表框中选择"烧录字幕"选项，如图 4-53 所示。

3）播放生成的视频，观察效果。

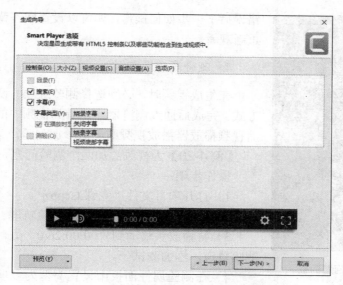

图 4-53　"Smart Player 选项"界面

4.3.12　标记与测验

　　CS 软件的时间轴中有两个特殊的轨道：标记轨道和测验轨道，如图 4-54 所示。在默认情况下，这两条轨道都是隐藏的，而且同一时刻只能打开其中一个。

　　标记轨道用于在轨道上面添加标记，方便后期快速定位，并进行选择、分割等。而测验轨道是用来添加测试题目，检验观看视频学习的效果。标记和测验轨道添加、重命名、删除的操作方法是相同的，本书以测验轨道的操作为例进行讲解。

图 4-54　标记和测验轨道选择

　　1.　测验标记的添加

　　打开测验轨道，鼠标指针移到测验轨道，当指针变成带加号的绿色圆时单击，完成测验标记的添加。

　　2.　测验标记的重命名与删除

　　在测验轨道上，右击测验标记，在弹出的快捷菜单中选择"重命名"或"删除"命令即可。

　　3.　测验题类型

　　CS 软件中提供了 4 种测验题类型，分别是多项选择题、判断题、填空题、简答题。需要说明的是，多项选择题有多个选项的题目，但正确答案只有一个。可以利用测验问题面板，进行测验问题的编辑，如设置题目类型、问题、答案及结果的反馈情况，如图 4-55 所示。勾选"显示反馈"复选框后，可以设置问题回答正确后下一步该怎么操作，以及回答

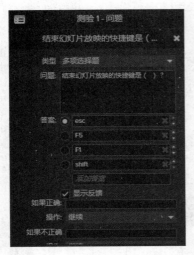

图 4-55　测验问题面板

错误后下一步如何操作，如可以设置回答错误时，返回开头重新观看。

4. 测验题的发布

在生成视频时，必须选择测验选项、设置测试报告处理方式。完成后通过浏览器才能看到视频中的测试题，而直接用视频播放器播放视频则无法参加测验。

【例 4-20】为视频添加两个测验问题，并发布测验。

操作步骤：

1）打开项目文件"党课.tscproj"。

2）按 Ctrl+Q 组合键，打开测验轨道。

3）将播放头移动到"00:00:26;0"处，单击播放头处的测验轨道，添加测试一。

4）在测验属性面板中设置类型为多项选择题，在"问题"文本框中输入测验内容，在"答案"组中设置答案的文本内容，并点选正确答案前的单选按钮。制作如下试题：

实现（　　　）是近代以来中华民族最伟大的梦想。

4 个选项分别是振兴中华、民族振兴、中华民族伟大复兴、推翻三座大山。

正确答案：中华民族伟大复兴。

5）参照步骤 3）在视频的结束处添加测验 2。设置测验 2 为填空题。制作如下试题：

中国共产党人的初心和使命，就是（　　　），为中华民族谋复兴。

正确答案：为中国人民谋幸福。

6）单击"分享"按钮，弹出"生成向导"对话框，并单击"下一步"按钮，直到出现"测验报告选项"界面，不勾选"使用 SCORM 报告测试结果"和"通过邮件报告测验结果"复选框，并设置测验外观，如图 4-56 所示。

7）继续单击"下一步"按钮，并将文件命名为"党课测试"，完成视频的生成打包。

8）用浏览器打开党课测试文件夹中的"党课测试.html"，播放视频，播放到测验一时视频停止播放，弹出选项，如图 4-57 所示。

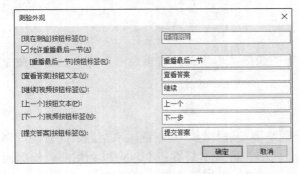

图 4-56　测验外观

图 4-57　测验选项

选择"开始测验"选项后，进入答题界面，如图 4-58 所示。

单击"提交答案"按钮，系统会给出判定结果，如图 4-59 所示。

图 4-58　测验答题页面

图 4-59　测验结果界面

4.4　分 享 视 频

CS 软件为用户提供了生成视频的不同途径和方法。用户可以使用生成向导完成视频的分享。在生成视频过程中，要注意相关参数的设置，以保证生成的视频每一项功能都有效，如定义视频尺寸、视频格式、Smart Play 选项、字幕、是否包含水印、视频保存位置等。

本 章 小 结

本章讲述了录屏式微课制作软件 Camtasia Studio 的基础知识、基本操作方法和使用技巧。CS 软件的功能主要有录制视频、编辑视频和发布视频。

录制视频分为录制屏幕、录制摄像头和录制 PowerPoint 文件。录制视频期间可以使用快捷键进行屏幕绘图，如绘制矩形、圆、直线等。默认情况下，按 F9 键可暂停或恢复录制，按 F10 键可结束录制。

媒体箱和库是用来组织和存放素材的容器，对素材进行编辑前，必须先将其导入媒体箱。

画布和时间轴构成舞台，画布上可以确定各元素的位置、大小、旋转角度，而时间轴上可以确定各元素的开始时间、结束时间及各元素之间的叠放关系。

利用 CS 软件，可以为媒体添加注释，并设置视觉效果，指针效果，以及转场、行为、缩放等动画效果；可以对音频进行处理，为视频添加字幕及测试题，最后发布生成多种格式的视频文件。

习 题

一、选择题

1. 使用 CS 软件录制屏幕时，停止录制的快捷键是（　　　）。
　A. F2　　　　　　　　B. F1　　　　　　　　C. F3　　　　　　　　D. F10

2．利用 Camtasia 编辑的视频中添加的（　　　）内容，只能在网页播放模式下才可见。

　　A．注释　　　　　　B．字幕　　　　　　C．动画　　　　　　D．测试题

3．工程项目文件的扩展名是（　　　）。

　　A．ZIP　　　　　　B．CAMPROJ　　　C．TREC　　　　　D．PPT

4．使用 CS 软件添加文字提示信息时需使用（　　　）选项卡。

　　A．注释　　　　　B．字幕　　　　　　C．动画　　　　　　D．画中画

5．使用 CS 编辑视频的过程中，（　　　）功能可以对画面进行局部放大。

　　A．画中画　　　　B．注释　　　　　　C．转场　　　　　　D．缩放

二、操作题

1．根据给定的素材，按照视频效果，制作用手书写文字标题的动画。

2．微视频案例制作，具体要求如下：

（1）依据课本第 3 章的内容，制作讲解"PPT 页面排版技巧"的演示文稿并撰写脚本。

（2）把 PowerPoint 文件导入 CS 软件的媒体箱中，运用语言旁白功能对部分幻灯片录制讲解音频。

（3）运用 CS 软件录制屏幕功能，把 PowerPoint 中对排版的关键操作（包括对齐、聚拢、统一、对比）录制为视频。

（4）应用媒体箱、时间轴、轨道等进行画面的编辑。

（5）运用字幕功能为视频添加、编辑字幕。

（6）运用测验功能为视频添加测验。

（7）生成视频。

3．运用 CS 软件制作微视频，视频中要求有开场动画、结尾动画，视频之间有适当的转场效果，视频中的画面、声音和字幕应该同步，最后生成.mp4 视频文件。

（1）导入素材文件夹中录制的视频，分离音频、视频。

（2）编辑音频，添加"降噪"音频效果，并修改属性。

（3）将视频分割为 4 段，为视频段添加指针效果。

（4）为第 3 段视频添加视觉效果。

（5）为第 4 段视频添加行为效果。

（6）为各段视频之间添加合适的转场效果。

（7）为视频添加 2 道测验题。

（8）为视频添加片头和声音，片头中出现标题"音频素材的加工"和自己的姓名。

（9）为视频添加片尾和声音，片尾显示"谢谢观赏"和制作日期，并调整好文本的格式和位置。

（10）为第 2 段视频添加缩放动画，选取一段视频放大显示局部窗口。

（11）为视频内容添加字幕，字幕与声音必须同步。完成前 3 分钟的字幕即可。

（12）生成.mp4 视频，保存到"音频素材处理"文件夹。

第 5 章
Access 2016 基础

5.1 数据库概述

人们在微信、QQ 上聊天，在微博上留言，在京东、天猫上购物，在 ATM 机上存取款，乘坐地铁检票时，都在享受着数据库系统提供的服务。数据库技术是计算机科学技术中发展较快的领域之一，数据库系统已在社会生活中获得了广泛的应用。

5.1.1 关系型数据库

数据库（database，DB）可以理解为存放数据的仓库，只不过这个仓库是计算机的存储设备。严格地讲，数据库是长期存储在计算机内有组织的、可共享的大量数据的集合。数据库中的数据按一定的数据模型组织、描述和存储，具有较小的冗余度、较高的数据独立性和易扩展性，并可为各种用户共享。

数据库管理系统（database management system，DBMS）是一种用于管理数据库的计算机系统软件。数据库管理系统能够为数据库提供数据的定义、建立、维护、查询和统计等操作功能，并对数据完整性、安全性进行控制。

数据库系统（database system，DBS）是指计算机系统中引进数据库技术后的整个系统构成，包括系统硬件平台（硬件）、系统软件平台（软件）、数据库管理系统、数据库（数据）、数据库系统用户。这 5 个部分构成一个以数据库为核心的、完整的运行实体，称为数据库系统。

本章介绍的 Access 2016 属于关系型数据库，关系结构简单、直观。在数据库技术中，将支持关系模型的数据库管理系统称为关系型数据库。目前，关系型数据库在数据库管理领域仍然占据主要地位。关系的完整性约束有如下几个方面。

1. 实体完整性约束（entity integrity constraint）

该约束要求关系的主键中属性值不能为空值，这是数据库完整性的最基本要求，因为主键是唯一决定元组的，如为空值则其唯一性是不可能实现的。

例如，在学生关系中，"学号"属性为主键，则其值不能取空值。

关系模型必须遵守实体完整性约束的原因如下：一个基本关系（基本表）通常对应现实世界的一个实体集。例如，学生关系对应学生的集合，且现实世界中的实体都是可区分的，即它们具有某种唯一性标志，如每个学生都是不一样的。相应地，关系模型中以主键作为唯一性标志。主键中的属性（即主属性）不能取空值。所谓空值，就是"不知道"或"无意义"的值。如果主属性取空值，说明存在某个不可标识的实体，即存在不可区分的实体，这与现实世界的客观事实相矛盾。因此，这个实体一定不是一个完整的实体。

实体完整性约束规定基本关系的所有主属性都不能取空值。例如，在成绩(学号,课程编号,分数)关系中，"学号+课程编号"为主键，则"学号"和"课程编号"两个属性都不能取空值。

需要说明的是，在机器上实际存储数据的表称为基本表，除此之外的查询结果表是临时表，视图表是虚表，即不实际存储数据的表，实体完整性是针对基本表的。

2. 参照完整性约束（reference integrity constraint）

该约束是关系之间相关联的基本约束，它不允许关系引用不存在的元组，即在关系中的外键要么是所关联关系中实际存在的元组，要么就是空值。

在学生（学号,姓名,性别,出生日期,政治面貌,班级编号）关系与成绩（学号,课程编号,分数）关系中，成绩关系中主键为（学号,课程编号），学生关系与成绩关系通过学号相关联，参照完整性约束要求成绩关系中学号的值必在学生关系中有相应元组值，如：

成绩（20160102, CJ002, 86）

则必在学生关系中存在：

学生（20160102, 熊润玥, 女, 1999-12-1, 会计学）

3. 用户定义的完整性约束（user defined integrity constraint）

用户定义的完整性约束条件是某一具体数据库的约束条件，是用户自定义的某一具体数据必须满足的语义要求。关系模型的数据库管理系统应提供给用户定义它的手段和自动检验它的机制，以确保整个数据库始终符合用户所定义的完整性约束条件。

例如，在学校的学生成绩管理数据库中规定学生出生日期不得在 1970-1-1 之前，学生累计成绩不得有 3 门以上不及格等，这些应用系统数据的特殊约束要求，用户能在数据模型中自己定义，即自定义完整性。

5.1.2 Access 2016 介绍

Microsoft Office Access 2016 是微软公司把数据库引擎的图形用户界面和软件开发工具结合在一起开发的一个数据库管理系统。它是微软公司 Office 2016 组件的一个成员，包含在专业版和更高版本的 Office 中。软件开发人员和数据架构师可以使用 Microsoft Access 开发应用软件，高级用户可以使用它来构建数据处理应用。

1. 工作界面

在 Windows 10 桌面单击 Access 2016 图标，即可启动 Access 2016。如果要在 D 盘创建一个"商品出入库管理"数据库，则选择"空白数据库"选项，出现图 5-1 所示的对话框，确定保存位置，输入文件名，单击"创建"按钮，即在 D 盘建好了空白的"商品出入库管理"数据库。

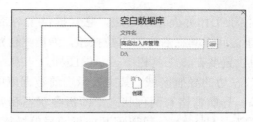

图 5-1　创建空白数据库

　　Access 2016 的工作界面如图 5-2 所示。为快速学会 Access 2016 的操作方法，需要重点关注界面中的功能区、选项卡、快速访问工具栏、导航窗格、选项卡式文档、视图栏与工作区这些便捷操作元素。

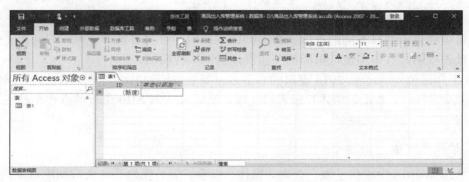

图 5-2　Access 2016 的工作界面

　　1）功能区用来方便用户对数据库进行操作，其位于选项卡下面，提供了 Access 2016 中主要的命令区域，将通常需要使用的菜单、工具栏和界面组件，集中在特定的位置，可单击"折叠功能区"按钮来隐藏和展开功能区。

　　2）选项卡。除标准选项卡外，Access 2016 还提供一个名为"上下文选项卡"的用户界面元素。上下文选项卡是根据用户正在使用的对象或正在执行的任务而显示的选项卡。当用户在设计视图中设计一个数据表时，会出现"表格工具"选项卡，而在报表的设计视图中创建一个报表时，会出现"报表设计工具"选项卡，如图 5-3 所示，根据所选对象状态的不同，上下文选项卡自动弹出或关闭，为用户操作提供方便。

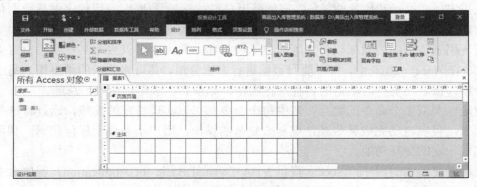

图 5-3　"报表设计工具"选项卡

3）快速访问工具栏位于工作界面顶端右边，它只提供了对常用命令"保存""撤销""恢复"的访问。单击快速访问工具栏右边的下拉按钮，弹出"自定义快速访问工具栏"菜单，用户可以在该菜单中设置要在该工具栏中显示的图标。

4）导航窗格位于窗口左边的导航区域，其中显示当前数据库中的各种数据库对象，如表、窗体、报表、查询等。导航窗格有两种状态，即折叠状态和展开状态。通过单击导航窗格上方的"百叶窗开/关"按钮 » «，可以展开或折叠导航窗格。

5）选项卡式文档用于显示 Access 2016 中的对象，默认将表、查询、窗体、报表和宏等数据库对象显示为选项卡式文档。若要将数据库对象显示为重叠式窗口，可选择"文件"|"选项"命令，弹出"Access 选项"对话框，在左边窗格选择"当前数据库"选项卡，在右边的"文档窗口选项"组中点选"重叠窗口"单选按钮。

6）视图栏用于改变 Access 2016 中对象的显示方式。不同的对象有不同的视图，如表、查询、窗体和报表都有不同的视图。在不同的视图中，可对对象进行不同的操作。例如，报表有报表视图、打印预览、布局视图和设计视图 4 种视图。

7）工作区位于 Access 2016 窗口的右下方、导航窗格的右边，是用来设计、编辑、修改、显示及运行表、查询、窗体和报表的区域。使用 Access 2016 进行的操作都是在工作区中进行的。

2. 数据库对象

在 Access 2016 中提供了表、查询、窗体、报表、宏、模块这 6 大数据库对象，Access 的主要功能就是通过这 6 大数据对象来完成的。

表是数据库中的基本组成单位，是同一类数据的集合体，各种信息分门别类地存储在各种数据表中。表的第一行为标题行，标题行下的各行为表中的具体数据，每一行的数据称为一条记录。

查询最常用的功能是从表中检索特定的数据。要查看的数据通常分布在多张表中，通过查询可以将多个不同表中的数据检索出来，并在一张数据表中显示这些数据。操作查询可以对数据执行一项任务，如可用来创建新表，向现有表中添加、更新或删除数据。

窗体是方便浏览、输入及更改数据的界面，通常包含一些可执行各种命令的控件。窗体中包含一些功能元素，用户可以通过对其编程来确定在窗体中显示哪些数据、打开其他窗体或报表，或执行其他各种任务。窗体是用户与 Access 数据库应用程序进行数据传递的桥梁，以便让用户能够在最舒适的环境中输入或查阅数据。

报表用于将选中的数据以特定版式显示或打印，其内容可以来自某一张表也可来自某个查询。在 Access 2016 中，报表能对数据进行多重分组，并可将分组的结果作为另一个分组的依据，报表还支持对数据的各种统计操作，如求和、求平均值或汇总等。

宏是一个或多个命令的集合，其中每个命令都可以实现特定的功能，通过将这些命令组合起来，可以自动完成某些经常重复或复杂的操作。用户不必编写任何代码，利用宏就可以实现一定的交互功能。

模块就是所谓的程序，Access 提供 VBA（Visual Basic for Application）程序命令，通过声明、语句和过程的集合，可以控制较复杂的数据库操作。

5.2　数据库设计

数据库中的数据模型可以将复杂的现实世界要求反映到计算机数据库中的物理世界。数据模型所描述的内容有 3 个部分，它们是数据结构、数据操作与数据约束。数据模型按不同的应用层次分成 3 种类型：概念数据模型、逻辑数据模型、物理数据模型。概念数据模型侧重于对客观世界复杂事物结构的描述及它们之间内在联系的刻画，逻辑数据模型是一种面向数据库系统的模型，物理数据模型是一种面向计算机物理表示的模型。

数据模型一般描述一定事物数据之间的关系，层次模型描述数据之间的从属层次关系，网状模型描述数据之间多种从属的网状关系。关系模型用二维表表示事物间的关系。每一张二维表组成一个关系。一个关系由表头和记录数据两部分组成，表头由描述客观世界中实体的各个属性（又称数据项或字段）组成，每条记录的数据由实体中各个字段的值组成，关系中的一些重要概念介绍如下。

元组：二维表中水平方向的行称为元组。

属性：二维表中垂直方向的列称为属性。每一列有一个属性名。在数据表中，一个属性对应一个字段，属性名即字段名。

域：属性的取值范围。

主键：表中的某个属性或某些属性的集合，能唯一地确定一个元组。

外键：外键是一张表中的一个属性或属性组，它们在其他表中作为主键而存在。

在数据库的逻辑设计阶段，常常使用关系规范化理论来指导关系数据库设计。规范化基本思想为每个关系都应该满足一定的规范，从而使关系模式设计合理，达到减少冗余，提高查询效率的目的。第一范式（1NF）是指数据库表的每一列都是不可分割的基本数据项，同一列中不能有多个值，即实体中的某个属性不能有多个值，或不能有重复的属性。第二范式（2NF）是在第一范式（1NF）的基础上建立起来的，即满足第二范式（2NF）必须先满足第一范式（1NF）。第二范式（2NF）要求数据库表中的每个实例或行必须可以被唯一地区分。满足第三范式（3NF）必须先满足第二范式（2NF）。简而言之，第三范式（3NF）要求一个数据库表中不包含在其他表中已包含的非主关键字信息。范式设计的目的是规范化，保证数据结构更合理，消除存储异常，使数据冗余尽量小。

数据库的设计过程可分为 6 个阶段：需求分析、概念结构设计、逻辑结构设计、物理结构设计、数据库的实施、数据库运行和维护。

需求分析的任务是通过详细调查现实世界中要处理的对象，充分了解原系统的工作概况，明确用户的各种需求，并在此基础上确定新系统的功能。数据库需求分析的任务主要包括获取数据或信息和进行处理两个方面。需求分析阶段需要完成一整套详尽的数据流图和数据字典，写出一份切合实际的需求说明书。其中，数据字典通常包括数据项、数据结构、数据流、数据存储和处理过程 5 部分。

概念结构设计是指对用户的需求进行综合、归纳与抽象，形成一个独立于具体数据库管理系统的概念模型。E-R 图是设计概念模型时常用的方法。概念模型设计一般是局部视图建立好后，对它们进行合并，集成为一个全局 E-R 图。

物理结构设计是指为逻辑数据模型确定一个适合应用环境的物理结构，包括存储记录结构、存储空间分配和访问方法的设计。

数据库的实施是指建立数据库，编制与调试应用程序，组织数据入库，并进行试运行。

数据库运行和维护是指对数据库系统实际正常运行使用，并时时进行评价、调整与修改。

本章以"商品出入库管理"数据库为例，讲述 Access 2016 数据库的表、查询、窗体、报表与宏的操作。

"商品出入库管理"数据库中共有 5 张表，各个数据表的结构设计如表 5-1～表 5-5 所示。

表 5-1　商品信息

字段名	数据类型	字段大小	必填字段	备注
商品编号	文本	10	是	主键
商品名称	文本	16	是	
类别	文本	4	否	
规格型号	文本	10	是	
单价	数值		是	
计量单位	文本	4	否	

表 5-2　职工信息

字段名	数据类型	字段大小	必填字段	备注
职工编号	文本	8	是	主键
姓名	文本	8	是	
性别	查阅向导		否	
出生日期	日期/时间	常规日期	否	
政治面貌	文本	12	否	
工资	数值	单精度，小数为两位	否	

表 5-3　仓库信息

字段名	数据类型	字段大小	必填字段	备注
仓库编号	文本	6	是	主键
仓库名称	文本	20	是	
地点	文本	20	是	
面积	数值	整型	否	
备注	备注		否	

表 5-4　商品入库

字段名	数据类型	字段大小	必填字段	备注
入库编号	文本	10	是	主键
商品编号	文本	10	是	索引（有重复）
数量	数字	整型	是	
入库时间	日期/时间	常规日期	是	
保管人	文本	8	是	索引（有重复）
仓库编号	文本	6	是	索引（有重复）
备注	备注		否	

表 5-5　商品出库

字段名	数据类型	字段大小	必填字段	备注
出库编号	文本	10	是	主键
商品编号	文本	10	是	索引（有重复）
数量	数字	整型	是	
出库时间	日期/时间	常规日期	是	
经手人	文本	8	是	索引（有重复）
仓库编号	文本	10	否	索引（有重复）
备注	备注		否	

5.3　表

5.3.1　表的结构

一张完整的数据表由表结构和表中记录组成，数据表的结构是指数据表的框架，其结构设计包括如下内容。

字段名称：用于标识表中的一列，即数据表中的一列称为一个字段，而每一个字段均具有唯一的名称，称为字段名称。

字段类型：根据关系数据库理论，一张数据表中的同一列数据必须具有相同的数据特征，称为字段的数据类型。

字段大小：一张数据表中的一列所能容纳的字符个数称为列宽，在 Access 中称为字段大小，用字节数表示。

字段的其他属性：数据表中的字段对象还具有一些其他属性，这些属性值的设置将决定各个字段对象操作时的特性。

5.3.2　数据类型

在 Access 数据表中，每一个字段的可用属性均取决于为该字段选择的数据类型。Access 2016 中定义了如下数据类型。

短文本：文字或文字及数字的组合，以及不需要进行计算的数字，如电话号码。短文本型字段最多可以达到 255 个字符。

长文本：用于较长的文本或数字，与短文本型数据本质上是一样的，可长达最多 63999 个字符，通常用于保存个人简历、备注、备忘录等信息。

数字：用于需要进行算术计算的数值数据，包括字节、整型、长整型、单精度型、双精度型、同步复制 ID、小数类型，占 1 字节、2 字节、4 字节或 8 字节。如果可能使用该字段中的值进行计算，应该使用数字型。

日期/时间：用于日期和时间保存，从 100～9999 年的日期与时间值。

货币：是一种特殊的数字型数据，和数字型的双精度类似，该类型字段也占 8 字节，向该字段输入数据时，直接输入数据后，系统会自动添加货币符号和千位分隔符。使用货币数据类型可以避免计算时四舍五入。可用于货币值或数学计算的数值数据，这里的数学计算的对象是带有 1～4 位小数的数据。精确到小数点左边 15 位和小数点右边 4 位。

自动编号：使用自动编号字段提供唯一值，该值的唯一用途就是使每条记录成为唯一的。

是/否：用于只包含"是"和"否"两个值之一的字段，以及只包含 Yes/No、True/False 或 On/Off 两者之一的字段。

OLE 对象：即 object linking and embedding，是对象的链接与嵌入，用于存放表中链接和嵌入的对象，这些对象以文件的形式存在，其类型可以是文档、声音、图像和其他二进制数据。最多为 1GB，且受可用磁盘空间限制。

超链接：用于超链接，该字段以文本形式保存超级链接的地址，用来链接到文件、Web 页、本数据库中的对象、电子邮件地址等。超链接数据类型的每一部分最多可包含 2048 个字符。

附件：任何受支持的文件类型。Access 2016 创建的.accdb 格式的文件是一种新的类型，它可以将图像、电子表格文件、文档、图表等各种文件附加到数据库记录中。

计算：计算的结果。计算时必须引用同一张表中的其他字段。可以使用表达式生成器创建计算。

查阅向导：显示从表或查询中检索到的一组值，或显示创建字段时指定的一组值。选择"查阅向导"命令，查阅向导将会启动，可以创建查阅字段。

5.3.3 创建表

Access 2016 提供了通过数据表视图创建表、通过设计视图创建表、通过数据导入创建表、通过模板创建表等方式。

最常用的建表方式是使用设计视图来创建表。本节以"商品出入库管理"数据库中的"职工信息"表为例，说明使用表的"设计视图"创建数据表的操作步骤。

【例 5-1】创建"商品出入库管理"数据库，在"商品出入库管理"数据库中创建"职工信息"表，表结构如表 5-2 所示。

操作步骤：

1）打开"商品出入库管理"数据库，单击"创建"｜"表格"｜"表设计"按钮，进入表的设计视图。

2）在"字段名称"下面的单元格中输入字段名称"职工编号"，在"数据类型"下拉列表中选择短文本类型，字段大小设置为 8，必需设置为是，允许空字符串设置为否，如图 5-4 所示。根据表 5-2 的设计，完成"姓名"字段设置。

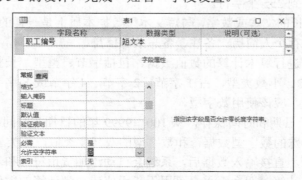

图 5-4　字段的设置

3）表中的"性别"字段是查阅向导类型，在"数据类型"下拉列表中选择"查阅向导"命令后，弹出"查阅向导"对话框，点选"自行键入所需的值"单选按钮，并单击"下一步"按钮，将打开图 5-5 所示的界面。在其中输入所需的值"男""女"，并单击"下一步"按钮。

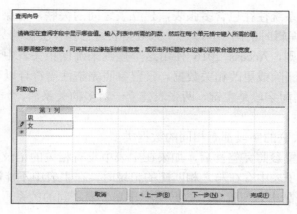

图 5-5　查阅向导设置

4）打开图 5-6 所示的界面，在其中输入标签的名称"性别"，并单击"完成"按钮。

5）用同样的方法，输入其他字段的名称，并设置相应的数据类型，结果如图 5-7 所示。

图 5-6　完成查阅向导的设置

图 5-7　设置数据类型

6）选择"职工编号"字段，单击"表格工具-设计"｜"工具"｜"主键"按钮，在设计视图上显示主键标志。将"职工编号"字段设置为数据表的主键，如图 5-8 所示。

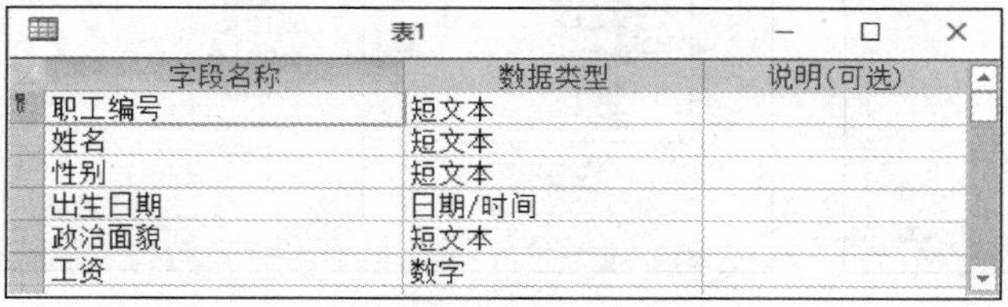

字段名称	数据类型	说明(可选)
职工编号	短文本	
姓名	短文本	
性别	短文本	
出生日期	日期/时间	
政治面貌	短文本	
工资	数字	

图 5-8　确定主键

7）单击"保存"按钮，弹出"另存为"对话框，在"表名称"文本框中输入"职工信息"，单击"确定"按钮。完成"职工信息"表的创建。

5.3.4　表间关联

一个数据库应用系统往往包含多张表，建立表之间的关联，可保证数据库的参照完整性，以及表间数据在编辑时的同步，即对一张数据表进行操作会影响另外一张表中的记录。参照完整性是一个规则，Access 2016 使用这个规则来确保相关表中记录之间关系的有效性，并且不会意外地删除或更改相关数据。设置参照完整性需符合以下条件：

1）来自主表的匹配字段是主键，两张表建立一对多的关系后，"一"方的表称为主表，"多"方的表称为子表。

2）两张表中相关联的字段都有相同的数据类型。

在两张表之间设置参照完整性后，如果在主表中没有相关的记录，就不能把记录添加到子表中。同时，在子表中存在与之相匹配的记录时，在主表中不能删除该记录。

【例 5-2】在"商品出入库管理"数据库中建立多表之间的关系。

操作步骤：

1）根据表 5-2～表 5-5 描述的表结构，按照例 5-1 的方法新建"商品信息""仓库信息""商品入库""商品出库"4 张表。

2）单击"数据库工具"｜"关系"｜"关系"按钮，打开"关系"窗口。

3）单击"关系"｜"显示表"按钮，弹出"显示表"对话框，其中列出当前数据库中的所有表，如图 5-9 所示。

4）选中所有表，单击"添加"按钮，将选中的表添加到"关系"窗口，如图 5-10 所示。

图 5-9　"显示表"对话框

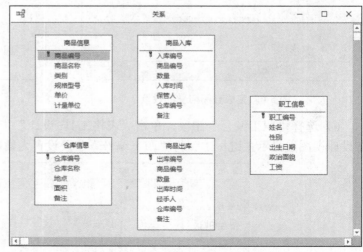

图 5-10　关系窗口

5）在"商品信息"表中选中"商品编号"字段，按住鼠标左键，将其拖动到"商品入库"表的"商品编号"字段，松开左键。这时，弹出"编辑关系"对话框，选中"实施参照完整性"和"级联更新相关字段"复选框，如图 5-11 所示。

6）单击"创建"按钮，关闭"编辑关系"对话框，返回"关系"窗口。Access 2016 具有自动确定两张表之间链接关系类型的功能。在建立关系后，可以看到在两张表的相同字段之间出现了一条关系线。

7）用同样的方法建立其他表的关系，效果如图 5-12 所示。

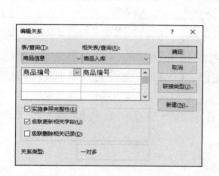

图 5-11　"编辑关系"对话框

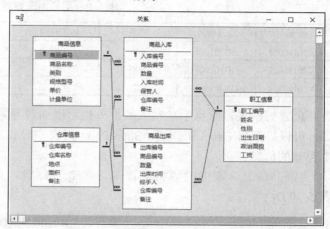

图 5-12　"商品出入库管理"数据库中的表关系

5.3.5　表数据输入

"商品出入库管理"数据库中共有 5 张表，在建立好表的结构及关联后，可以手工输入数据，职工信息、仓库信息、商品入库、商品出库这 4 张表的数据如表 5-6～表 5-9 所示。

表 5-6　职工信息数据

职工编号	姓名	性别	出生日期	政治面貌	工资
ZG201502	李明	男	1986/7/8	党员	7100.00
ZG201604	李美丽	女	1991/1/3	群众	6300.00
ZG201703	熊晨惠	女	1990/9/26	群众	5880.00
ZG201801	周琳	女	1995/9/16	共青团员	4200.00
ZG201805	宋晓宇	男	1992/2/1	党员	4250.00

表 5-7　仓库信息数据

仓库编号	仓库名称	地点	面积	备注
CK0001	凤凰仓库	凤凰路 18 号	2200	
CK0002	北湖仓库	北湖路 28 号	1780	

表 5-8　商品入库数据

入库编号	商品编号	数量	入库时间	保管人	仓库编号	备注
RK20190001	BG201904	1000	2019/2/8	ZG201502	CK0001	
RK20190002	DN201901	64	2019/2/9	ZG201502	CK0001	

续表

入库编号	商品编号	数量	入库时间	保管人	仓库编号	备注
RK20190003	BG201904	800	2019/2/9	ZG201502	CK0001	
RK20190004	BG201904	1200	2019/2/10	ZG201801	CK0002	
RK20190005	DQ201901	16	2019/2/10	ZG201801	CK0002	
RK20190006	SJ201902	50	2019/2/11	ZG201801	CK0002	

表 5-9　商品出库数据

出库编号	商品编号	数量	出库时间	经手人	仓库编号	备注
CK20190001	BG201901	600	2019/3/1	ZG201604	CK0001	
CK20190002	BG201901	800	2019/3/1	ZG201805	CK0002	
CK20190003	DN201901	32	2019/3/2	ZG201805	CK0001	

创建好的表，除可手工输入数据外也可以通过导入其他位置存储的信息来创建表。例如，可以导入自 Excel 工作表、SharePoint 列表、XML 文件、Outlook 文件夹及其他数据源中存储的信息。

"商品信息"表中的数据量较多，存储于 D 盘，文件名为"商品信息数据.xlsx"，如表 5-10 所示。

表 5-10　商品信息数据

商品编号	商品名称	类别	规格型号	单价	计量单位
BG201901	得力人脸识别考勤机	办公	打卡机 33866	429.00	台
BG201902	可得优文件架	办公	ZH-04	55.00	个
BG201903	新绿天章打印纸	办公	A4，70g	19.90	包
BG201904	得力珊瑚海复印纸	办公	A4，70g	22.00	包
BG201905	佳能复印纸打印纸	办公	A4，70g	35.00	包
BG201906	齐心打印纸复印纸	办公	A4，70g	17.90	包
DN201901	联想 ThinkPad	电脑	X280	6599.00	台
DN201902	微软 Surface	电脑	Pro5	6688.00	台
DN201903	小米(MI)Ruby	电脑	Ruby2019	3999.00	台
DQ201901	SONY 电视机	家电	KD-55A9F	14999.00	台
JD201902	格力空调	家电	KFR-50GW	4799.00	台
JD201903	海尔电冰箱	家电	BCD-440WDPG	5499.00	台
SJ201901	华为手机	手机	P30	3988.00	部
SJ201902	荣耀手机	手机	V20	2699.00	部
SJ201903	小米手机	手机	RedmiNote7	1199.00	部
WJ201901	得力彩色长尾夹	文具	中号 8554	12.50	盒
WJ201902	迪士尼文具盒	文具	A-9013Y	49.00	个

【例 5-3】现有 Excel 文件"商品信息数据.xlsx"包含"商品出入库管理"数据库"商品信息"表的数据，导入这些数据到 Access 数据库。

操作步骤：

1）打开"商品出入库管理"数据库，单击"外部数据"｜"导入并链接"｜"导入

Excel 电子表格"按钮，弹出"获取外部数据–Excel 电子表格"对话框，单击"浏览"按钮，从 D 盘选中要导入的 Excel 表格"商品信息数据.xlsx"，点选"向表中追加一份记录的副本"单选按钮，在其后下拉列表框中选择"商品信息"选项，如图 5-13 所示，单击"确定"按钮。弹出"导入数据表向导"对话框，如图 5-14 所示。

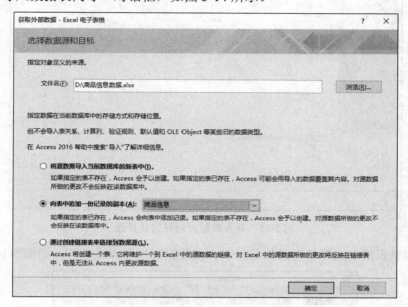

图 5-13 "获取外部数据-Excel 电子表格"对话框

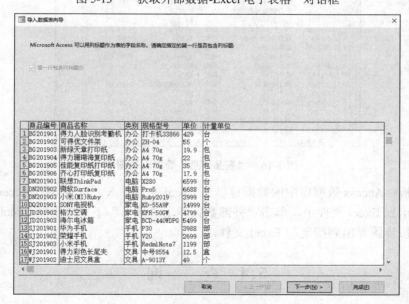

图 5-14 "导入数据表向导"对话框

2）单击"下一步"按钮，保留默认设置，单击"完成"按钮，如图 5-15 所示。

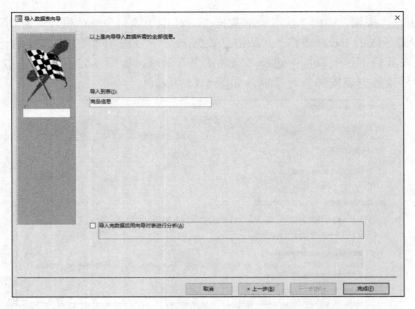

图 5-15　导入数据表向导完成界面

3）在导航窗格中选择"商品信息"表，以数据表视图方式打开，如图 5-16 所示。

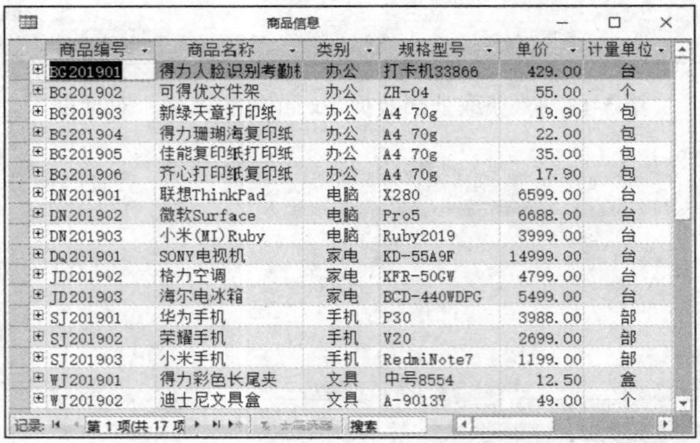

图 5-16　"商品信息"数据表视图

例题解析：Access 数据库中的数据可以从 Excel 文件导入，也可以把 Access 数据库中的表数据导出到 Excel 文件中，单击"外部数据"丨"导出"丨"导出到 Excel 电子表格"按钮，即可按步骤导出到指定的 Excel 文件。

5.4　查　　询

数据库中的表存放的是原始数据，用户想要从中获取满足要求的信息需要通过查询来实现。Access 2016 的查询功能为用户提供了从若干数据表中获取信息的手段，是分析和处理数据的一种重要工具。

所谓查询，就是根据给定的条件从数据库的一张或多张表中筛选出符合条件的记录，构成一个数据集合。而这些提供了数据的表称为查询的数据来源。利用查询可以从一张或多张表中查找记录，功能强大。此外，还可以将查询作为一个对象进行存储。当创建了查询对象后，可以将其看成一张简化的数据表，由它可构成窗体、报表或其他查询的数据来源。当用户进行查询时，系统会根据数据来源中的当前数据来产生查询结果，所以查询结果是一个动态集，其随数据源的变化而变化。这样做一方面可以节约存储空间，因为 Access 数据库文件中保存的是查询准则，而不是记录本身；另一方面可以保持查询结果与数据源中数据同步。查询不仅可以从一张或多张表中检索出符合条件的数据，还可以修改、删除、添加数据，并对数据进行计算。

5.4.1　创建查询

建立查询的方法主要有两种，即使用查询向导和设计视图。使用查询向导操作比较简单，用户可以在向导的指示下逐步完成查询创建工作；使用设计视图创建查询，操作灵活性较高。用户可以通过设置条件限制需要检索的记录。

【例 5-4】以"商品出库"表、"商品信息"表和"仓库信息"表为查询的数据源，查询与出库商品相关的信息。

操作步骤：

1）在 Access 2016 程序中打开"商品出入库管理"数据库，单击"创建" | "查询" | "查询设计"按钮，打开查询设计视图窗口和"显示表"对话框，如图 5-17 所示。

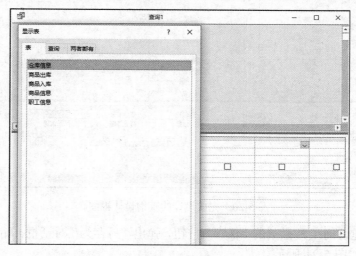

图 5-17　查询设计视图和"显示表"对话框

2）在"显示表"对话框中依次把需要的数据源添加到查询设计视图窗口的上半部分，如图 5-18 所示。关闭"显示表"对话框。

3）双击"商品出库"表中的"出库编号"字段，或直接将该字段拖动到"字段"行，即可在"表"行中显示该表的名称"商品出库"，"字段"行中显示该字段的名称"出库编号"，如图 5-19 所示。

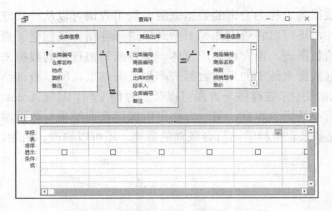

图 5-18 添加数据源后的查询设计视图   图 5-19 添加"出库编号"字段后的查询设计视图

4）与步骤 3）的操作类似，分别将"商品出库"表中的"仓库编号"字段，"商品信息"表中的"商品名称"和"商品编号"字段，"仓库信息"表中的"仓库名称"字段添加到"字段"行，得到图 5-20 所示的查询设计视图。

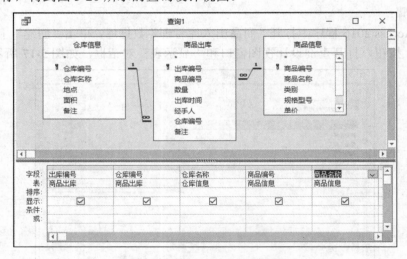

图 5-20 完成设计的查询设计视图

5）单击快速访问工具栏上的"保存"按钮，弹出"另存为"对话框，输入查询名称"出库商品查询"，如图 5-21 所示。

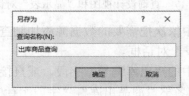

图 5-21 输入查询名称

6）单击"确定"按钮，保存该查询，单击"查询工具-设计"｜"结果"｜"运行"

按钮，可看到查询的运行结果，如图 5-22 所示。

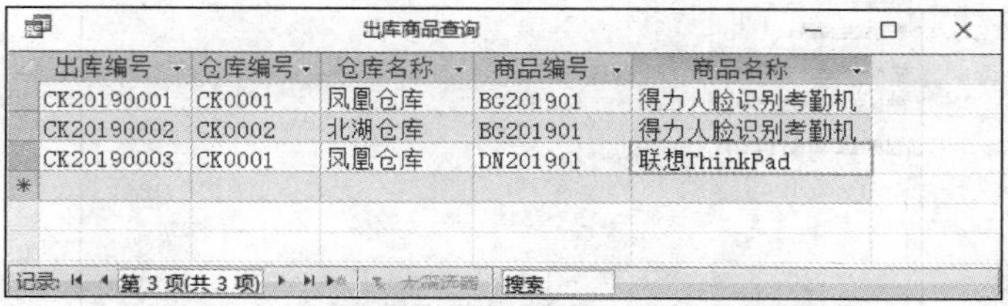

出库商品查询
出库编号 仓库编号 仓库名称 商品编号 商品名称
CK20190001 CK0001 凤凰仓库 BG201901 得力人脸识别考勤机
CK20190002 CK0002 北湖仓库 BG201901 得力人脸识别考勤机
CK20190003 CK0001 凤凰仓库 DN201901 联想ThinkPad
记录: 第 3 项(共 3 项) 搜索

图 5-22 查询的运行结果

5.4.2 计算查询

【例 5-5】利用计算查询统计每个仓库累计出货收款金额。

提示：利用查询设计视图创建以“商品出库”表、“商品信息表”和“仓库信息表”为数据源的计算查询，获得每个仓库累计出货收款金额。

操作步骤：

1）新建查询，保存查询名称为“统计仓库出货金额查询”，打开查询设计视图窗口和“显示表”对话框。

2）添加“商品出库”表、“商品信息”表和“仓库信息”表到查询设计视图窗口，添加“仓库信息”表中的“仓库编号”和“仓库名称”字段。

3）选中第 3 列“字段”行的单元格，右击，在弹出的快捷菜单中选择“生成器”命令，如图 5-23 所示，弹出“表达式生成器”对话框。

统计仓库出货金额查询
仓库信息
*
仓库编号
仓库名称
地点
面积
备注
商品出库
*
出库编号
商品编号
数量
出库时间
经手人
商品信息
*
商品编号
商品名称
类别
规格型号
单价
字段: 仓库编号 仓库名称
表: 仓库信息 仓库信息
排序:
显示:
条件:
或:
汇总(L)
表名称(N)
剪切(T)
复制(C)
粘贴(P)
汉字重选(V)
生成器(B)...
显示比例(Z)...
属性(P)...

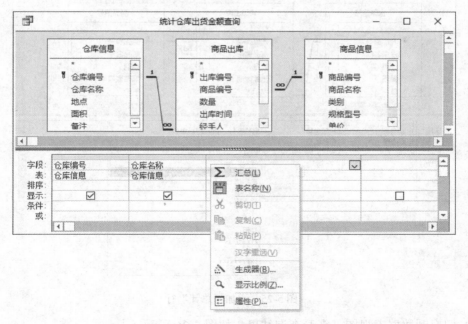

图 5-23 选择“生成器”命令

4）在表达式生成器工作区输入“出货金额:[数量]*[单价]”，单击“确定”按钮，如

图 5-24 所示。

图 5-24　"表达式生成器"对话框

5）单击"查询工具-设计"｜"显示/隐藏"｜"汇总"按钮，在设计网格中添加"总计"行，将"出货金额"列的"总计"行的单元格更改为"合计"，如图 5-25 所示。

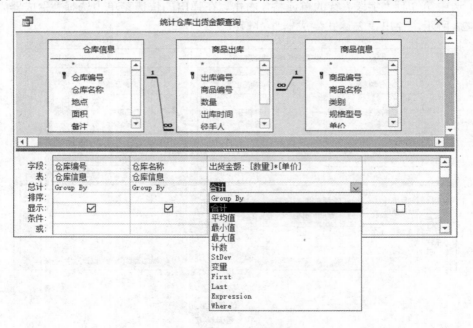

图 5-25　添加"总计"行

6）切换到数据表视图，查看查询结果，如图 5-26 所示。

图 5-26 查看计算查询结果

5.4.3 参数查询

参数查询为用户提供了更加灵活的查询方式，通过参数来设计查询准则，由用户输入查询条件并根据此条件返回查询结果。执行参数查询时，屏幕将显示提示框。用户根据提示输入相关信息后，系统会根据用户输入的信息执行查询，找出符合条件的信息。参数查询分为单参数查询和多参数查询两种。执行查询时，只需要输入一个条件参数，则称为单参数查询；执行查询时，对于多组条件，需要输入多个参数条件，则称为多参数查询。

【例 5-6】根据输入的"商品编号"查询商品的入库信息。

提示：创建以"商品入库"表、"商品信息"表和"仓库信息"表为数据源的参数查询。执行查询时，首先在"输入参数值"对话框中输入特定的"商品编号"，然后查找该"商品编号"的入库信息。

操作步骤：

1）新建查询，打开查询设计视图窗口和"显示表"对话框。

2）添加"商品入库"表、"商品信息"表和"仓库信息"表到查询设计视图窗口，并添加"商品入库"表中的"数量"和"入库时间"字段，"商品信息"表中的"商品编号"、"商品名称"和"单价"字段，"仓库信息"表中的"仓库名称"和"地点"字段到"字段"行。

3）在"商品编号"列的"条件"行中输入"[请输入商品编号：]"。查询设计视图窗口设置如图 5-27 所示。

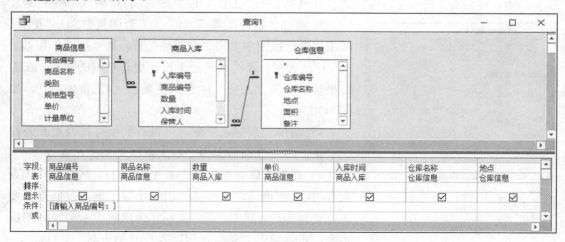

图 5-27 查询设计视图窗口设置

4）运行此查询，在弹出的"输入参数值"对话框中指定要查询的"商品编号"，如输入"BG201904"，如图 5-28 所示，查询结果如图 5-29 所示。

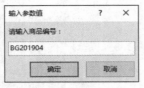

图 5-28 “输入参数值”对话框

商品编号	商品名称	数量	单价	入库时间	仓库名称	地点
BG201904	得力珊瑚海复印纸	1000	22.00	2019/2/8	凤凰仓库	凤凰路18号
BG201904	得力珊瑚海复印纸	800	22.00	2019/2/9	凤凰仓库	凤凰路18号
BG201904	得力珊瑚海复印纸	1200	22.00	2019/2/10	北湖仓库	北湖路28号

记录：第 1 项(共 3 项) 搜索

图 5-29 查询结果

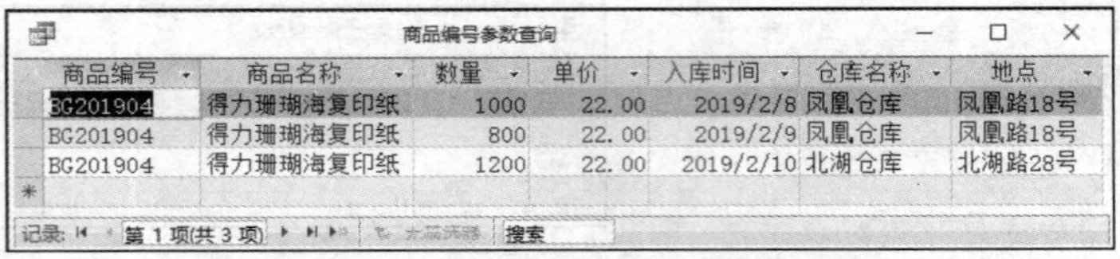

5.4.4 操作查询

操作查询是指在查询中对源数据表进行操作，既可以生成新表，又可以对表中的记录进行追加、修改、删除和更新，操作查询有以下 4 种。生成表查询：利用一张或多张表中的全部或部分数据创建新表。运行生成表查询的结果就是把查询的数据以另一张新表的形式予以存储。即使该生成表查询被删除，已生成的新表仍然存在。更新查询：对一张或多张表中的一组记录全部更新。运行更新查询会自动修改有关表中的数据，数据一旦更新将不能恢复。追加查询：将一组记录追加到一张或多张表原有记录的尾部。运行追加查询的结果是向相关表中自动添加记录，增加表的记录数。删除查询：按一定条件从一张或多张表中删除一组记录，数据一旦被删除将不能恢复。

如果要对数据表中的某些数据进行有规律地、成批地更新替换操作，就可以使用更新查询实现。

【例 5-7】利用更新查询对员工工资进行调整，该查询用于将月薪在 5000 元及以下的员工月薪普涨 200 元。

操作步骤：

1）打开“商品出入库管理”数据库，创建查询，将“职工信息”表添加到查询设计视图窗口中，再将“工资”字段添加到设计网格，在“工资”的“条件”行中输入“<=5000”。

图 5-30 输入条件与更新值

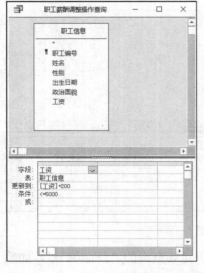

2）单击“查询工具-设计”|“查询类型”|“更新”按钮，设计视图中多出“更新到”行，而“排序”和“显示”行消失了，表明系统处于设计更新查询的状态。在需要更新的字段“工资”中输入更新值“[工资]+200”，如图 5-30 所示。

3）切换到数据表视图，可以看到所有符合更新条件的记录。将此查询另存为“职工薪酬调整操作查询”。

4）在数据库导航窗格中双击“职工薪酬调整操作查询”，执行该查询，系统会弹出一个提示框，询问是否要进行更新操作，单击“是”按钮，弹出将更新多少行的提示框，再次单击“是”按钮，系统开始更新。

5）返回数据库导航窗格，双击“职工信息”表，结果如图 5-31 所示，可与原始数据表 5-6 中的职工信息数据比对。

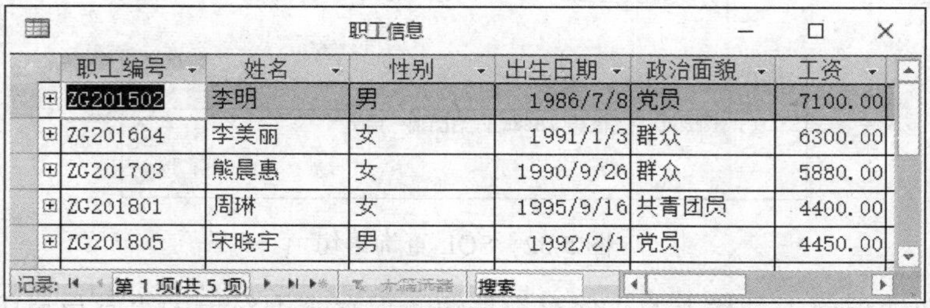

职工信息

职工编号	姓名	性别	出生日期	政治面貌	工资
ZG201502	李明	男	1986/7/8	党员	7100.00
ZG201604	李美丽	女	1991/1/3	群众	6300.00
ZG201703	熊晨惠	女	1990/9/26	群众	5880.00
ZG201801	周琳	女	1995/9/16	共青团员	4400.00
ZG201805	宋晓宇	男	1992/2/1	党员	4450.00

记录: 第 1 项(共 5 项)　无筛选器　搜索

图 5-31　执行更新查询后的职工信息表

例题解析：运行更新查询时要慎重，每执行一次表中数据就会更新一次。

5.4.5　SQL 查询

SQL 全称是结构化查询语言（structured query language），是国际标准数据库语言。标准的 SQL 语言包括 4 部分内容，即数据定义，用于定义和修改基本表、定义视图和定义索引，数据定义语句包括 CREATE、DROP、ALTER；数据操纵，用于对表或视图中的数据进行添加、删除和修改等操作，数据操纵语句包括 INSERT、DELETE、UPDATE；数据查询，用于从数据库中检索数据，数据查询语句包括 SELECT；数据控制，用于控制用户对数据的存取权限，数据控制语句包括 GRANT、REVOTE。

1. SELECT 语句

SQL 查询是使用 SQL 语句创建的查询。在 SQL 视图窗口中，用户可以通过直接编写 SQL 语句实现查询功能。

语法格式如下：

```
SELECT[谓词]{*|表名.*|[表名.]字段 1[AS 别名 1][,[表名.]字段 2[AS 别名 2]
[,…]]}
FROM 表的表达式[,…][IN 外部数据库] [WHERE…] [GROUP BY…]
[HAVING…] [ORDER BY…] [WITH OWNERACCESS OPTION]
```

在 SQL 语句中，最基本的语法结构是“SELECT…FROM…[WHERE]…”。其中，SELECT 表示要选择显示哪些字段，其后既可以是字段名，又可以用函数（系统及自定义函数），还可以是一个“*”，表示输出表中所有字段。如果是多个字段，则用逗号分隔。FROM 表示从哪些表中查询。WHERE 说明查询的条件。SELECT 语句的功能是根据 WHERE 子句中的条件表达式，从表中找出满足条件的记录，按 SELECT 子句中的目标列，选出记录中的字段形成结果表，即从一张或多张表中检索数据。

【例 5-8】建立 SQL 查询，显示“商品出入库管理”数据库“职工信息”表中政治面貌为党员的相关信息。

操作步骤：

1）启动 Access 2016，打开“商品出入库管理”数据库。单击“创建”｜“查询”｜“查询设计”按钮，在弹出的“显示表”对话框中不选择任何表，单击“SQL 视图”按钮，进入查询设计视图窗口，输入代码“SELECT * FROM 职工信息 WHERE 政治面貌="党员"”，如图 5-32 所示。

图 5-32　SQL 查询语句

2）单击快速访问工具栏上的"保存"按钮，保存查询对象为"党员员工 SQL 查询"。在导航窗格中双击"党员员工 SQL 查询"，其运行结果如图 5-33 所示。

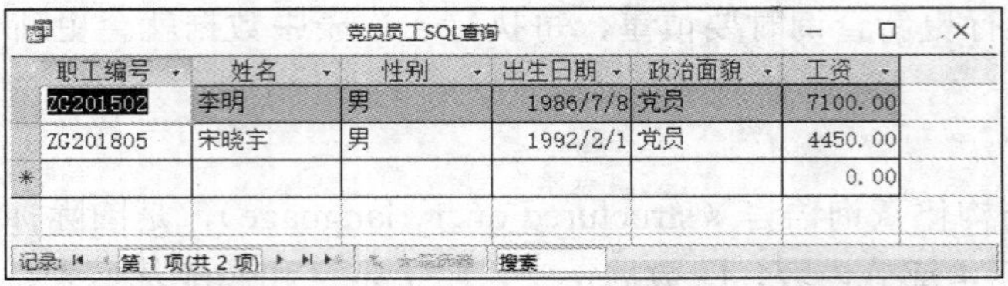

图 5-33　SQL 查询运行结果

3）在导航窗格的查询对象中选中"党员员工 SQL 查询"，右击，在弹出的快捷菜单中选择"设计视图"命令，其查询设计视图窗口如图 5-34 所示。

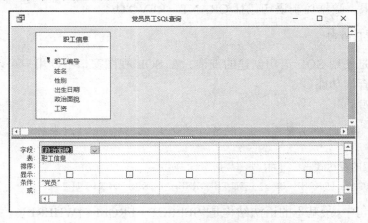

图 5-34　该 SQL 语句的查询设计视图窗口

例题解析：从操作步骤可见，实际上每个 SQL 查询对应一个查询设计视图窗口。从查询设计视图窗口完成的查询也都有相应的 SQL 语句。也可以理解为查询设计视图是对 SQL 语句的可视化解析。

2. INSERT 语句

使用 SQL 语言中的 INSERT 语句可以向数据表中追加新的数据记录。语法格式如下：

```
INSERT INTO 表名 (字段名 1[,字段名 2[,…]]) VALUES (值 1[,值 2[,…] ])
```

字段名 1、字段名 2、…表示需要插入数据的字段。若省略，则表示表中的每个字段均要插入数据；值 1、值 2、…是插入表中的数据，其顺序和数量必须与字段名 1、字段名 2、…

一致。

【例 5-9】公司新进一名员工，建立 SQL 查询，向"商品出入库管理"数据库的"职工信息"表中添加一名员工记录。新进员工信息如表 5-11 所示。

表 5-11 新进员工信息

职工编号	姓名	性别	出生日期	政治面貌	工资
ZG201906	谢芳	女	1993/5/26	群众	4000.00

操作步骤：

1）打开"商品出入库管理"数据库，单击"创建"｜"查询"｜"查询设计"按钮，在弹出的"显示表"对话框中不选择任何表，进入空白查询设计视图。

2）单击"查询工具-设计"｜"结果"｜"SQL 视图"按钮，在 SQL 视图的空白区域输入如下 SQL 代码：

```
INSERT INTO
职工信息 (职工编号，姓名，性别，出生日期，政治面貌，工资)
VALUES
("ZG201906"，"谢芳"，"女"，"1993/5/26"，"群众"，4000.00);
```

输入代码后的 SQL 视图如图 5-35 所示。

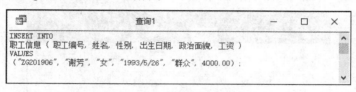

图 5-35 输入代码后的 SQL 视图

3）单击快速访问工具栏上的"保存"按钮，弹出"另存为"对话框，在"查询名称"文本框中输入"增加员工 SQL 查询"，单击"确定"按钮。双击导航窗格中的"增加员工 SQL 查询"对象，弹出图 5-36 所示的提示框，单击"是"按钮，弹出图 5-37 所示的提示框，再次单击"是"按钮，完成记录追加。

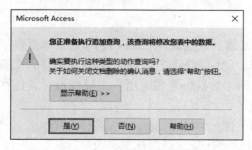

图 5-36 运行 SQL 查询提示框

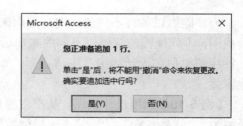

图 5-37 追加记录提示框

4）返回数据库的导航窗格，双击"职工信息"表，追加记录的结果如图 5-38 所示。可见，"职工信息"表中增加了一条职工编号为 ZG201906、姓名为谢芳的记录。

职工编号	姓名	性别	出生日期	政治面貌	工资	单击以添加
ZG201502	李明	男	1986/7/8	党员	7100.00	
ZG201604	李美丽	女	1991/1/3	群众	6300.00	
ZG201703	熊晨惠	女	1990/9/26	群众	5880.00	
ZG201801	周琳	女	1995/9/16	共青团员	4400.00	
ZG201805	宋晓宇	男	1992/2/1	党员	4450.00	
ZG201906	谢芳	女	1993/5/26	群众	4000.00	
*					0.00	

图 5-38　追加记录的结果

5.5　窗　体

窗体对象在数据库的使用中灵活多样，可与数据库中的一张或多张表和查询绑定。窗体的记录源于数据表和查询中的字段。窗体为用户提供了一个友好的交互界面，主要用于输入和显示数据的数据库对象。从设计视图的角度看，窗体中的信息分布在多个节中。除了必备的主体节，窗体还可以包含窗体页眉、页面页眉、页面页脚和窗体页脚节。窗体由控件组成，控件是窗体中显示数据、执行操作和修饰版面的对象。在"窗体设计工具-设计"选项卡中有一个"控件"组，如图 5-39 所示。窗体设计器中的各种控件都放在"控件"组中。

图 5-39　窗体控件

对于不熟悉控件的初学者，可利用控件向导方便地设计创建复杂控件。

5.5.1　窗体创建

为了能够以各种不同的角度与层面来查看窗体的数据源，Access 2016 为窗体提供了多种视图，不同视图的窗体以不同的布局形式来显示数据源。在 Access 2016 环境下，主要有 4 种视图类型：设计视图、窗体视图、布局视图、数据表视图。用户主要在设计视图在创建窗体。

【例 5-10】利用设计视图，从空白窗体开始创建"商品信息窗体"窗体，其中显示"商品编号""商品名称""类别""规格型号""单价""计量单位"信息。

操作步骤：

1）打开"商品出入库管理"数据库，单击"创建"｜"窗体"｜"空白窗体"按钮，打开空白窗体窗口，同时弹出"字段列表"任务窗格，其中显示数据库中的所有表。

2）单击"字段列表"任务窗格中"商品信息"前的"+"按钮，展开该表所包含的字段 [图 5-40（a）]，依次双击表中的"商品编号""商品名称""类别""规格型号""单价""计量单位"字段，使其添加到空白窗体 [图 5-40（b）]。此时，"字段列表"任务窗格包含"可用于此视图的字段""相关表中的可用字段""其他表中的可用字段"3 个组，如图 5-40（c）所示。

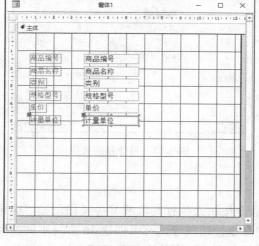

（a）"字段列表"任务窗格　　　　　　（b）添加字段后的窗体　　　　　　（c）变化后的"字段列表"任务
窗格

图 5-40　窗体设计视图与"字段列表"任务窗格变化

3）在窗体空白处右击，在弹出的快捷菜单中选择"窗体页眉/页脚"命令，在窗体中添加一个窗体页眉，如图 5-41 所示。单击"窗体布局工具-设计" | "控件" | "标签"按钮，在窗体页眉处单击要放置标签的位置，然后输入标签内容"商品信息"。双击此标签，在弹出的"属性表"任务窗格中将字号设置为 18，如图 5-42 所示。

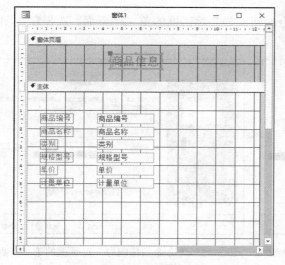

图 5-41　窗体页眉设计　　　　　　　　图 5-42　"属性表"任务窗格

4）在窗体"属性表"任务窗格的"格式"选项卡中将记录选择器设置为否，导航按钮设置为否，并保存窗体，将其命名为"商品信息窗体"。窗体视图效果如图 5-43 所示。

图 5-43　窗体视图效果

5.5.2　命令按钮

在窗体中可以使用命令按钮来执行某项或某些操作，如"确定""取消""关闭"等。使用 Access 2016 提供的命令按钮向导，可以创建 30 多种不同类型的命令按钮。

【例 5-11】在"商品信息窗口"窗体中创建"下一记录""前一记录""保存记录"3 个命令按钮。

操作步骤：

1）打开"商品信息窗体"窗体，切换到设计视图。

2）单击"窗体设计工具-设计"｜"控件"｜"按钮"按钮，在窗体上单击要放置"命令按钮"控件的位置，弹出"命令按钮向导"对话框的第一个界面，在"类别"列表框中选择"记录导航"选项，然后在对应的"操作"列表框中选择"转至下一项记录"选项，如图 5-44 所示。

3）单击"下一步"按钮，打开"命令按钮向导"对话框的第二个界面，选择默认图片，如图 5-45 所示。

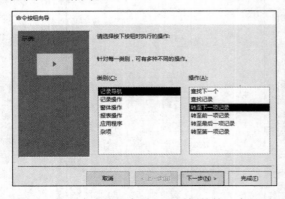

图 5-44　"命令按钮向导"对话框的第一个界面

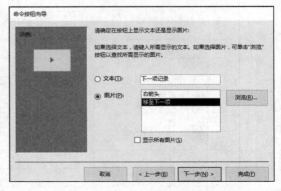

图 5-45　"命令按钮向导"对话框的第二个界面

4）单击"下一步"按钮，打开"命令按钮向导"对话框的第三个界面。为创建的命令按钮命名，这里输入"下一记录按钮"，如图 5-46 所示。

5）单击"完成"按钮，完成命令按钮的创建。"前一记录"按钮的创建方法与"下一记录"按钮相同；"保存记录"按钮的创建方法与"下一记录"按钮基本相同，主要区别是在"类别"列表框中选择"记录操作"选项，然后在对应的"操作"列表框中选择"保存记录"选项，且需在按钮下加入 3 个说明标签。

6）切换到窗体视图，预览所创建的窗体，验证按钮效果，如图 5-47 所示。

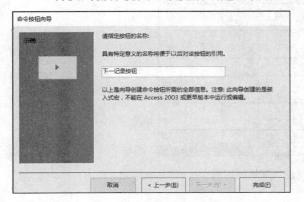
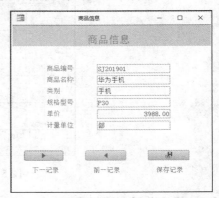

图 5-46　"命令按钮向导"对话框的第三个界面　　　　图 5-47　窗体在窗体视图中的效果

5.6　报　　表

Access 2016 数据的打印工作一般通过报表实现。报表是数据库的一个对象，它根据用户需求组织数据表中的数据，并按照特定的格式对其进行显示或打印。报表通常由节构成，每个节具有其特定的功能。Access 2016 中的报表视图有 4 种，分别是设计视图、布局视图、报表视图和打印预览。Access 2016 提供了多种创建报表的方法，分别是自动创建报表、创建空报表、利用报表向导创建报表和使用设计视图创建报表。

5.6.1　报表结构

默认创建的报表包含报表页眉、页面页眉、主体、页面页脚、报表页脚，如图 5-48 所示。在报表中右击，弹出快捷菜单后，通过选择"页面页眉/页脚"命令可以显示与隐藏页面页眉或页脚。组页眉与组页脚两节只有执行"分组和排序"命令后，才能显示。

1）报表页眉：仅在报表的首页打印输出。报表页眉主要用于显示报表封面的信息，如徽标、标题或日期，往往单独设为一页。

2）页面页眉：在每页顶端打印输出，通常用来显示数据的列标题，若把报表的标题放在页面页眉中，该标题将在每一页上显示。

3）主体：报表的关键部分，是显示数据的主要区域。记录的显示均需通过文本框或其他控件绑定显示，也可以包含字段的计算结果。

4）页面页脚：在每页底端打印输出，通常用于插入页码、日期、完成本页的汇总情况等。

5）报表页脚：在报表结尾显示一次。使用报表页脚显示整个报表的计算汇总或其他统计信息。

6）组页眉：组页眉显示在每个新记录组的开头，通常用来显示组名。一个报表中可包含多个分组，可以按照分组的级别分别显示。

7）组页脚：位于每个记录组的末尾。使用组页脚可显示组的汇总信息。

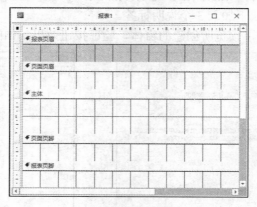

图 5-48　报表默认结构图

5.6.2　报表向导创建报表

【例 5-12】在"商品出入库管理"数据库中，使用报表向导创建一个商品入库情况报表，报表名为"入库商品报表"。

操作步骤：

1）打开"商品出入库管理"数据库，单击"创建"｜"报表"｜"报表向导"按钮，打开"报表向导"对话框的第一个界面。在"表/查询"下拉列表框中指定数据源，选择需要的报表字段，单击 > 按钮，将所选字段添加到右边的"选定字段"列表框。若要选择"可用字段"列表框中所有的字段，可以单击 >> 按钮。选择"商品信息"表的"商品编号""商品名称""类别""规格型号""单价"字段，"商品入库"表中的"数量"字段，"仓库信息"表中的"仓库名称"字段，作为数据源，如图 5-49 所示。

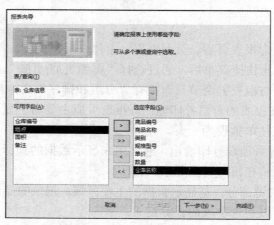

图 5-49　字段选择结果

2）单击"下一步"按钮，打开"报表向导"对话框的第二个界面，选择数据查看方式，并以仓库名称归类查看，如图 5-50 所示。

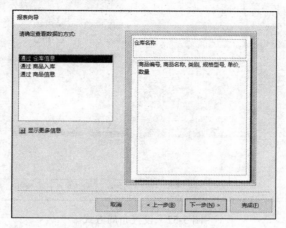

图 5-50　设置数据查看方式

3）单击"下一步"按钮，打开"报表向导"对话框的第三个界面，最多可以选择 4 个字段对记录进行排序，既可以升序，又可以降序。这里选择"商品编号"为第一排序字段，升序排列，如图 5-51 所示。

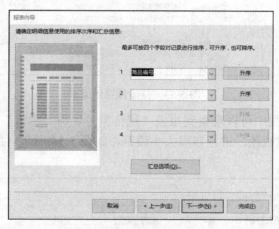

图 5-51　设置排序次序

4）单击"下一步"按钮，打开"报表向导"对话框的第四个界面，确定报表的布局方式，这里点选"递阶"单选按钮，方向点选"纵向"单选按钮，勾选"调整字段宽度，以便使所有字段都能显示在一页中"复选框，如图 5-52 所示。

5）单击"下一步"按钮，打开"报表向导"对话框的第四个界面，为报表指定标题，输入"入库商品报表"，点选"预览报表"单选按钮，以打印预览方式查看报表效果，如图 5-53 所示。

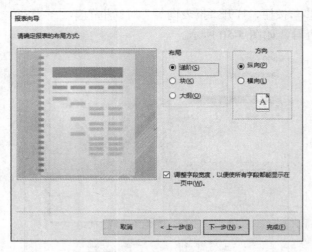

图 5-52　设置布局方式

仓库名称	商品编号	商品名称	类别	规格型号	单价 量
凤凰仓库					
	BG201904	得力珊瑚海复印纸	办公	A4 70g	22.00 ##
	BG201904	得力珊瑚海复印纸	办公	A4 70g	22.00 ##
	DN201901	联想ThinkPad	电脑	X280	6599.00 ##
北湖仓库					
	BG201904	得力珊瑚海复印纸	办公	A4 70g	22.00 ##
	DQ201901	SONY电视机	家电	KD-55A9F	14999.00 ##
	SJ201902	荣耀手机	手机	V20	2699.00 ##

入库商品报表

图 5-53　打印预览效果

6）在打印预览视图中可以观察到报表"规格型号"与"单价"间距太大，"数量"不能完整显示。转到设计视图，进行布局大小调整，如图 5-54 所示。报表视图的最终效果如图 5-55 所示。

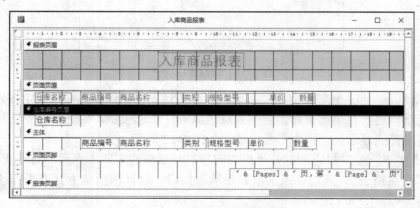

图 5-54　在设计视图中调整报表

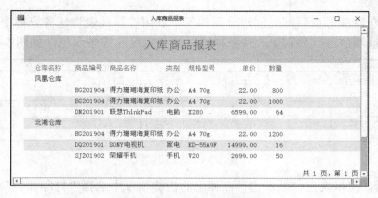

图 5-55 报表视图的最终效果

5.6.3 报表设计器

使用报表设计器,即报表设计视图,不仅可以按用户的需求设计所需的报表,还可以对已有报表进行修改使其完善。除了可以直接将报表中的数据输出外,还可以在其中添加控件,用来输出一些经过计算才能得到的数据。文本框是最常用的显示计算数值的控件,当文本框中显示的数据需要通过计算才能得到时,需要将该控件的"控件来源"属性设置为所需的表达式。为了使报表的布局更加合理、外观更加美化,可以对报表做进一步处理。例如,在报表中添加一些图像或线条,使报表更加美观,提高报表的可读性。

【例 5-13】使用设计视图修改入库商品报表,增加商品"入库金额"项目,其值为入库数量与商品单价的乘积,按商品入库金额排序;商品之间加分隔线。

操作步骤:

1)打开"商品出入库管理"数据库,在导航窗格选中"入库商品报表",右击,在弹出的快捷菜单中选择"设计视图"命令,切换到设计视图。

2)单击"报表设计工具-设计"|"控件"|"文本框"控件,单击报表主体节的适当位置,调整控件位置和大小。选中该控件,右击,在弹出的快捷菜单中选择"属性"命令,弹出"属性表"任务窗格,将名称设置为入库金额,将小数位数设置为 2位,将边框样式设置为透明,单击"控件来源"下拉列表框右边的"生成"按钮 ⋯ ,弹出"表达式生成器"对话框,生成表达式"=[数量]*[单价]",如图 5-56 所示。

图 5-56 控件重要属性设置

3)单击"报表设计工具-设计"|"分组和汇总"|"分组和排序"按钮,在设计视图下方显示"分组、排序和汇总"窗格,并在其中显示"添加组"和"添加排序"按钮,分组形式选择类别,排序依据选择表达式,如图 5-57 所示,利用表达式生成器输入表达式"=[数量]*[单价]",设置为降序排列。

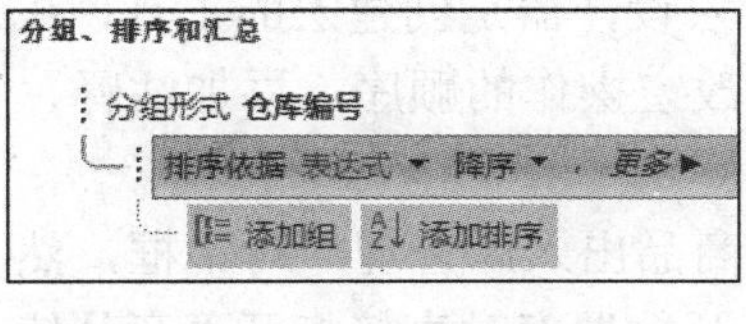

图 5-57 分组与排序

4)在页面页眉部分为入库金额添加标签,为更美观、清晰将商品名与类别互换位置,单击控件工具箱中的"直线”工具。在仓库编号页眉部分创建分隔线条，利用“属性表”任务窗格中的边框样式、边框宽度、边框颜色可以分别更改线条样式、线条宽度和线条颜色，如图 5-58 所示。

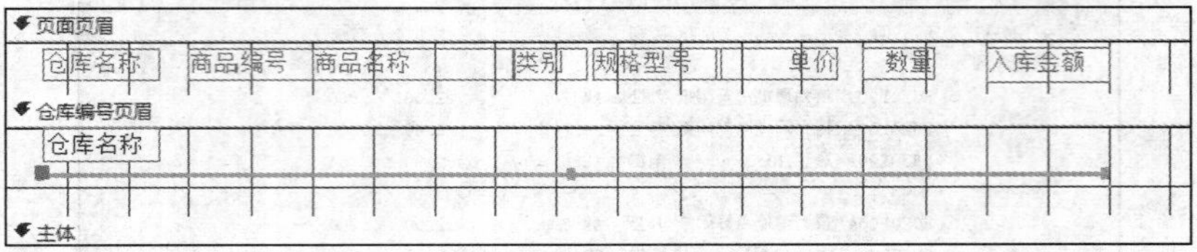
页面页眉
仓库名称
商品编号
商品名称
类别
规格型号
单价
数量
入库金额
仓库编号页眉
仓库名称
主体

图 5-58 分隔类别

5）完成后，在报表空白处右击，在弹出的快捷菜单中选择“打印预览”命令，预览将要打印的效果，如图 5-59 所示。

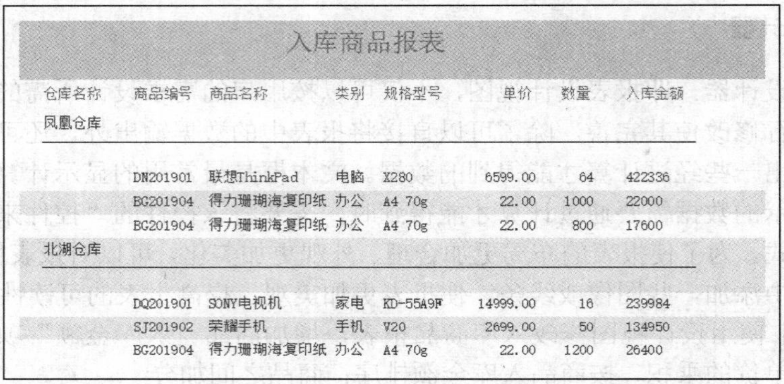
入库商品报表
仓库名称 商品编号 商品名称 类别 规格型号 单价 数量 入库金额
凤凰仓库
DN201901 联想ThinkPad 电脑 X280 6599.00 64 422336
BG201904 得力珊瑚海复印纸 办公 A4 70g 22.00 1000 22000
BG201904 得力珊瑚海复印纸 办公 A4 70g 22.00 800 17600
北湖仓库
DQ201901 SONY电视机 家电 KD-55A9F 14999.00 16 239984
SJ201902 荣耀手机 手机 V20 2699.00 50 134950
BG201904 得力珊瑚海复印纸 办公 A4 70g 22.00 1200 26400

图 5-59 打印预览

5.7 宏

宏是一个或多个操作的集合，其中每个操作实现特定的功能。Access 2016 提供了 VBA 编程功能，但对于一般用户来说，使用宏是一种更简便的方法。宏是由操作、参数、注释（comment）、组（group）、条件（if）和子宏（submacro）等几部分组成的，将所执行的操作、参数和运行的条件输入宏设计器中即可。Access 2016 提供了众多宏操作命令，根据宏的用途主要包括窗口管理命令、宏命令、筛选/查询/搜索命令、数据导入导出命令、数据库对象命令、数据输入命令、系统命令和用户操作命令。

5.7.1 独立宏

独立宏是独立的对象，与窗体、报表等对象并无附属关系，独立宏在导航窗格中可见。名为 Autoexec 的独立宏可以在数据库打开的同时自动运行。宏设计器是创建宏的工具，在宏设计窗口中可以完成添加宏、设置操作参数、删除宏、更改宏操作的顺序、添加注释、分组等操作。

【例 5-14】创建一个宏，该宏功能先是显示“欢迎使用商品出入库管理”对话框，然后打开窗体“商品信息”。保存该宏为自动宏，使自动宏在打开数据库时直接打开“商品信息操作窗体"。

操作步骤：

1）打开"商品出入库管理"数据库，单击"创建"｜"宏与代码"｜"宏"按钮，打开宏设计器窗口。

2）在"添加新操作"下拉列表框中选择"MessageBox"选项，设置消息为"欢迎使用商品出入库管理系统"，发嘟嘟声设置为否，类型设置为信息，标题设置为宏示例，如图 5-60 所示。

图 5-60　MessageBox 设置

3）在"添加新操作"下拉列表框中选择"OpenForm"选项，窗体名称设置为"商品信息"，其他参数的设置如图 5-61 所示。

图 5-61　OpenForm 设置

4）单击快速访问工具栏上的"保存"按钮，在弹出的"另存为"对话框中输入宏名称"显示商品信息操作窗体宏"，单击"确定"按钮，关闭数据库。

5）打开"商品出入库管理"数据库，在导航窗格双击"显示商品信息操作窗体宏"，观察该宏的运行过程。

6）在导航窗格选中"显示商品信息操作窗体宏"，右击，在弹出的快捷菜单中选择"复制"命令，在导航窗格中右击，在弹出的快捷菜单中选择"粘贴"命令，在弹出的"粘贴为"

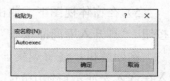

图 5-62　"粘贴为"对话框设置

对话框中为宏命名"Autoexec",如图 5-62 所示。

7)再次打开"商品出入库管理"数据库,可见自动宏 Autoexec 会出现在独立宏窗口,且会自动弹出 MessageBox,提示"欢迎使用商品出入库管理系统"。

5.7.2 嵌入宏

与独立宏不同,嵌入宏与窗体、报表或控件有附属关系,作为所嵌入对象的组成部分,嵌入宏嵌入在窗体、报表或控件对象的事件中。嵌入宏在导航窗格中不可见。嵌入宏的使用使宏的功能更丰富,应用更安全。本节以带嵌入宏的窗体为例说明嵌入宏。

【例 5-15】设计一个窗体,可以通过按钮打开"商品信息"窗体和"入库商品报表"。

操作步骤:

1)利用窗体设计视图建立一个空白窗体,添加两个命令按钮控件,名称分别为"打开商品信息窗体"和"打开入库商品报表",窗体名"嵌入宏演示",如图 5-63 所示。

2)选中"打开商品信息窗体"按钮,右击,在弹出的快捷菜单中选择"属性"命令,(或按 F4 键),弹出"属性表"任务窗格,选择"事件"选项卡。单击要为其触发宏的事件的属性面板。单击"生成"按钮，弹出"选择生成器"对话框,选择"宏生成器"选项,如图 5-64 所示,打开宏设计器窗口。

图 5-63　嵌入宏演示设计视图

图 5-64　选择生成器

3)添加"OpenForm"操作,窗体名称设置为商品信息,如图 5-65 所示。

4)针对"打开入库商品报表"按钮,重复步骤 2)、3),但是此处视图设置为报表,如图 5-66 所示。

5)在窗体视图下,测试带嵌入宏的"嵌入宏演示"窗体,单击"打开商品信息窗体"按钮、"打开入库商品报表"按钮,会分别弹出窗体和报表。

例题解析:注意观察导航窗格的宏对象中并没有增加新的宏对象,这两个宏操作是嵌入在嵌入宏演示窗体中的。

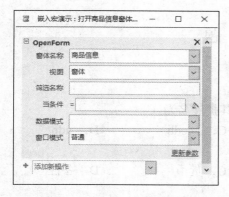

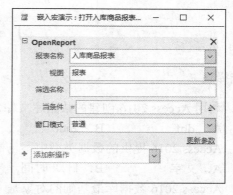

图 5-65　嵌入宏的宏设计器设置 1　　　图 5-66　嵌入宏的宏设计器设置 2

本 章 小 结

　　Access 是 Office 系列办公自动化软件中的一个组件，是一个小型的数据库管理系统。其界面包含功能区、选项卡、快速访问工具栏、导航窗格、选项卡式文档、视图栏与工作区。Access 2016 提供了表、查询、窗体、报表、宏、模块六大对象。

　　在 Access 数据表中，每一个字段的可用属性取决于为该字段选择的数据类型，常用的数据类型包括文本、数字、日期/时间等。一个完整的数据表由表结构和表中记录组成，数据表的结构是指数据表的框架，要对字段名称、字段类型、字段大小和字段的其他属性进行规划来完成结构设计。在 Access 中，通过数据表视图创建表、通过设计视图创建表、通过数据导入创建表、通过模板创建表等方式来创建表。建立表之间的关联，可保证数据库的参照完整性，参照完整性是一个规则，Access 使用这个规则来确保相关表中记录之间关系的有效性，并且不会意外地删除或更改相关数据。

　　查询结果是一个动态集，随着数据源的变化而变化。查询可以从一张或多张表中检索出符合条件的数据，操作查询可以对表中的记录进行追加、修改、删除和更新。

　　窗体主要用于输入和显示数据的数据库对象，窗体由控件组成，控件是窗体中显示数据、执行操作和修饰版面的对象。

　　数据的打印工作一般通过报表来实现，报表由报表页眉、报表页脚、页面页眉、页面页脚、组页眉、组页脚及主体 7 部分组成，可通过自动创建报表、创建空报表、利用报表向导创建报表和使用设计视图创建报表。除了可以直接将报表中的数据输出外，还可以在其中添加控件，用来输出一些经过计算才能得到的数据。

　　宏是一个或多个操作的集合，其中每个操作实现特定的功能。独立宏是独立的对象，与窗体、报表等对象并无附属关系，独立宏在导航窗格中可见。名为 Autoexec 的独立宏可以在数据库打开的同时自动运行。嵌入宏与窗体、报表或控件有附属关系，作为所嵌入对象的组成部分，嵌入宏嵌入在窗体、报表或控件对象的事件中。

习　题

一、选择题

1. 利用 Access 2016 创建的数据库文件，其扩展名为（　　）。
   A．.dbf　　　　　　　B．.mdb　　　　　　　C．.accdb　　　　　　　D．.adp

2. Access 2016 提供的数据类型中不包括（　　）。
   A．文字　　　　　　　B．日期/时间　　　　　C．货币　　　　　　　D．备注

3. Access 2016 数据库最基础的对象是（　　）。
   A．宏　　　　　　　　B．查询　　　　　　　C．表　　　　　　　　D．报表

4. 在 Access 2016 中，可用于设计输入界面的对象是（　　）。
   A．报表　　　　　　　B．表　　　　　　　　C．窗体　　　　　　　D．查询

5. 如果字段内容为图片文件，则该字段的数据类型应定义为（　　）。
   A．超链接　　　　　　B．文本　　　　　　　C．备注　　　　　　　D．OLE 对象

6. 以下关于 Access 2016 表的叙述中，正确的是（　　）。
   A．表设计视图的主要工作是设计表的结构
   B．表的数据表视图只用于显示数据
   C．在表的数据表视图中，不能修改字段名称
   D．表一般包含一到两个主题信息

7. 在 Access 2016 数据库中，为了保持表之间的关系，要求在主表中修改相关的记录时，子表相关的记录随之更改。为此，需要定义参照完整性关系的（　　）。
   A．级联插入相关字段　　　　　　　　B．级联删除相关字段
   C．级联更新相关字段　　　　　　　　D．级联修改相关字段

8. 在 Access 2016 数据库的表设计视图中，不能进行的操作是（　　）。
   A．增加字段　　　　　　　　　　　　B．修改字段类型
   C．设置索引　　　　　　　　　　　　D．删除记录

9. 能够接收数值型数据输入的窗体控件是（　　）。
   A．图形　　　　　　　B．命令按钮　　　　　C．标签　　　　　　　D．文本框

10. 打开表的宏操作是（　　）。
    A．OpenTable　　　　　　　　　　　B．OpenQuery
    C．OpenModule　　　　　　　　　　D．OpenForm

11. 在 Access 2016 数据库中，自动启动宏的名称是（　　）。
    A．auto.bat　　　　　　　　　　　　B．auto
    C．Autoexec　　　　　　　　　　　 D．autoexec.bat

二、操作题

1. 从 Access 2016 空数据库开始，创建一个"学生信息管理"数据库，数据库包含两

张表，分别是"学生"和"班级"表。"学生"表包含 6 个字段：学号、姓名、性别、出生日期、政治面貌、班级编号，"班级"表包含 5 个字段：班级编号、班级名称、入学日期、专业、人数。

2．根据你所在班级的情况确定字段数据类型、字段大小与格式，以及每张表的主键。输入测试数据，要求不少于 20 名同学，不低于 5 个班级。

3．创建一个查询，显示年龄在 21 岁以上学生的学号、姓名、班级编号、班级名称。创建一个操作查询，让人数低于 30 的班级每班增加 2 人。

4．创建"学生信息显示"窗体，显示学生完整信息，包含"下一项记录""前一项记录"按钮。

5．创建一个"班级情况"报表，按班级人数排序。

6．创建一个自动宏，在打开数据库时直接打开"学生信息显示"窗体。

第6章
Python 基础

6.1 数据运算

6.1.1 变量与常量

变量重在变字，量即计量、衡量，表示一种状态。

在 Python 中，若要存储数据，需要用到变量。变量可以理解为去超市购物时使用的购物车，它的类型和值在赋值的那一刻被初始化。示例如下：

```
a=10        # a 就是一个变量，就好比一辆购物车，存储的数据是 10
b=8         # b 也是一个变量，存储的数据是 8
c=a+b       # 把 a 和 b 两辆"购物车"数据进行累加，放到变量 c 中
```

注意，上述代码中，#右边的文字会被当作说明文字，不参与程序的执行，仅仅起到注释代码的作用。

变量的命名规则：数字、字母、下划线任意组合，数字不能放在开头，Python 的关键字不能用作变量名，变量名尽量有意义。变量表示某种意义，给变量命名时应尽量做到见名知意，如分数，可定义为 score。

常量就是值永远不允许被改变的量。Python 中没有专门定义常量的方式，通常使用大写变量名表示，仅仅是一种提示效果。其定义方式一般有驼峰体和下划线两种，示例如下：

```
OldboyLear = 'Python'
oldboy_lear = 'Python'
```

6.1.2 基本数据类型

Python 3 中有 6 个标准的数据类型：Number（数字）、String（字符串）、List（列表）、Tuple（元组）、Set（集合）和 Dictionary（字典）。

Python 3 的 6 个标准数据类型中，不可变数据类型（3 个）有 Number（数字）、String（字符串）、Tuple（元组）；可变数据类型（3 个）有 List（列表）、Dictionary（字典）、Set（集合）。

这里只介绍其中的 Number（数字），其他数据类型用法较复杂，本节不再介绍。

Python 3 支持 int（整数类型）、float（浮点型）、bool（布尔类型）、complex（复数类型）。

在 Python 3 中，只有一种整数类型，表示为长整型，没有 Python 2 中的 long。整型数据表示方法有 4 种，分别是十进制、二进制（以 "0B" 或 "0b" 开头）、八进制（以数字 "0" 开头）和十六进制（以 "0x" 或 "0X" 开头）。

下面介绍整型的示例代码，具体如下：

```
a=0b10100
print(a)
print(type(a))
```

上述代码中，第一行代码变量 a 的值是一个二进制的整数，第二行以十进制形式输出 a 的结果，第三行输出变量 a 的类型，最终运行结果如图 6-1 所示。

```
20
<class 'int'>

Process finished with exit code 0
```

图 6-1　运行结果 1

浮点型用于表示实数，如 3.14159、9.99 等。浮点型字面值除了可以用十进制表示之外，还可用科学记数法表示，示例如下：

```
1.3e5        #浮点数为 1.3×10^5
2.89E6       #浮点数为 2.89×10^6
```

注意，每个浮点数占 8 字节，能表示的数的范围是 $-1.8^{308} \sim 1.8^{308}$。

布尔类型可以看作一种特殊的整型，布尔型数据只有两个取值：True 和 False，分别对应整型的 1 和 0。

复数类型用于表示数学中的复数，如 1+2j、-3-4j 等。Python 中的复数类型是一般计算机语言所没有的数据类型，它有以下两个特点：

1）复数由实数部分和虚数部分构成，表示为 real+imagj 或 real+imagJ。

2）复数的实数部分 real 和虚数部分 imag 都是浮点型。

复数的示例代码如下：

```
a=1+2j
print(a)
print(a.real)
print(a.imag)
print(type(a))
print(type(a.real))
print(type(a.imag))
```

```
(1+2j)
1.0
2.0
<class 'complex'>
<class 'float'>
<class 'float'>
Console    Terminal    4: Run    6: TODO
```

图 6-2　运行结果 2

上述代码中，第一行定义了一个变量 a，它的值是复数类型，第二行输出 a 的值，第三行输出 a 的实数部分的值，第四行输出 a 的虚数部分的值，第五行输出 a 的值的类型，第六行输出 a 的实数部分的值的类型，第七行输出 a 的虚数部分的值的类型。最终运行结果如图 6-2 所示。

6.1.3 操作符

程序其实是代码段的组合，就像学生写的作文是由一个个段落堆积起来的，每一个段落由句子组成，句子又包含"主、谓、宾、定、状、补"。本节就来介绍程序中的"句子"。

操作符是用于告诉解释器执行特定的数学或逻辑运算的符号，如+、-、*、/。Python支持的操作符有以下类型。

（1）算术运算符

算术运算符主要用于计算，包括+、-、*、/、%、**、//等。为了便于学生更好地理解，下面通过实例演示 Python 算术运算符的操作。

【例 6-1】算术运算符的使用。

操作步骤：

```
a=5
b=2
c=0
c=a+b                    #加法运算
print("1-c 的值为:",c)
c=a-b                    #减法运算
print("2-c 的值为:",c)
c=a*b                    #乘法运算
print("3-c 的值为:",c)
c=a/b                    #除法运算
print("4-c 的值为:",c)
c=a%b                    #取余运算
print("5-c 的值为:",c)
c=a**b                   #幂的运算
print("6-c 的值为:",c)
c=a//b                   #取整运算
print("7-c 的值为:",c)
```

在例 6-1 中，通过使用不同的算术运算符对变量 a、b、c 进行计算，并将计算结果输出，程序的运行结果如图 6-3 所示。

（2）赋值运算符

赋值运算符只有一个，即"="，它的作用是把等号右边的值赋给左边。例如，a=1+2，就是把 1+2 的计算结果赋给 a，a 的值为 3。

（3）复合赋值运算符

复合赋值运算符可以看作将算术运算符和赋值运算符进行合并的一种运算符，它是一种缩写形式，在更改变量值时过程更为简单。

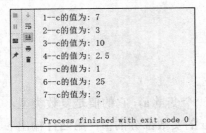

图 6-3　例 6-1 程序的运行结果

【例 6-2】复合赋值运算符的使用。

操作步骤：

```
b=1
c=2
c+=b                    #等价于 c=c+b
print("1-c 的值为:",c)
c-=b                    #等价于 c=c-b
print("2-c 的值为:",c)
c*=b                    #等价于 c=c*b
print("3-c 的值为:",c)
c/=b                    #等价于 c=c/b
print("4-c 的值为:",c)
b=3
c%=b                    #等价于 c=c%b
print("5-c 的值为:",c)
c**=b                   #等价于 c=c**b
print("6-c 的值为:",c)
c//=b                   #等价于 c=c//b
print("7-c 的值为:",c)
```

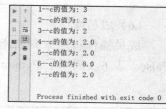

图 6-4　例 6-2 程序的运行结果

在例 6-2 中，通过使用不同的复合赋值运算符对变量 b、c 进行计算，并将计算结果输出，程序的运行结果如图 6-4 所示。

（4）比较运算符

比较运算符用于比较两个数，其返回结果只能是 True 或 False。表 6-1 列举了 Python 的比较运算符。

表 6-1　Python 的比较运算符

运算符	描述	示例
==	等于：判断两个操作数的值是否相等，相等则返回 True（真），反之则返回 False（假）	2==2 True
!=	不等于：判断两个操作数的值是否不等，不等则返回 True（真），反之则返回 False（假）	2!=3 True
>	大于：判断左侧操作数是否大于右侧操作数，大于则返回 True（真），反之则返回 False（假）	2>3 False
<	小于：判断左侧操作数是否小于右侧操作数，小于则返回 True（真），反之则返回 False（假）	2<3 True
>=	大于等于：判断左侧操作数是否大于等于右侧操作数，大于等于则返回 True（真），反之则返回 False（假）	2>=3 False
<=	小于等于：判断左侧操作数是否小于等于右侧操作数，小于等于则返回 True（真），反之则返回 False（假）	2<=3 True

（5）逻辑运算符

逻辑运算符用来表示日常交流中的"并且""或者""除非"思想。表 6-2 列举了 Python 的逻辑运算符。

表 6-2　Python 的逻辑运算符

运算符	描述	示例
and	与：如果两个操作数都是真的则真，反之则为假	1 and 0 0 (1>2) and (2<3) False
or	或：如果两个操作数有一个为真则真，都为假则假	1 or 0 1 (1>2) or (2<3) True
not	非：对逻辑运算符取反，真的反为假，假的反为真	not 0 True not 1 False not (1>2) True

（6）成员操作符

成员操作符用来判断指定序列中是否包含某个值，如果包含，返回 True，否则返回 False。表 6-3 列举了 Python 的成员操作符。

表 6-3　Python 的成员操作符

操作符	描述	示例
in	成员存在：判断一个元素是否存在某个数据结构内，存在返回 True，否则返回 False	'python' in ['python','xiaodao'] True
not in	成员不存在：判断一个元素是否存在某个数据结构内，不存在返回 True，否则返回 False	'python' not in ['python','xiaodao'] False

（7）标识运算符

表 6-4 列举了 Python 的标识运算符。

表 6-4　Python 的标识运算符

运算符	描述	示例
is	同一运算符：判断两个变量是不是一个，是则返回 True，否则返回 False	x = y = [4,5,6] z = [4,5,6] x is y True
is not	非同一运算符：判断两个变量是不是一个，不是则返回 True，否则返回 False	x = y = [4,5,6] z = [4,5,6] x is not z True

6.2　程序控制结构

程序控制结构是编程语言的核心基础，Python 的编程结构有 3 种：顺序结构、选择结构和循环结构，如图 6-5 所示。

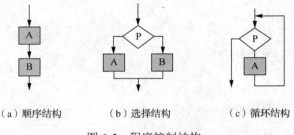

（a）顺序结构　　　　（b）选择结构　　　　（c）循环结构

图 6-5　程序控制结构

6.2.1　顺序结构

顺序结构程序的特点是依照次序将代码一个一个地执行，并返回相应的结果，这种结构较为简单，易于理解。

【例 6-3】顺序结构的应用。

操作步骤：

```
a=5
b=6
c=a+b
print(c)
```

在例 6-3 中，首先定义一个变量 a 并赋值为 5，再定义一个变量 b 并赋值为 6，接着将变量 a、b 的值加起来，得到的结果再赋值给变量 c，最后输出 c 的结果。程序的运行结果如图 6-6 所示。

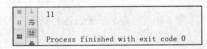

图 6-6　例 6-3 程序的运行结果

6.2.2　选择结构

前面学习 Python 基础语法和数据类型的过程中，已经接触过 Python 的程序代码了，它们都是从第一行向后一行一行地执行，也就是从头到尾顺序执行。

然而，计算机程序不只要求顺序执行，有时为了实现更多逻辑，程序执行需要更多的流程控制。

1．if 语句

if 语句是最简单的条件判断语句，它可以控制程序的执行流程，其使用格式如下：

```
if　判断条件:
    满足条件时要做的操作
```

```
…
```

上述格式中，只有判断条件成立，才可以执行下面的语句，判断条件不成立，则不执行。其中，"判断条件"成立，指的是判断条件结果为 True。

为了更好地理解 if 语句的使用，下面通过两个案例演示 if 语句的作用，具体如下：

【例 6-4】if 语句的使用。

操作步骤：

```
age = 36
print("------if 判断开始------")
if age >= 18:
    print("------我已经成年了-----")
print("------if 判断结束------")
```

程序的运行结果如图 6-7 所示。

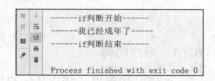

图 6-7　例 6-4 程序的运行结果

【例 6-5】if 语句的使用。

操作步骤：

```
age = 11
print("------if 判断开始------")
if age >= 18:
    print("------我已经成年了-----")
print("------if 判断结束------")
```

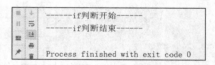

图 6-8　例 6-5 程序的运行结果

程序的运行结果如图 6-8 所示。

从以上两个案例中可以发现，仅仅是 age 变量的值不一样，程序的输出结果就不同。由此，可以看出 if 判断语句的作用为：当满足一定条件时才会执行指定代码，否则不执行。

2. if-else 语句

使用 if 语句时，它只能实现满足条件时要做的操作。那么，如果条件不满足，需要做某些操作，该怎么办呢？此时，可以使用 if-else 语句实现。if-else 语句的使用格式如下：

```
if  判断条件：
    满足条件时要做的操作
    …
else：
    不满足条件时要做的操作
    …
```

上述格式中，只有判断条件成立，才可以执行满足条件时要做的操作，否则，执行不满足条件要做的操作。其中，"判断条件"成立，指的是判断条件结果为 True，"判断条件"不成立，指的是判断条件结果为 False。

为了更好地理解 if-else 语句的使用，下面通过案例演示 if-else 语句的作用。

【例 6-6】if-else 语句的使用。

操作步骤：

```python
score = 1  # 用 1 代表及格，0 代表没有及格
if score == 1:
    print("及格了，可以安心睡觉了，美滋滋~~~")
else:
    print("没有及格，翻来覆去睡不着啊(>_<)")
```

程序的运行结果如图 6-9 所示。

图 6-9　例 6-6 程序的运行结果

请学生思考如果将变量 score 的值设为 0，再次运行程序，结果会有什么变化。

3. if-elif 语句

如果需要判断的情况大于两种，if 和 if-else 语句显然是无法完成判断的。这时，可以使用 if-elif 语句。利用该语句可以判断多种情况，其使用格式如下：

```python
if  判断条件 1:
    满足条件 1 时要做的操作
elif 判断条件 2:
    满足条件 2 时要做的操作
elif 判断条件 3:
    满足条件 3 时要做的操作
    ⋮
```

上述格式中，if 必须和 elif 配合使用。关于上述格式的相关说明如下：

1）当满足判断条件 1 时，执行满足条件 1 时要做的操作，然后整个 if 语句结束。

2）如果不满足判断条件 1，那么判断是否满足条件 2，如果满足判断条件 2，则执行满足条件 2 时要做的操作，然后整个 if 语句结束。

3）当不满足判断条件 1 和判断条件 2 时，如果满足判断条件 3，则执行满足判断条件 3 时要做的操作，然后整个 if 语句结束。

下面使用 if-elif 语句实现对考试成绩等级的判定。

【例 6-7】if-elif 语句的使用。

操作步骤：

```python
score = 77
if score >= 90 and score <= 100:
    print("本次考试，等级为 A")
elif score >= 80 and score < 90:
```

```
        print("本次考试，等级为B")
elif score >= 70 and score < 80:
        print("本次考试，等级为C")
elif score >= 60 and score < 70:
        print("本次考试，等级为D")
elif score >= 0 and score < 60:
        print("本次考试，等级为E")
```

程序的运行结果如图 6-10 所示。

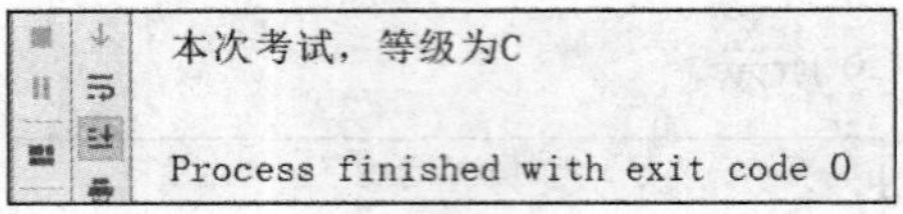

图 6-10　例 6-7 程序的运行结果

4. if-elif-else 语句

其使用格式如下：

```
if   判断条件1:
        满足条件1时要做的操作
elif 判断条件2:
        满足条件2时要做的操作
elif 判断条件3:
        满足条件3时要做的操作
            ⋮
else
条件均不满足时要做的操作
```

相信大家都玩过猜拳游戏，其中，"石头、剪刀、布"是猜拳的一种，规则为石头胜剪刀，剪刀胜布，布胜石头。下面模拟一个用户和计算机进行比赛的案例，使用代码来实现上述过程。

【例 6-8】猜拳游戏。

操作步骤：

```
import random
player_input = input("请输入(0 剪刀、1 石头、2 布:)")
player = int(player_input)
computer = random.randint(0, 2)
if (player == 0 and computer == 2) or (player == 1 and computer == 0)  or
    (player == 2 and computer == 1):
    print("电脑出的拳头是%s,恭喜，你赢了!" % computer)
elif (player == 0 and computer == 0) or (player == 1 and computer == 1)
    or (player == 2 and computer == 2):
    print("电脑出的拳头是%s,打成平局了!" % computer)
else:
```

```
print("电脑出的拳头是%s 你输了，再接再厉！" % computer)
```

由于计算机出的拳头是随机的，因此比赛结果可能出现下列 3 种情况，具体如图 6-11～图 6-13 所示。

图 6-11　例 6-8 程序的运行结果 1

图 6-12　例 6-8 程序的运行结果 2

图 6-13　例 6-8 程序的运行结果 3

6.2.3　循环结构

现实生活中，有很多循环的场景，如红绿灯交替变化是一个重复的过程。程序中，若想要重复执行某些操作，可以使用循环语句实现。Python 提供了两种循环语句，本节将对这两种循环语句进行详细讲解。

1. while 循环

while 循环的基本格式如下：

```
while 条件表达式：
    条件满足执行的循环语句
```

需要注意的是，在 while 循环中，同样需要注意冒号和缩进的使用。

如果希望循环是无限的，可以通过设置条件表达式永远为 True 来实现。无限循环在处理服务器上客户端的实时请求时非常有用。下面通过一个案例来演示 while 循环。

【例 6-9】while 循环的使用。

操作步骤：

```
var = 1
while var == 1:  #表达式永远为 true
    number = int(input("输入一个数字  :"))
    print("你输入的数字是: ", number)
print("Good bye!")
```

程序的运行结果如图 6-14 所示。

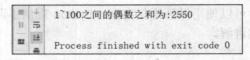

图 6-14　例 6-9 程序的运行结果

在整数中，能被 2 整除的数称为偶数。下面开发一个计算 1～100 中偶数和的程序，具体代码如例 6-10 所示。

【例 6-10】计算 1～100 中的偶数和。

操作步骤：

```
i = 0
sum_result = 0
while i < 101:
    if i % 2 == 0:
        sum_result += i
    i += 1
print("1~100 之间的偶数之和为:%s" % sum_result)
```

程序的运行结果如图 6-15 所示。

```
1~100之间的偶数之和为:2550

Process finished with exit code 0
```

图 6-15　例 6-10 程序的运行结果

使用 while 嵌套循环（即 while 中还包含 while），打印如下三角形。

```
*
* *
* * *
* * * *
* * * * *
```

从上述图形可以看出，这个三角形的规律是，第一行显示一个符号，第二行显示两个符号，依此类推。此时，如果使用 while 嵌套循环来实现，则可以使用外层循环来控制行，内层循环控制要显示的符号个数，具体实现过程如例 6-11 所示。

【例 6-11】打印图形。

操作步骤：

```
i = 1
while i < 6:
    j = 0
```

```
while j < i:
    print("* ", end='')
    j += 1
print("\n")
i += 1
```

在例 6-11 中，通过使用 while 循环的嵌套，实现了打印
三角形的功能。其中，外层循环中的 i 用于控制图形的行，
内层循环中的 i 用于控制每行打印 "*" 的个数。

程序的运行结果如图 6-16 所示。

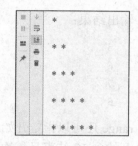

图 6-16 例 6-11 程序的运行结果

2. for 循环

Python 中的 for 循环可以遍历任何序列的项目（遍历：
通俗地说，就是把这个循环中的第一个元素到最后一个元素
依次访问一次）。for 循环的基本结构如下：

```
for 变量 in 序列：
    循环语句
```

例如，使用 for 循环遍历列表，示例代码如下：

```
for i in [0,1,2]:
    print(i)
```

输出结果：

```
0
1
2
```

上述示例中，for 循环可以将列表中的数值逐个显示。

考虑到人们在程序中使用的数值范围经常变化，Python 提供了一个内置 range 函数，
它可以生成一个数字序列。range 函数在 for 循环中的基本格式如下：

```
for i in range(start,end)
    执行循环语句
```

程序在执行 for 循环时，循环计时器变量 i 被设置为 start，然后执行循环语句，i 依次
被设置为从 start 开始，end 结束之间的所有值，每设置一个新值都会执行一次循环语句，
当 i 等于 end 时，循环结束。示例代码如下：

```
for i in range(5):
    print(i)
```

输出结果：

```
0
1
```

```
2
3
4

for i in range(5,9):
    print(i)
```

输出结果:

```
5
6
7
8
```

range 还可以指定开始数、结束数、每次增量这种方式，增量甚至可以是负数。例如，从 0 开始到 10 结束且每次增量为 3，可编程如下。

```
for i in range(0,10,3):
    print(i)
```

输出结果:

```
0
3
6
9
```

6.3　列表、元组和字典

序列是 Python 中最基本的数据结构。序列中的每个元素都分配一个数字——它的位置或索引，第一个元素的索引是 0，第二个元素的索引是 1，依此类推。在 Python 序列的内置类型中，常见的是列表和元组。除此之外，Python 还提供了一种存储数据的容器——字典。本节将对列表、元组和字典进行详细讲解。

6.3.1　列表

1. 列表概述

假设一个班有 50 个学生，如果要存储这个班级所有同学的姓名，那么就需要定义 100 个变量，每个变量存放一个学生的姓名。但是，如果有 1000 个甚至更多，那么该怎么办呢？

列表可以很好地解决上述问题。列表是 Python 中的一种数据结构，它可以存储不同类型的数据。创建列表的方式很简单，只需要把用逗号分隔的不同数据项使用方括号括起来即可。示例代码如下：

```
List_example=[2,'a',[2,'a']]
```

列表的索引是从 0 开始的，可以通过索引访问列表中的值，如例 6-12 所示。

【例 6-12】使用索引访问列表元素。

操作步骤：

```
list_example = ['xiaoWang', 'xiaoZhang', 'xiaoHua']
print(list_example[0])
print(list_example[1])
print(list_example[2])
```

程序的运行结果如图 6-17 所示。

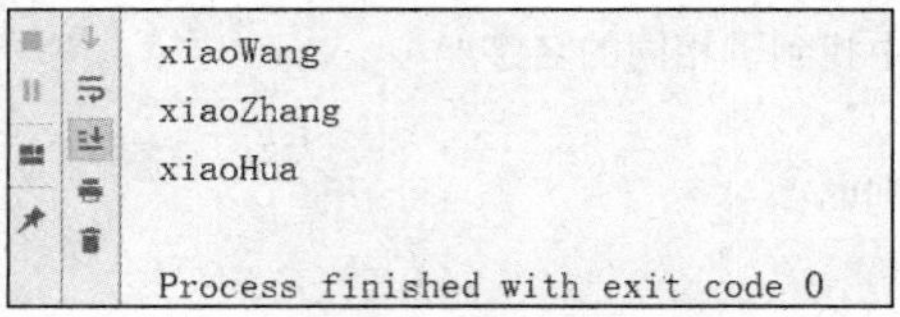

图 6-17　例 6-12 程序的运行结果

2. 列表的常见操作

（1）在列表中增加元素

【例 6-13】使用 append 方法向列表添加元素

操作步骤：

```
#定义变量 names_list，默认有 3 个元素
names_list = ['xiaoWang', 'xiaoZhang', 'xiaoHua']
print("-----添加之前，列表 names_list 的数据-----")
for temp in names_list:
    print(temp)
#提示并添加元素
temp_name = input('请输入要添加的学生姓名:')
names_list.append(temp_name)
print("-----添加之后，列表 names_list 的数据-----")
for temp in names_list:
    print(temp)
```

程序的运行结果如图 6-18 所示。

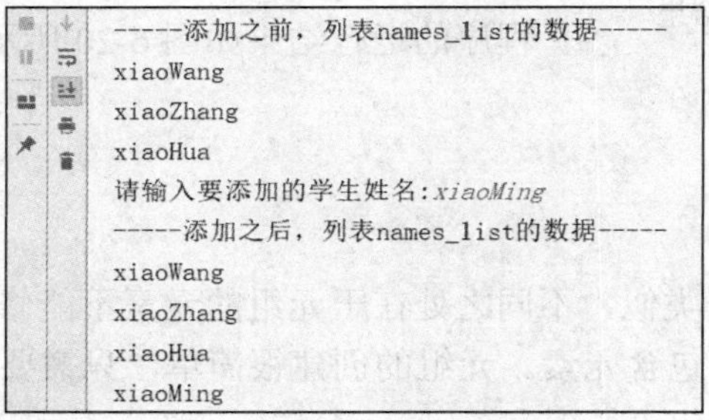

图 6-18　例 6-13 程序的运行结果

（2）在列表中查找元素

【例 6-14】在列表中查找元素。

操作步骤：

```
#待查找的列表
name_list = ['xiaoWang', 'xiaoZhang', 'xiaoHua']
#获取用户要查找的名字
find_name = input('请输入要查找的姓名:')
#查找是否存在
if find_name in name_list:
    print("在列表中找到了相同的名字")
else:
    print("没有找到")
print(temp)
```

程序的运行结果如图 6-19 所示。

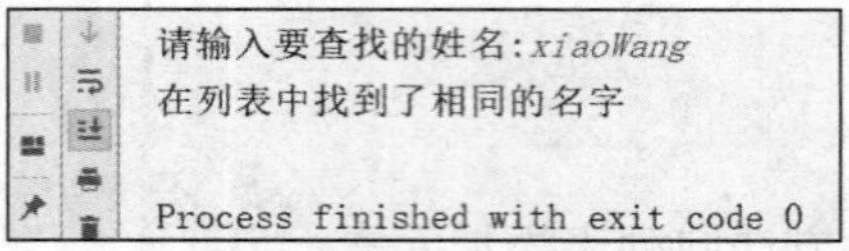

图 6-19 例 6-14 程序的运行结果

（3）在列表中删除元素

【例 6-15】使用 del 删除元素。

操作步骤：

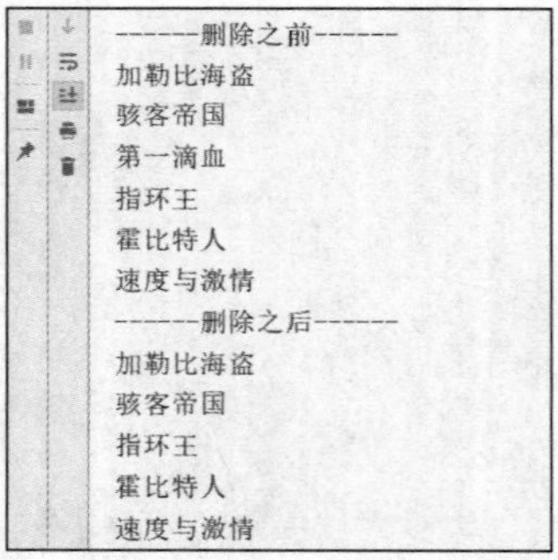

图 6-20 例 6-15 程序的运行结果

```
movie_name = ['加勒比海盗', '骇客帝国', '第一滴
    血', '指环王', '霍比特人','速度与激情']
print("------删除之前------")
for temp in movie_name:
    print(temp)
del movie_name[2]
print("------删除之后------")
for temp in movie_name:
    print(temp)
```

程序的运行结果如图 6-20 所示。

6.3.2 元组

1. 元组概述

Python 的元组与列表类似，不同之处在于元组的元素不能修改，元组使用圆括号包含元素，而列表使用方括号包含元素。元组的创建很简单，只需要在圆括号中添加元素，并使用逗号分隔即可。示例代码如下：

```
tuple_example=('a','b',1,2)
```

元组的索引是从 0 开始的，可以通过索引访问元组中的值，如例 6-16 所示。

【例 6-16】访问元组。

操作步骤：

```
tuple_demo = ('hello', 100, 4.5)
print(tuple_demo[0])
print(tuple_demo[1])
print(tuple_demo[2])
```

程序的运行结果如图 6-21 所示。

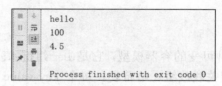

图 6-21　例 6-16 程序的运行结果

2. 元组内置函数

Python 提供的元组内置函数如表 6-5 所示。

表 6-5　Python 提供的元组内置函数

函数	描述
len(tuple)	计算元组元素个数
max(tuple)	返回元组中元素最大值
min(tuple)	返回元组中元素最小值
tuple(seq)	将列表转为元组

【例 6-17】元组中函数的使用。

操作步骤：

```
tuple_one = ('Google', 'Runoob', 'Taobao')
#计算元组元素个数
len_size = len(tuple_one)
print(len_size)
#返回元组元素最大值和最小值
tuple_two = ('5', '4', '8')
max_size = max(tuple_two)
min_size = min(tuple_two)
print(max_size)
print(min_size)
#将列表转为元组
list_demo = ['Google', 'Taobao', 'Runoob', 'Baidu']
tuple_three = tuple(list_demo)
```

```
print(tuple_three)
```

程序的运行结果如图 6-22 所示。

```
3
8
4
('Google', 'Taobao', 'Runoob', 'Baidu')

Process finished with exit code 0
```

图 6-22　例 6-17 程序的运行结果

6.3.3　字典

1. 字典概述

字典在 Python 中是一种可变的容器模型，它是由一组键-值（key-value）对组成，这种结构类型通常称为映射，或关联数组、哈希表。每个 key-value 之间用 "："隔开，每组用 "，" 分隔，整个字典用 "{}" 括起来，例如：

```
info = {'name': '班长', 'id': 100, 'sex': 'f', 'address': '地球亚洲中国北京'}
```

上面语句定义了一个字典，字典的每个元素都是由两部分组成的，分别是键和值。以 'name': '班长'为例，'name'为键，'班长'为值。需要注意的是，键必须是唯一的，而值可以是任何类型。

2. 字典的常见操作

（1）根据键访问值

【例 6-18】根据键访问字典中的值。

操作步骤：

```
info = {'name': '班长', 'id': 100, 'sex': 'f', 'address': '地球亚洲中国北京'}
print(info['name'])
print(info['address'])
```

程序的运行结果如图 6-23 所示。

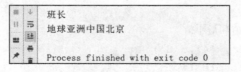

```
班长
地球亚洲中国北京

Process finished with exit code 0
```

图 6-23　例 6-18 程序的运行结果

（2）修改字典中的元素

【例 6-19】修改字典中的元素。

操作步骤：

```
info = {'name': '班长', 'id': 100, 'sex': 'f', 'address': '地球亚洲中国北京'}
```

```
new_id = input('请输入新的学号')
info['id'] = int(new_id)
print("修改之后的 id 为：%d" % info['id'])
```

程序的运行结果如图 6-24 所示。

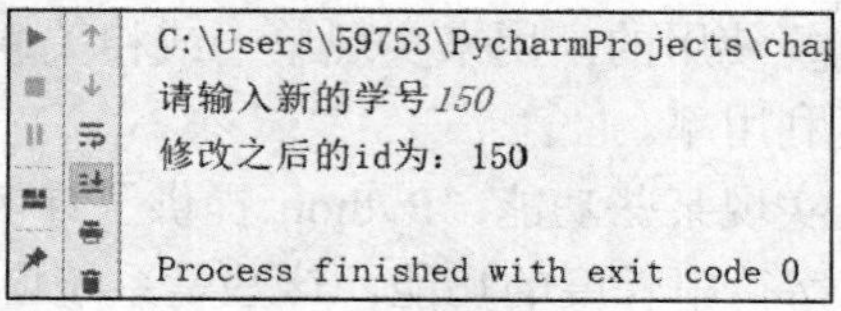

```
▶ ↑   C:\Users\59753\PycharmProjects\chap
■ ↓   请输入新的学号150
‖ ⇄   修改之后的id为：150
▣ ⛚
⬚ ⛁   Process finished with exit code 0
```

图 6-24　例 6-19 程序的运行结果

（3）添加字典元素

【例 6-20】添加字典元素。

操作步骤：

```
info = {'name': '班长', 'sex': 'f', 'address': '地球亚洲中国北京'}
new_id = input('请输入新的学号')
info['id'] = new_id
print(info)
```

程序的运行结果如图 6-25 所示。

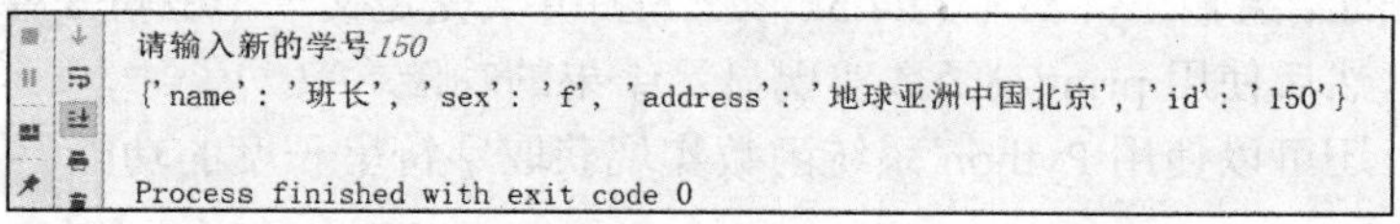

```
■ ↓   请输入新的学号150
‖ ⇄   {'name': '班长', 'sex': 'f', 'address': '地球亚洲中国北京', 'id': '150'}
▣ ⛚
⬚ ⛁   Process finished with exit code 0
```

图 6-25　例 6-20 程序的运行结果

（4）删除字典元素

【例 6-21】使用 del 删除字典元素。

操作步骤：

```
info = {'name': '班长', 'sex': 'f', 'address': '地球亚洲中国北京'}
print('删除前,%s' % info)
del info['name']
print('删除后,%s' % info)
```

程序的运行结果如图 6-26 所示。

```
■ ↓   删除前,{'name': '班长', 'sex': 'f', 'address': '地球亚洲中国北京'}
‖ ⇄   删除后,{'sex': 'f', 'address': '地球亚洲中国北京'}
▣ ⛚
⬚ ⛁   Process finished with exit code 0
```

图 6-26　例 6-21 程序的运行结果

6.4 函数和模块

6.4.1 函数的概念

函数是组织好的、可重复使用的，用来实现单一或相关联功能的代码块。函数能提高应用的模块性和代码的重复利用率。

函数最主要的作用就是实现某些功能。Python 提供了许多内置函数，如 print()实现结果的显示功能，len()实现取字符串长度的功能，这些是系统自带的函数，在安装好 Python 环境后，可以直接在代码中调用，非常方便。但是，这些内置函数存在无法修改、不可定制、比较死板的缺点。因此，用户可以自己创建函数，这种函数称为用户自定义函数。用户可以根据需求来编写，在不同代码中实现不同功能，且能够自由修改，使用非常灵活方便。

下面通过一些实例来展示函数的功能。

例如，可以使用系统函数 print()来实现显示结果的功能。

```
#两个数字相除
a=9/2
print(a)
```

此时，程序的结果输出并显示为 4.5。以上程序中，先定义一个变量 a 并把表达式"9/2"赋值给该变量，然后使用 print(a)函数实现显示结果的功能。

除此以外，还可以使用 Python 系统函数实现获取字符串长度的功能。

```
#实现获取字符串长度的功能
a="Python 编程"
print(len(a))
```

上面程序的结果显示为 8。该代码中，先定义一个变量 a 并把字符串"Python 编程"赋值给该变量，然后使用 len(a)函数实现取该字符串长度的功能，并通过 print()函数功能把结果显示出来。

除了以上提到的系统函数外，Python 还有很多系统函数，利用这些系统函数可以很方便地实现不同功能。这些系统函数是 Python 所定义和实现的，因此从安全性和正确性来看都不需要用户再去定义实现，在有需求时，直接调用即可。

6.4.2 函数的定义

1. 定义

在使用自定义函数之前，首先要定义该函数。在 Python 中，定义函数可以使用 def 关键字，其语法格式如下：

```
def 函数名([参数 1,参数 2,…,参数 n]):
函数体
```

其中，[]中的内容表示可以省略，即自定义函数在定义时既可以有参数，又可以没有参数，具体情况根据用户自定义函数的功能决定。

例如，可以定义一个函数名为 fun()的无参数函数，如下所示。

```
#函数的定义
def fun():
a="hello world"
print(a)
```

上面的函数定义好之后，就可以运行了，但是会发现实际并没有"hello world"字符串被输出，其原因在于函数在定义好之后，函数的代码（函数体）是不执行的，只有调用该函数后，对应的函数体才被执行。

Python 中函数调用的格式如下：

```
函数名([参数1,参数2,…,参数n])
```

由上面可知，当函数写完后，只有被调用后才能得到函数中函数体的执行结果，执行函数的代码如下：

```
#函数的定义
def fun():
a="hello world"
print(a)
#函数的调用
fun()
```

运行结果如下：

```
hello world
```

可以思考一下以下代码中函数的执行结果是什么？为什么？

```
#定义函数1
def fun1():
print("hello")
#定义函数2
def fun2():
print("world")
#调用函数
fun2()
fun1()
```

以上代码的执行结果如下：

```
world
hello
```

为什么先输出 fun2()函数的结果，再输出 fun1()函数的结果呢？这是因为函数的执行结果和它被调用的顺序有关，而与它被定义的顺序无关，因此"world"字符串显示在"hello"字符串之前。

在 Python 中，函数名后的"()"为空时，这种函数称为无参数函数。无参数函数虽然能实现一定的功能，但是在调用函数时不能与函数体中代码进行交互。例如，如果需要一个函数来判断输入两个数的大小，则函数就需要与函数体之外的代码交互了，这时就要用到函数的参数。函数的参数分为形参和实参。形参在函数定义时写在函数名后面的括号中，而实参在函数被调用时其值被传给形参。下面具体讲解形参与实参。

2. 形参

从本章前面的描述中已经知道，Python 中函数是为了完成某一种功能被创建出来的代码块。例如，系统函数 len()，其实现的功能是统计一个字符串的长度，如果在调用时不给 len() 函数传递实际字符串值（如"hello world"），那么将没有字符串可以用来做统计了。所以，在实际调用时，需要给该函数的实参 len("hello world")。函数的参数有两种，一种是实参，另一种是形参。

形参一般在函数定义时写在函数名后面的括号中，以变量名的形式出现，没有具体值，仅仅标明函数中哪个位置要使用哪个参数。

【例 6-22】显示两个数中较大的数。

```
#形参的定义
def fun(a,b):
    if a>b:
        print(a)
    else:
        print(b)
```

该例子中定义了一个函数名为 fun 的函数，并在函数名后面的括号中定义了两个参数 a 和 b，这两个参数就是形参。可以看到，在函数定义时，形参 a、b 并不代表具体的值，它们的作用只是在函数体中完成相应程序逻辑时接收传入的值。

3. 实参

实际上实参是对形参变量进行的赋值操作，在函数被调用时使用，指的是传给函数参数的具体值，即实际参数。下面通过一个例子来讲解实参的使用。

【例 6-23】统计任意字符串的长度。

操作步骤：

```
#实参的使用
def fun(a):
b=len(a)
print(b)
#将具体值（实参）传递给函数
fun("hello world")
```

程序的运行结果如下：

```
11
```

在上面的例子中，从调用函数开始，此时的实参为("hello world")，然后把这个实参（具体值）传递给函数定义的形参 a，a 此时已有具体的值，为字符串"hello world"，然后 a 又作为实参传递给系统函数 len(a)，最终得到字符串长度的统计结果。

4. 赋值传递

在例 6-23 中，调用函数时需要给函数传递实参，这个过程需要按照形参的数量来传递实参，而实际中还有一种参数传递的方式。利用这种方式在函数调用时只需要给部分形参传值即可，这就是赋值传递。下面通过一个例子来介绍赋值传递。

【例 6-24】赋值传递的方式。

操作步骤：

```
def fun(a,b=3):
    print(a)
    print(b)
fun(1)
fun(1,2)
```

程序的运行结果如下：

```
1
3
1
2
```

可以看到，该程序中，函数第二个形参在定义时进行了赋值，第一次函数调用时，只传递一个实参 1，此时显示的结果为实参值"1"和函数定义时给第二个形参赋值的结果"3"。如果将函数定义时给第二个形参 b 的赋值去掉，则结果出错。将以上程序做如下修改，并执行函数调用。

```
def fun(a,b):
    print(a)
    print(b)
fun(1)
```

程序运行后会出现如下错误：

```
TypeError Traceback (most recent call last)
<ipython-input-4-7682a6bc122e> in <module>
    2    print(a)
    3    print(b)
----> 4 fun(1)
TypeError: fun() missing 1 required positional argument: 'b'
```

可以发现运行该程序时因为参数错误，调用失败。原因是函数定义时并未对参数 b 赋值，所以在函数调用时，就必须给函数传递两个实参。

6.4.3　函数的使用

1. 函数的调用

6.4.2 节已经介绍了函数的定义及简单调用，下面介绍稍微复杂的函数调用及返回值的使用。利用函数返回值丰富函数的功能，这也是实际编程中常见的一种做法。

除了在函数定义完成后调用函数外，还可以在函数体中调用其他函数。

【例 6-25】函数 fun2()中调用函数 fun1()。

操作步骤：

```
#函数体内调用其他函数
def fun1():
    print("hello")
den fun2():
    fun1()
fun2()
```

这里需要注意的是，Python 中函数调用必须发生在函数已经定义好的情况下，即函数需要先定义，后调用。

如下的代码在执行时就会出错：

```
#未定义就调用，出错
fun()
def fun():
    print("hello world")
```

以上代码出错的原因在于，fun()函数的调用发生在定义之前。如果把例 6-25 中代码修改为如下代码，也会出错：

```
#错误的函数体内调用其他函数
den fun2():
    fun1()
fun2()
def fun1():
    print("hello")
```

这里的错误在于，虽然函数 fun2()的定义是在 fun2()函数调用之前，但是 fun2()函数体中调用函数 fun1()出现在函数 fun1()的定义之前。

2. 返回值

在 Python 中，有的函数没有返回值，有的函数具有返回值。有返回值的函数既可以返回一个值，又可以返回多个值。返回值的作用在于能够在函数执行结束后把执行结果"告诉"函数的调用者。函数的返回值通过 return 语句来实现。

下面介绍返回值的第一种情况，即只有一个返回值的情形。

```
#一个返回值的情况
def fun(a):
b=a/2
return b
print(fun(2))
```

程序的执行结果如下：

```
1.0
```

分析以上程序，首先定义函数 fun(a)，其中 a 是函数的形参，在函数体计算 a/2 的结果，最后使用 return 语句返回执行结果 b，此时函数的返回值即为 b 的值。

这种情况下函数只有一个返回值，如果函数需要返回多个值，应使用如下代码所示的第二种返回值方式。

```
#多个返回值的情况
def fun(a,b):
c=a+b
return (a,b,c)
#返回值第一种接收方式
d=fun(1,2)
print(d)
#返回值第二种接收方式
x,y,z=fun(1,2)
print(x)
print(y)
print(z)
```

程序的运行结果如下：

```
(1, 2, 3)
1
2
3
```

如果函数需要返回多个值，可以使用 return(值 1,值 2,…,值 n)的形式。返回之后，可以调用函数执行，如果要使用对应的返回值，则首先需要获取对应的返回值，此时对返回值进行接收。而接收的方式有两种，第一种是集中接收，第二种是分散接收。第一种方式返回值赋给一个变量，此时该变量以元组的方式集中接收对应的返回值，所以 print(d)输出了元组(1, 2, 3)，元组中 3 个元素分别对应函数中的 3 个返回值。第二种方式，即采用分散接收时，需要将返回值赋值给多个变量，有几个返回值，就需要多少个变量进行接收，所以 x 接收第一个返回值，y 接收第二个返回值，z 接收第三个返回值，故而分别输出 1、2、3。

6.4.4　模块的概念

6.4.3 节介绍了函数的使用，函数的作用是实现某些功能。本节要介绍的模块是函数的扩展，它是实现单个或多个功能的程序块。从其定义就可看出，函数是一段程序，而模块是一个程序块，显然模块的作用和范围比函数要广。在模块中既可以定义多个函数，又可以使用多个函数。

简而言之，在 Python 中，一个文件（以.py 为扩展名的文件）就称为一个模块，每一个模块在 Python 中都被看作一个独立的文件。模块可以被项目中的其他模块、脚本，甚至交互式的解析器所使用。其他程序可以引用模块，从而使用该模块中的函数等功能，使用 Python 中的标准库也是采用这种方法。

在 Python 中模块分为以下 3 种：

1）系统内置模块，如 sys、time、json 模块等。

2）自定义模块，即用户写的模块，对某段逻辑或某些函数进行封装后供其他函数调用。

注意，自定义模块的命名不能和系统内置的模块重名，否则将不能导入系统的内置模块。例如，自定义了一个 sys.py 模块后，系统的 sys 模块将不能使用。

3）第三方模块，这部分模块可以通过 pip install 进行安装，有开源的代码。

要在 Python 中找到模块对应的程序代码，需要先打开 Python 的安装目录，其目录下有一个名为 Lib 的文件夹，如图 6-27 所示。

Lib 文件夹即为存放模块的目录，打开后可以看到其内容，如图 6-28 所示。

图 6-27　安装目录下的 Lib 文件夹　　　图 6-28　Lib 文件夹的内容

在该文件夹中可以找到一个名为 site-packages 的文件夹，如图 6-29 所示，这就是存放第三方模块的地方。

打开该目录后可以发现之前安装过的第三方模块会在这里出现。例如，第 7 章中要用到的在 Python 中进行数组计算的数学库模块 NumPy，如图 6-30 所示。

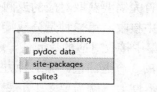
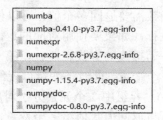

图 6-29　Lib 文件夹下的 site-packages 文件夹　　　图 6-30　第三方模块 NumPy

如果要查看其源代码，只需要打开模块文件夹后再用编辑器打开其对应的程序文件即可。

6.4.5　模块的导入

模块在使用前需要先导入。只有导入后才能使用该模块中的对应功能。导入模块的语句有两种：import、from-import。

1. 使用 import 语句

使用 import 语句来引入模块，语法格式如下：

```
import module1[, module2[,…moduleN]]
```

例如，要引用模块 time，就可以在程序文件开始处用 "import time" 来引入。在调用 time 模块中的函数时，必须如例 6-26 中一样引用。

【例 6-26】 打印当前时间。

```
#导入 time 模块
import time
#按照 "年-月-日" 格式输出本机时间
time.strftime("%Y-%m-%d %X",time.localtime())
```

程序的运行结果如下：

```
'2019-05-26 15:39:39'
```

上面代码中先通过 "import 模块名" 的方式来引入模块。引入后，若要实现输出本机时间的功能，则需要用到 time 模块中的 strftime() 函数，此时只需使用 "模块名.函数名" 的方式来调用 time 模块中的 strftime() 函数，执行该程序后即可实现其要求。

2. 使用 from-import 语句

如果把例 6-26 中的例子做如下修改：

```
#使用 from-import 导入模块中要使用的函数
from time import strftime
#这里直接调用函数即可
strftime("%Y-%m-%d %X",time.localtime())
```

以上程序的运行结果和例 6-26 完全一样，但是可以看到，这个声明不会把整个 time 模块导入当前的程序，它只会将 time 模块中的 strftime 函数引入程序。可以发现，用这种方式引入的函数不需要在函数名前添加模块名，直接使用函数名即可实现对应函数的调用。

这两种方式的区别：第一种方式相当于导入该模块，却并没有直接导入对应函数或属性，所以要使用对应的函数或属性必须通过该模块调用；第二种方式相当于直接导入对应函数或属性，所以可以直接使用该函数名或属性名来调用对应函数或属性。

类似的，还可以使用 "from-import *"，将某个模块中所有的函数和属性直接导入。

3. 主模块和非主模块

每个模块都有自己的名称，这里新建一个名为 ptest.py 的程序文件，将其存放到 Lib 文件夹下，则该程序文件就成为一个模块。打开该程序文件，写入如下程序语句：

```
print(__name__)
```

如果在 IDLE 中打开该文件，直接按 F5 键执行，则会显示如下结果：

```
__main__
```

打开编辑器，先通过 import 语句导入，再执行该模块，代码如下：

```
import ptest
ptest
```

程序的运行结果如下：

```
ptest
```

可以看到，__name__ 属性就是当前模块的名称，而对于同样一个模块文件，为什么执行结果不同呢？这是因为在 Python 中，若直接执行某个文件，该文件为主模块，其__name__属性值为__main__，而用 import 语句导入该模块后，该模块文件则为非主模块，__name__属性值为文件名，此时的主模块为 import 语句所在的文件。

Python 中有主模块和非主模块之分，如果一个模块的__name__属性值为__main__，则这个模块就是主模块，反之亦然。而__name__属性值是系统给出的，该属性的功能就是判断一个模块是否为主模块。

【例 6-27】编写一个程序，如果该程序直接执行，则运行代码块 1；如果该程序被调用，则运行代码块 2。

```
if __name__=="__main__":
    print("it's main")
else:
    print("it's not main")
```

如果直接执行该代码，则会显示如下结果：

```
it's main
```

如果将其写入一个独立的模块文件并保存到 Lib 文件夹中，使用 import 语句导入该模块后执行该模块，则会显示如下结果：

```
it's not main
```

本 章 小 结

本章首先讲解了 Python 中的变量、常量、数据类型及操作符，然后介绍了 Python 中的常用结构，包括顺序结构、选择结构、循环结构。其中，选择结构主要使用 if 语句（Python 中不支持 switch-case 语句），循环结构主要使用 for 语句和 while 语句。之后，介绍了列表、元组、字典 3 种类型的基本概念及它们的基本用法。

Python 中使用函数是为了将代码按功能进行封装，在函数定义完成后才能调用该函数。如果函数定义时有形参，则在函数调用时为其传递一个实参。如果函数是有返回值的，则可以在函数调用时用一个变量来接收其返回值。

模块是函数功能的扩展，一个模块中包含多个函数和属性。在使用模块时，可以通过"import 模块名"格式进行导入；导入后要使用对应函数或属性，可以通过"模块名.函数或属性"进行调用。也可以通过"from 模块名 import 函数或属性"格式进行导入，导入后直接使用模块中对应的函数。

习　　题

一、填空题

1. （　　）语句是 else 语句和 if 语句的组合。
2. 如果希望循环是无限的，可以通过设置条件表达式设置为（　　）来实现无限循环。
3. Python 序列类型包括列表、元组、字典 3 种，（　　）是 Python 中唯一的映射类型。
4. 元组使用（　　）存放元素。
5. 在列表中查找元素时可以使用（　　）和 in 运算符。

二、选择题

1. 下列选项中，会输出 1、2、3 这 3 个数字的是（　　）。

A. for i in range(3):
　　　print(i)

B. for i in range(2):
　　　print(i+1)

C. aList=[0,1,2]
　　for i in aList:
　　　print(i+1)

D. i=1
　　while i<3
　　　print(i)
　　　i=i+1

2. 阅读下面的代码：

```
sum=0
for I in range(100):
if(i%10):
    continue
sum=sum+1
print(sum)
```

上述程序执行的结果是（　　）。

A. 5050　　　　　B. 4950　　　　　C. 450　　　　　D. 45

3. 已知 x=10，y=20，z=30；以下语句执行后 x、y、z 的值是（　　　）。

```
if x<y:
    z=x
x=y
y=z
```

　　A．10,20,30　　　　B．10,20,20　　　　C．20,10,10　　　　D．20,10,30

4. 关于列表的说法中描述错误的是（　　　）。

　　A．list 是一个有序集合，没有固定大小

　　B．list 可以存放任意类型的元素

　　C．使用 list 时，其下标可以是负数

　　D．list 是不可变的整数类型

5. 执行下面的操作后，list_two 的值为（　　　）。

```
list_one=[4,5,6]
list_two= list_one
list_one[2]=3
```

　　A．[4,5,6]　　　　B．[4,3,6]　　　　C．[4,5,3]　　　　D．A、B、C 都不正确

6. 下列选项中，正确定义了一个字典的是（　　　）。

　　A．a=['a',1,'b',2,'c',3]　　　　　　　B．a=('a',1,'b',2,'c',3)

　　C．c= a={'a',1,'b',2,'c',3}　　　　　D．d= a=['a':1,'b':2,'c':3]

7. 下列函数中，用于返回元组中最小值的是（　　　）。

　　A．len　　　　　　B．max　　　　　　C．min　　　　　　D．tuple

8. 取余运算表达式 a=10%3 的运算结果为（　　　）。

　　A．3　　　　　　　B．3.3　　　　　　C．1　　　　　　　D．2

9. 计算字符串长度的函数 len("China people")的运行结果为（　　　）。

　　A．10　　　　　　　B．11　　　　　　C．12　　　　　　D．13

10. 定义函数时，使用的关键字是（　　　）。

　　A．def　　　　　　B．fun　　　　　　C．function　　　　D．var

11. 导入模块时，下列不正确的做法是（　　　）。

　　A．import time

　　B．from time import strftime

　　C．import time as tm

　　D．from strftime import time

12. 对于主模块和非主模块的描述正确的是（　　　）。

　　A．主模块必须命名为 main

　　B．非主模块不能命名为 main

　　C．主模块_name__属性值为__main__

　　D．非主模块_name__属性值为__main__

三、判断题

1. elif 可以单独使用。　　　　　　　　　　　　　　　　　　　　　（　　　）
2. 在 Python 中没有 switch-case 语句。　　　　　　　　　　　　　（　　　）
3. 循环语句可以嵌套使用。　　　　　　　　　　　　　　　　　　　（　　　）
4. 列表的索引是从 0 开始的。　　　　　　　　　　　　　　　　　　（　　　）
5. 通过下标索引可以修改和访问元组的元素。　　　　　　　　　　　（　　　）
6. 字典中的值只能是字符串类型。　　　　　　　　　　　　　　　　（　　　）

四、简答题

请简述元组、列表和字典的区别。

第7章
Python 与 Office 的综合应用

7.1 Python 文件操作与扩展库

7.1.1 Anaconda 环境

Anaconda 是一个包含数据科学常用包的 Python 发行版本。它基于 conda（一个包和环境管理器）衍生而来，使用 conda 创建环境，以区分使用不同 Python 版本和不同程序包的项目。另外，还可以使用 conda 在环境中安装、卸载和更新包，特别是其包含的程序与语句编辑器 Jupyter Notebook，使用 Jupyter Notebook 会使处理数据和编写 Python 代码的过程更加简单。

Jupyter Notebook 源自 2011 年的 IPython 项目，之后迅速流行起来。Jupyter Notebook 是一种 Web 文档，能让用户将文本、图像和代码全部组合到一个文档中。Jupyter Notebook 已经成为数据分析的标准环境。

1. 安装 Anaconda

Anaconda 可用于 Windows、Mac OS X 和 Linux 等操作系统，下载地址为 https://www.anaconda.com/distribution/#download-section，进入网站后，选择相应的版本进行下载即可，如图 7-1 所示。

图 7-1　Anaconda 下载界面

安装过程中除了需确定安装位置外，还需确定图 7-2 所示的内容。

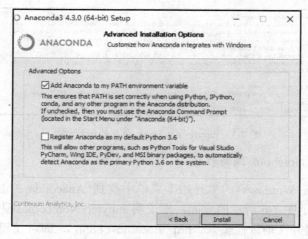

图 7-2　Anaconda 安装中选择是否加入环境变量

图 7-2 所示的界面中第一个复选框用于确定是否把 Anaconda 加入环境变量，这涉及能否直接在程序运行窗口中使用 conda、jupyter、ipython 等命令，推荐勾选此项。如果未勾选此项，可以在之后使用 Anaconda 提供的命令行工具时进行操作；第二个复选框用于确定是否设置 Anaconda 所带的 Python 3.7 为系统默认的 Python 版本。如果计算机中还安装了其他编程环境，则视情况确定是否勾选此项。安装完成以后，就可以打开 Windows 系统中的程序运行窗口（C:\Windows\System32\cmd.exe）测试安装结果。输入"python"命令，如果能看到图 7-3 所示的结果，则说明 Python 环境已安装完成。

```
C:\Windows\System32>python
Python 3.7.1 (default, Dec 10 2018, 22:54:23) [MSC v.1915 64 bit (AMD64)] :: Anaconda, Inc. on win32
Type "help", "copyright", "credits" or "license" for more information.
>>> _
```

图 7-3　python 命令的运行结果

依次输入"conda""jupyter notebook"命令，如果能看到图 7-4 和图 7-5 所示的结果，则说明 Anaconda 安装成功。

注意，python 是进入 python 交互命令行，conda 是 Anaconda 的配置命令，jupyter notebook 则会启动 Web 端的 ipython notebook。

```
C:\Windows\System32>conda
usage: conda [-h] [-V] command ...

conda is a tool for managing and deploying applications, environments and packages.

Options:

positional arguments:
  command
    clean      Remove unused packages and caches.
    config     Modify configuration values in .condarc. This is modeled
               after the git config command. Writes to the user .condarc
               file (C:\Users\    .condarc) by default.
    create     Create a new conda environment from a list of specified
               packages.
```

图 7-4　conda 命令的运行结果

```
C:\Windows\System32>jupyter notebook
[I 17:46:48.622 NotebookApp] JupyterLab extension loaded from D:\MyWeapons\Anaconda3\lib\site-packages\jupyterlab
[I 17:46:48.623 NotebookApp] JupyterLab application directory is D:\MyWeapons\Anaconda3\share\jupyter\lab
[I 17:46:48.624 NotebookApp] Serving notebooks from local directory: D:\codeproject\python\Jupyter
[I 17:46:48.625 NotebookApp] The Jupyter Notebook is running at:
[I 17:46:48.625 NotebookApp] http://localhost:8888/?token=5f092b1c5c5890a726bb2d04b77793358a313852e882caab
[I 17:46:48.625 NotebookApp] Use Control-C to stop this server and shut down all kernels (twice to skip confirmation).
[C 17:46:48.675 NotebookApp]

    To access the notebook, open this file in a browser:
        file:///C:/Users/%E7%8E%8B%E8%85%BE/AppData/Roaming/jupyter/runtime/nbserver-116712-open.html
    Or copy and paste one of these URLs:
        http://localhost:8888/?token=5f092b1c5c5890a726bb2d04b77793358a313852e882caab
```

图 7-5　jupyter notebook 命令的运行结果

2. 使用 Jupyter Notebook 编写程序

安装完成后，在 Windows 的"开始"菜单中找到 Anaconda 3 目录，单击"Jupyter Notebook"，如果显示图 7-6 所示的界面，则说明 Jupyter Notebook 编程环境可以使用了。之后打开任意浏览器并在地址栏输入"http://localhost:8888"，即可使用。

```
Jupyter Notebook                                                                    —    □    ×
[I 17:58:56.721 NotebookApp] JupyterLab extension loaded from D:\           \Anaconda3\lib\site-packages\jupyterlab
[I 17:58:56.725 NotebookApp] JupyterLab application directory is D:\        \Anaconda3\share\jupyter\lab
[I 17:58:56.726 NotebookApp] Serving notebooks from local directory: D:\codeproject\python\Jupyter
[I 17:58:56.727 NotebookApp] The Jupyter Notebook is running at:
[I 17:58:56.727 NotebookApp] http://localhost:8888/?token=56b1ec29a6a89cd6cb68b502a47f8865a513a678605f181e
[I 17:58:56.727 NotebookApp] Use Control-C to stop this server and shut down all kernels (twice to skip confirmation).
[C 17:58:56.782 NotebookApp]

    To access the notebook, open this file in a browser:
        file:///C:/Users/          /AppData/Roaming/jupyter/runtime/nbserver-114928-open.html
    Or copy and paste one of these URLs:
        http://localhost:8888/?token=56b1ec29a6a89cd6cb68b502a47f8865a513a678605f181e
```

图 7-6　Jupyter Notebook 编程环境服务已启动

7.1.2　PyCharm 的安装与使用

1. PyCharm 的安装

PyCharm 是一种 Python IDE，带有一整套可以帮助用户在使用 Python 语言开发时提高效率的工具，如调试、语法高亮、Project 管理、代码跳转、智能提示、自动完成、单元测试、版本控制。此外，该 IDE 提供了一些高级功能，以支持 Django 框架下的专业 Web 开发。Windows 版本 PyCharm 的下载地址为 http://www.jetbrains.com/PyCharm/download/#section=windows，进入该网站后会看到图 7-7 所示的界面。其中，Professional 表示专业版，Community 表示社区版，推荐安装社区版。

图 7-7　PyCharm 下载界面

下载完成后，即可进行安装。在安装过程中应选择安装路径，如图 7-8 所示，其余安装步骤均保持默认选项即可。

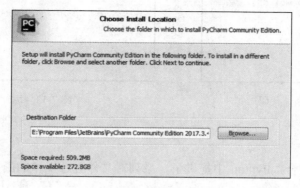

图 7-8　选择 PyCharm 的安装路径

在 7.1.1 节已经安装了 Anaconda，因此 Python 解释器已经安装且配置好了，可以直接使用 PyCharm 进行编程。

2．PyCharm 的使用

PyCharm 安装完成后，将其打开，会显示图 7-9 所示的界面，这里首先要建立一个 Python 项目。选择"Create New Project"选项，在"New Project"窗口中填写项目存放路径，然后单击"Create"按钮，等待项目创建完成。

项目创建完成后，即可开始编写代码。在此之前要先新建一个 Python 文件，方法为选中项目名，右击，在弹出的快捷菜单中选择"New"｜"Python File"命令，如图 7-10 所示，弹出"New Python file"对话框，在"Name"文本框中输入 test，单击"OK"按钮即可。此时，可以在左边的项目目录中看到图 7-11 所示的 test.py 文件。

图 7-9　PyCharm 的启动界面

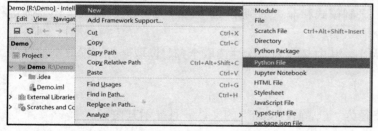

图 7-10　新建 Python 文件

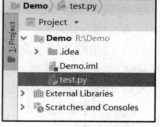

图 7-11　已创建的文件

双击"test.py"，在右边的代码编辑区输入图 7-12 所示的代码，在空白处右击，在弹出的快捷菜单中选择"run"命令，即可运行 test.py 中的代码。其运行结果会显示在代码编辑区下面的结果窗格中，如图 7-13 所示。

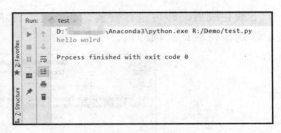

图 7-12　测试代码　　　　　　　　　　　　　图 7-13　运行结果

7.1.3　文件的读写

文件是数据的集合，Python 中提供了一系列对文件进行操作的函数。常用的文件操作函数如表 7-1 所示。

表 7-1　常用的文件操作函数

函数	参数	功能
open(file,op)	file 为文件名，file 的路径默认为程序所在的位置，也可指定 file 的路径；op 为操作文件的方式	打开指定文件 file，若文件不存在则创建
read([len])	len 为可选参数，可读取指定长度的文件，不指定长度则全部读取	读取文件
readlline()	无	从文本中读取一行文本，包括换行符"\n"
readlines()	无	文件中剩余的文本（行）组成的列表，遍历返回的列表即可得到每一行的内容
write(astring)	astring 为向文件中写入的内容	向文件中写入内容，写入的内容不会自动换行，但可使用换行符"\n"
close()	无	关闭文件，对一个文件的操作结束时调用

1．读取文件

Python 中读取文件的流程如下：

1）确定读取模式，包含二进制模式和非二进制模式。其中，非二进制模式下还要确定以什么编码方式读取。

2）确定每次读取文件的大小，其中又分为一次性读取全部、读取一行、读取全部且分行存储。

3）关闭文件。

【例 7-1】读取一个文件路径为"C:\静夜思.txt"的文件，且显示其内容。

操作步骤：

```
#以非二进制默认编码方式打开
fh = open("C:\静夜思.txt")
#方式1：一次性读取所有内容
content = fh.read()
print(content)
#关闭文件
```

```
fh.close()
#以非二进制默认编码方式打开
fh = open("C:\静夜思.txt")
#方式 2：每次读取一行内容
flag = True
while flag:
    content = fh.readline()
    if content != "":
        print(content)
    else:
        flag = False
#关闭文件
fh.close()
#以非二进制默认编码方式打开
fh = open("C:\静夜思.txt")
#方式 3：一次读取全部内容，但是按行存储
content = fh.readlines()
print(content)
#关闭文件
fh.close()
```

程序的运行结果如图 7-14 所示。

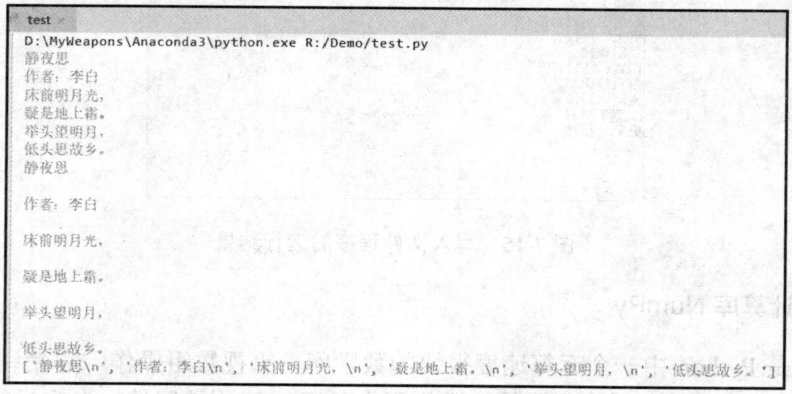

图 7-14　读取文件程序的运行结果

2. 写入文件

Python 中写入文件的步骤如下：

1）确定文件打开模式，和读取一样有二进制模式和非二进制模式两种模式。其中，非二进制模式中还需要确定编码方式，即在 utf-8、gbk、gb2312 等编码方式中选择一个。

2）确定写入方式，包含追加式写入和覆盖式写入。追加式写入一般使用 a 模式，覆盖式写入一般使用 w 模式。

3）使用 write() 和 writelines() 两种函数写入。

4）关闭文件。

【例 7-2】向一个文件路径为 "C:\登鹳雀楼.txt" 的文件中写入内容："白日依山尽，黄河入海流。欲穷千里目，更上一层楼。"。

操作步骤：

```
#方式 1：直接写入全部内容
content="登鹳雀楼\n 作者：王之涣\n 白日依山尽，\n 黄河入海流。\n 欲穷千里目，\n 更
    上一层楼。\n"
fh=open("C:\登鹳雀楼.txt","a")
fh.write(content)
fh.close()
#方式 2：按行写入内容
content=["登鹳雀楼\n","作者：王之涣\n","白日依山尽，\n","黄河入海流。\n","欲穷
    千里目，\n","更上一层楼。\n"]
fh=open("C:\登鹳雀楼.txt","a")
fh.writelines(content)
fh.close()
```

程序的运行结果如图 7-15 所示。

图 7-15 写入文件程序的运行结果

7.1.4 科学计算库 NumPy

NumPy 是 Python 中一个运算速度很快的数学库，重视数组操作。它允许在 Python 中进行向量和矩阵计算，并且许多底层函数实际上是用 C 语言编写的，专为进行严格的数字处理而产生，多为很多大型金融公司及核心的科学计算组织使用，如 Lawrence Livermore，NASA 用其处理一些本来使用 C++、Fortran 或 MATLAB 等所做的任务。

下面使用一个例子来简单介绍 NumPy 在矩阵中的应用。

【例 7-3】实现两个 5×5 矩阵的四则运算。

操作步骤：

```
#导入 NumPy 模块
import numpy as np
#创建数组 a
```

```
a = np.arange(25)
#把 a 设置成 5×5 的矩阵
a = a.reshape((5, 5))
#创建数组 b
b = np.array([10, 62, 1, 14, 2, 56, 79, 2, 1, 45,
              4, 92, 5, 55, 63, 43, 35, 6, 53, 24,
              56, 3, 56, 44, 78])
#把 b 设置成 5×5 的矩阵
b = b.reshape((5,5))
#打印矩阵四则运算结果
print(a + b)
print(a - b)
print(a * b)
print(a / b)
```

程序的运行结果如图 7-16 所示。

```
[[ 10  63   3  17   6]
 [ 61  85   9   9  54]
 [ 14 103  17  68  77]
 [ 58  51  23  71  43]
 [ 76  24  78  67 102]]
[[-10 -61   1 -11   2]
 [-51 -73   5   7 -36]
 [  6 -81   7 -42 -49]
 [-28 -19  11 -35  -5]
 [-36  18 -34 -21 -54]]
[[   0   62    2   42    8]
 [ 280  474   14    8  405]
 [  40 1012   60  715  882]
 [ 645  560  102  954  456]
 [1120   63 1232 1012 1872]]
[[0.          0.01612903 2.          0.21428571 2.         ]
 [0.08928571 0.07594937 3.5        8.          0.2        ]
 [2.5        0.11956522 2.4        0.23636364 0.22222222]
 [0.34883721 0.45714286 2.83333333 0.33962264 0.79166667]
 [0.35714286 7.          0.39285714 0.52272727 0.30769231]]
```

图 7-16　NumPy 矩阵计算的运行结果

7.2　Python 面向对象程序设计

　　类是现实世界或思维世界中实体在计算机中的反映。类是对象的抽象，对象是类的具体实例。面向对象软件开发思想是软件工程领域中的重要思想，这种软件开发思想比较自然地模拟了人类对客观世界的认识，是计算机软件工程学的主流方法。

　　在现实世界中存在不同形态的事物，事物之间又存在多种联系。在程序中使用对象来映射现实中的事物，使用对象间的关系来描述事物之间的联系，这种思想就是面向对象。一个对象就是一个实体，如一辆自行车或一个人。每种对象都具有一些属性以相互区分，如自行车的尺寸、颜色等。例如，一辆山地车和公路赛车就分别定义了自行车对象的两个不同的实例。不同类别的对象其属性会有所不同，而且同一对象中不同实例的属性构成也可能有差异。例如，自行车对象的属性与人这个对象的属性显然不同，同属自行车对象的普通自行车和专用自行车的属性构成也不尽相同。对象除了属性以外还有方法，对象的方法就是对象可以执行的行为，如自行车骑行、充气等。

7.2.1　声明类

面向对象最重要的概念就是类和实例，类是抽象的模板，如 Student 类；而实例是根据类创建出来的一个个具体的对象，每个对象都拥有相同的方法，但各自的数据可能不同。

类由 3 部分组成，即类名（类的名称），它的首字母一般是大写，如 Person；属性，用于描述事物的特征，如人有姓名、性别、年龄等特征；方法，用于描述事物的行为，如人具有说话、行走等行为。

Python 使用关键字 class 来声明一个类，其基本语法格式如下：

```
class 类名:
    类的属性
    类的方法
```

声明一个自行车类的代码示例如下：

```
class Bicycle(object):
    #属性
    #方法
    def ride(self):
        print("--骑行--")
```

在上述示例中，使用 class 定义了一个名称为 Bicycle 的类，其后的(object)表明该类是从哪个类继承下来的。通常没有合适的继承类就使用 object 类，其是所有类最终都会继承的类。类中还有一个 ride 方法，该方法必须显式地声明一个 self 参数，而且位于参数列表的开头，self 代表类的实例（对象）本身，可以用来引用对象的属性和方法。

7.2.2　对象的创建与构造方法

Python 程序要完成具体的功能，还需要根据类来创建实例对象。创建对象的语法格式如下：

```
对象名=类名()
```

例如，定义了 Bicycle 类后，可根据 Bicycle 类创建出 Bicycle 的实例，创建实例是通过"类名+()"实现的：

```
roller-bike=Bicycle()
```

在上述代码中，roller-bike 实际上是一个变量，可以使用它来访问类的属性和方法。为对象添加属性的语法格式如下：

```
对象名.属性名=值
```

例如，使用 roller-bike 给 Bicycle 类的对象添加 color 属性，代码如下：

```
roller-bike.color = "黑色"
```

【例 7-4】定义一个包含构造方法的 Bicycle 类，要求通过类创建对象，添加属性并调用方法。

操作步骤：

```python
#定义类
class Bicycle(object):
    #定义构造方法
    def __init__(self, color):
        self.color = color
    #定义方法，骑行
    def ride(self):
        print("自行车在骑行")
    #定义方法，鸣笛
    def toot(self):
        print("自行车在鸣笛")
#创建对象
racingCycle = Bicycle("红色")
#调用方法
racingCycle.ride()
racingCycle.toot()
#访问属性
print("自行车颜色: ", racingCycle.color)
```

程序的运行结果如图 7-17 所示。

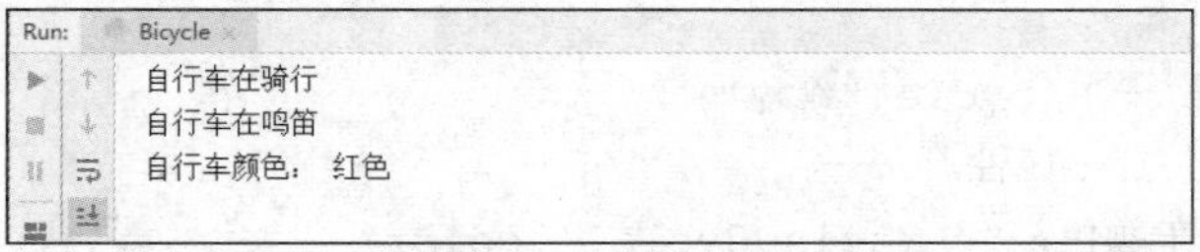

图 7-17　创建对象、添加属性程序的运行结果

例题解析：在例 7-4 中定义了一个 Bicycle 类，类中定义了 ride 和 toot 两个方法，然后创建了一个 Bicycle 类的对象赛车 racingCycle。

Python 提供了一个构造方法，该方法的固定名称为 __init__（两个下划线开头和两个下划线结尾）。当创建类的实例时，系统会自动调用构造方法，从而实现对类进行初始化的操作。程序代码中的第 3~5 行自定义了带有参数的构造方法，并把参数的值赋值给 color 属性，保证了 color 属性的值随参数接收到的值而变化。

然后，依次调用了 ride() 和 toot() 方法，并打印输出了该实例 color 属性的值。

7.2.3　访问限制

在类内部，可以有属性和方法，而外部代码可以通过直接调用实例变量的方法来操作数据，这样就隐藏了内部的复杂逻辑。从 7.2.2 节 Bicycle 类的定义来看，外部代码可以自由地修改一个实例的 color 属性。分析如下代码：

```
#创建对象
racingCycle=Bicycle("红色")
racingCycle.color="黑色"
#输出自行车 color 属性
print("自行车颜色：", racingCycle.color)
```

程序的运行结果如图 7-18 所示。

图 7-18　程序的运行结果

该程序段语句 racingCycle.color="黑色"，就是由外部代码改变了实例 racingCycle 的 color 属性。

如果要让内部属性不被外部访问，可以在属性的名称前加上两个下划线"__"。在 Python 中，实例的变量名如果以"__"开头，则其就变成了一个 private 私有变量，只有内部可以访问，外部不能访问。

【例 7-5】定义一个内部属性不能被外部访问的 Bicycle 类，并验证效果。

操作步骤：

```
class Bicycle(object):
    #定义构造方法
    def __init__(self, color):
        self.__color = color
#创建对象
racingCycle = Bicycle("红色")
#输出自行车 color 属性
print("自行车颜色：", racingCycle.__color)
```

程序的运行结果如图 7-19 所示。

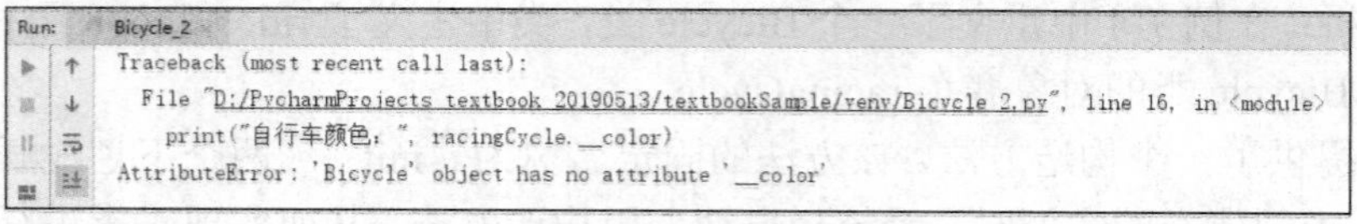

图 7-19　私有变量程序的运行结果

例题解析：外部代码 print("自行车颜色：", racingCycle.__color)中的 racingCycle.__color 已经无法从外部访问实例变量__color。这样保证了外部代码不能随意修改对象内部的状态，通过访问限制使代码更加健壮。在程序编码中，如果外部代码要获取 color 值，可以采取为 Bicycle 类增加 get_color()的方法；如果允许外部代码修改 score，可以再给 Bicycle 类增加 set_color()的方法。

【例 7-6】定义一个 Bicycle 类，其内部属性可通过定义特定方法的方式允许被外部访问和修改，并验证效果。

操作步骤：

```
#定义类
class Bicycle(object):
    #定义构造方法
    def __init__(self, color):
        self.__color = color
    #定义方法，获取 color
    def get_color(self):
        return self.__color
    #定义方法，设置 color
    def set_color(self, color):
        self.__color=color
#创建对象
racingCycle = Bicycle("红色")
#输出自行车 color 属性
print("自行车颜色：", racingCycle.get_color())
#修改自行车颜色
racingCycle.set_color("蓝色")
#输出自行车 color 属性
print("自行车颜色：", racingCycle.get_color())
```

程序的运行结果如图 7-20 所示。

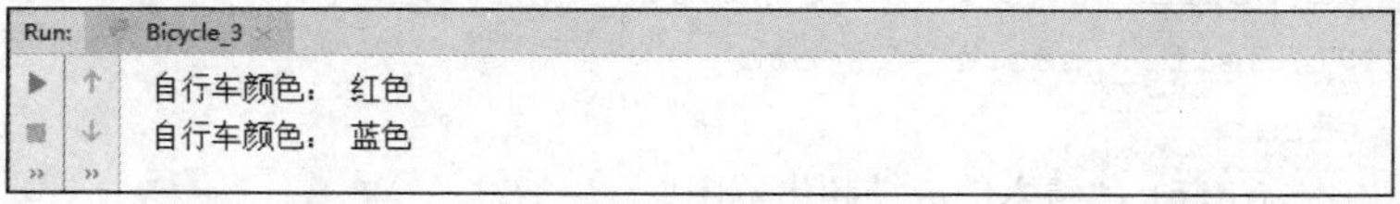

图 7-20　内部属性可访问程序的运行结果

例题解析：第一次出现的运行结果"自行车颜色：红色"在创建对象时通过构造方法确定。第二次出现的运行结果"自行车颜色：蓝色"由 racingCycle.set_color("蓝色")在外部修改。获取内部 color 值，都是由 racingCycle.get_color()实现的。

7.2.4　封装

封装是面向对象方法的特点之一。把隐藏属性、方法与方法实现细节的过程称为封装。这体现了对私有属性的封装。例如，去银行存钱时，通常的做法是，把钱放到 ATM 机中，再由 ATM 机将钱经过一系列手续后存放到钱库。用户不可以直接越过钱库的安全门，把钱放到钱库中。取钱时，当然也不可以直接从钱库中拿钱，必须通过 ATM 机实现。

【例 7-7】设计一个学生类，包含姓名、年龄、成绩，要求将私有属性姓名、年龄、成绩合理封装。

提示：Python 中没有任何关键字来区分公有属性和私有属性，而是以属性命名的方法进行区分，即属性名前加"__"表明该属性是私有属性，否则是公有属性。实例化对象的属性时是无法直接通过私有变量来访问的，只能通过 get()方法获取对应的值，并且只能通过 set()方法去更改值。

操作步骤：

```
class Stu():
    def __init__(self, name, age, score):
        self.__name = name
        self.__age = age
        self.__score = score
    #定义方法，获取姓名、年龄、成绩
    def getName(self):
        return self.__name
    def getAge(self):
        return self.__age
    def getScore(self):
        return self.__score
    #定义方法，设置姓名、年龄、成绩
    def setName(self, name):
        self.__name = name
    def setAge(self, age):
        self.__age = age
    #判断输入的参数是否在规定范围内，符合要求才能赋值
    def setScore(self, score):
        if score>=0 and score<=100:
            self.__score = score
        else:
            print("输入的成绩超出范围")
#创建对象
xiaoMing=Stu("小明","19",60)
xiaoMing.setScore(80)
print(xiaoMing.getScore())
```

程序的运行结果如图 7-21 所示。

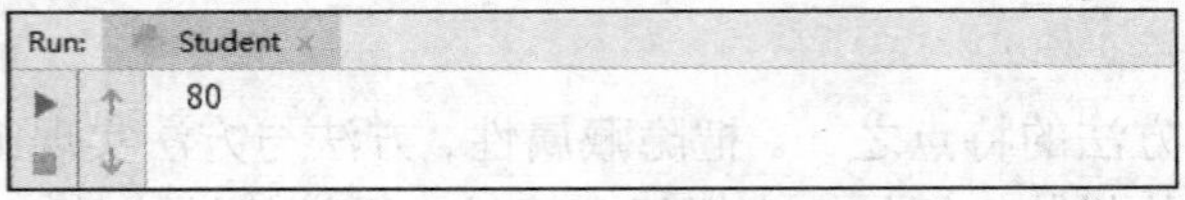

图 7-21　封装程序的运行结果

例题解析：将语句 xiaoMing.setScore(80)改为 xiaoMing.setScore(120)，将成绩设置成范围外的 120 分，则程序的运行结果如图 7-22 所示。

图 7-22　成绩超出范围时的运行结果

此时，提示输入成绩超出正常成绩范围，score 属性值仍然是初始化时的 60 分。这个例题清晰地验证了封装的意义，可以在给私有属性赋值的方法中使用 if 语句判断值的合理性，并给出提示信息。

7.2.5　继承

继承用于指定一个类将从其父类获取大部分或全部功能，它是面向对象编程的一个特征，可方便用户通过对现有类进行修改来创建一个新的类。新类称为子类或派生类，从其继承属性的主类称为基类或父类。子类继承父类的功能，并添加新的功能，它有助于提升代码的可重用性。

继承使用如下语法格式：

```
class 子类名(父类名):
```

如果在类的定义中没有标注出父类，则这个类默认继承自 object。class A 与 class A(object)是等价的。

【例 7-8】定义一个 Animal 类，再定义一个 Cow 类继承 Animal 类。

操作步骤：

```
class Animal(object):
    def __init__(self, color="白色"):
        self.color=color
    def shout(self):
        print("叫")
class Cow(Animal):
    pass
mycow=Cow("黑白花牛")
print(mycow.color)
mycow.shout()
```

程序的运行结果如图 7-23 所示。

图 7-23　继承程序的运行结果

例题解析：语句 def __init__(self, color="白色")表示若在初始化实例时不确定颜色，则默认为"白色"。pass 是一个在 Python 中不会被执行的语句，常常作为占位符，用于程序中需要暂时留白的位置。

从运行结果可知，子类继承了父类的 color 属性和 shout()方法，在创建 Cow 类实例 mycow 时使用了父类的构造方法。

注意，父类的私有属性和私有方法是不会被子类继承的，也不能被子类访问。

7.2.6 多态

多态指同一个实体同时具有多种形式。它是面向对象程序设计的一个重要特征。如果一种语言只支持类而不支持多态，说明它是基于对象的，而不是面向对象的。多态其实就是同一操作方法作用于不同的对象时，有着不同的解释，执行不同的逻辑，产生不同的结果。下面用例子简单说明在 Python 中多态的使用方法与优点。

【例 7-9】定义一个 Animal 类，然后分别定义一个 Cat 类、一个 Dog 类。在示例函数中传入不同对象，shout()方法输出不同的动物叫声。

操作步骤：

```python
class Animal(object):
    def __init__(self, color="白色"):
        self.color=color
    def shout(self):
        print("叫")
class Cat(Animal):
    def shout(self):
        print("喵")
class Dog(Animal):
    def shout(self):
        print("汪")
def func(temp):
    temp.shout()
mycat=Cat()
mydog=Dog()
func(mycat)
func(mydog)
```

程序的运行结果如图 7-24 所示。

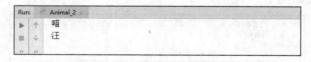

图 7-24　输出不同动物叫声程序的运行结果

例题解析：该代码中先定义了 Animal 类，该类中有 shout()方法，然后定义了继承自 Animal 的两个子类 Cat 和 Dog，分别在 Cat 和 Dog 中重写了 shout()方法，同时定义了一个带参数的函数 func，在该函数中调用 shout()方法。验证多态时，分别创建 Dog 类型的对象 dog 和 Cat 类型的对象 cat，通过向函数中传入不同的对象，shout()方法输出猫、狗不同的叫声。

Python 中的变量是弱类型的，有时在定义时不必指明该变量的类型，在运行时才确定其状态，故又称 Python 是一种多态语言。例如，Python 中的 len 函数，"len(object)"这个内置函数不仅可以计算字符的长度，而且可以计算列表、元组等其他类型数据的个数，这也是多态的一种体现。使用多态的优点有：既增加了程序的灵活性，又增加了程序的可扩展性。

7.3　Python 与 Excel 综合应用

7.3.1　DataFrame

DataFrame 是 Python 的 Pandas 库中的一种数据结构，是一张二维表。DataFrame 的单元格可以存放数值、字符串，可以设置列名 columns 与行名 index，可以通过位置获取数据，也可以通过列名和行名获取数据。

其结构如表 7-2 所示。其行索引位于最左边一列，分别为 0、1、2、3。DataFrame 的索引是自动创建的，默认是从 0~N 的整数类型索引，示例列索引位于最上面一行，分别为 A、B、C。

表 7-2　DataFrame 结构

index ＼ Columns	A	B	C
0			
1			
2			
3			

可以直接使用 Pandas 中 DataFrame 的构造函数创建 DataFrame 类对象，其构造函数如下：

```
pandas.DataFrame(data, index, columns, dtype, copy)
data:存放于 DataFrame 对象中的数据
index:行索引
columns:列索引
dtype:每列的类型
copy:从 input 输入中复制数据。默认是 False,不复制。
```

【例 7-10】用数组建立一个 4 行 4 列的 DataFrame 对象并输出，行标签使用自动创建的从 0~N 的整数索引，列标签分别指定为 A、B、C，观察行、列标签。

提示：关于 DataFrame 的所有操作，要先导入 Pandas 库，而且 Pandas 常与 NumPy 配合使用。如果未安装 Pandas 和 NumPy 库，则直接在程序运行窗口中安装，命令如下：

```
pip install pandas
pip install numpy
```

操作步骤：

```
import numpy as np
import pandas as pd
```

```
#创建 DataFrame 对象 df1
df1 = pd.DataFrame([[1, 2, 3, 4],
            [5, 6, 7, 8],
            [9, 10, 11, 12],
            [13, 14, 15, 16]], index=None, columns=['A','B','C','D'])
#输出 df1
print(df1)
```

程序的运行结果如图 7-25 所示。

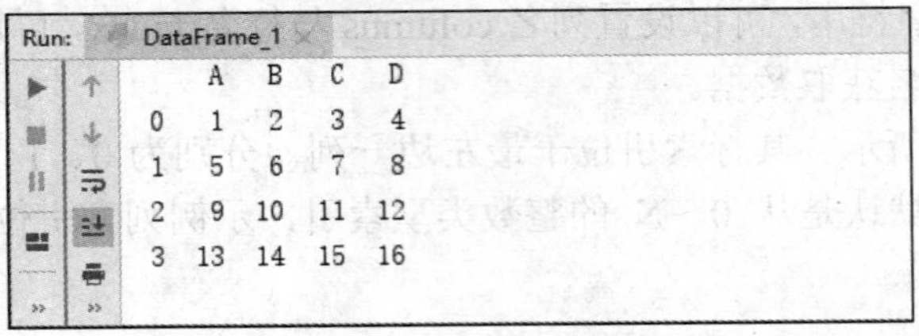

图 7-25　Data Frame 对象程序的运行结果

例题解析：pd.DataFrame([[1, 2, 3, 4],[5, 6, 7, 8], [9, 10, 11, 12], [13, 14, 15, 16]], index=None, columns=['A', 'B', 'C','D'])中第一个参数是存放在 DataFrame 中的数据，是一个 4 行 4 列的二维数组；第二个参数 index 是行标签，如果没有传入索引参数，则默认会自动创建一个从 0~N 的整数索引；第三个参数 columns 是列标签，这里指定了列标签分别为 A、B、C、D。

为了便于获取每列的数据，既可以使用列索引的方式进行获取，又可以通过访问属性的方式来获取列数据。

【例 7-11】用字典建立一个 4 行 3 列的 DataFrame 对象，通过列索引的方式获取第二列的数据，通过列属性的方式获取第三列数据。

提示：字典是一种可变容器模型，且可存储任意类型对象。字典的每个键值对(key,value)用冒号"："分隔，每个对之间用逗号"，"分隔，整个字典包括在花括号"{}"中，字典的每个键的值代表一列，而 key 是这一列的列名。

操作步骤：

```
import numpy as np
import pandas as pd
#创建字典
dic={'name':['小明','小红','杜鹃','李柱'],
     'age':[17,20,21,19],
     'gender':['男','女','女','男']}
#创建 DataFrame 对象 df2
df2=pd.DataFrame(dic,index=None, columns=['name','age','gender'])
#输出 df2
print(df2)
#通过列索引的方式获取一列数据
```

```
element1=df2['name']
print("element1 的类型:", type(element1))
print(element1)
#通过列属性的方式获取一列数据
element2=df2.age
print("element2 的类型:", type(element2))
print(element2)
```

程序的运行结果如图 7-26 所示。

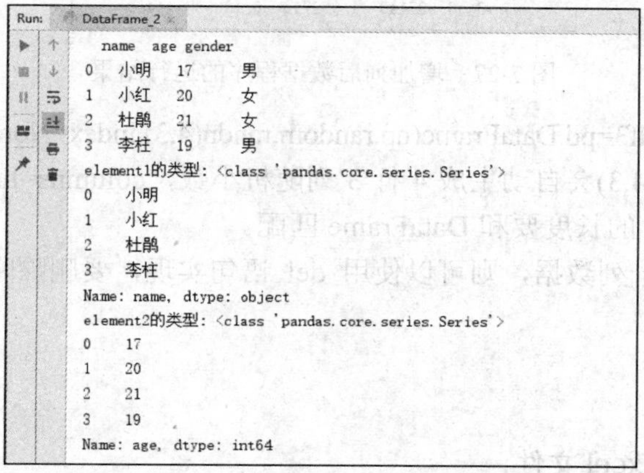

```
Run: DataFrame_2
  name  age gender
0  小明   17    男
1  小红   20    女
2  杜鹃   21    女
3  李柱   19    男
element1的类型: <class 'pandas.core.series.Series'>
0    小明
1    小红
2    杜鹃
3    李柱
Name: name, dtype: object
element2的类型: <class 'pandas.core.series.Series'>
0    17
1    20
2    21
3    19
Name: age, dtype: int64
```

图 7-26　获取指定列数据程序的运行结果

例题解析：语句 element1=df2['name'] 中的 df2['name']属于列索引的方式，语句 element2=df2.age 中的 df2.age 属于列属性方式。在获取 DataFrame 的一列数据时，推荐使用列索引的方式完成，因为在实际使用中列索引的名称中有可能带有一些特殊字符，这时使用“点字符”进行访问有可能出现意想不到的情况。

如果需要为 DataFrame 增加一列数据，可以通过给列索引或为列名称赋值的方式实现，但必须保证新增列的长度与其他列的长度一致。

【例 7-12】先用随机数建立一个 4 行 3 列的 DataFrame 对象，然后增加一列标签为 D 的数据。

操作步骤：

```
import numpy as np
import pandas as pd
#创建 DataFrame 对象 df3
df3=pd.DataFrame(np.random.randn(4,3),index=None, columns=list('ABC'))
#输出 df3
print(df3)
#给 df3 增加一列数据，增加数据的列标签为 D
df3['D']=[11.0,22.0,33.0,44.0]
#输出增加列后的 df3
print(df3)
```

程序的运行结果如图 7-27 所示。

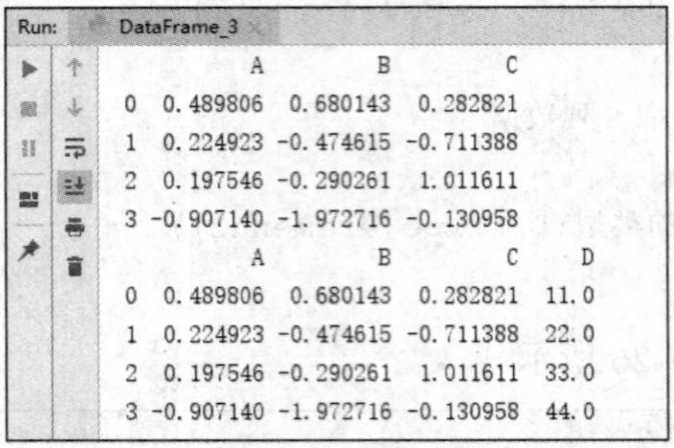

图 7-27　增加列后数据程序的运行结果

例题解析：语句 df3=pd.DataFrame(np.random.randn(4,3),index=None, columns=list('ABC')) 中的 np.random.randn(4,3)会自动生成 4 行 3 列随机小数，columns=list('ABC')则使用 list 输入，使用中应注意 list 的长度要和 DataFrame 匹配。

如果需要删除某一列数据，则可以使用 del 语句实现，要删除刚才增加的一列，则代码如下：

```
del df3['D']
```

7.3.2　Python 读写 Excel 文件

Excel 是微软公司为使用 Windows 和 Apple Macintosh 操作系统的计算机编写的一款电子表格软件。直观的界面、出色的计算功能和图表工具，以及成功的市场营销，使 Excel 成为较流行的个人计算机数据处理软件。Excel 文件是常用的数据存储方式，其数据均以二维表的形式显示，且可对数据进行统计、分析等操作。Excel 文件的扩展名有.xls 和.xlsx 两种，Pandas 中提供了对 Excel 文件进行读写操作的方法。

1．读 Excel 文件

read_excel()函数的作用是读取 Excel 文件中的数据，并转换为 DataFrame 对象，其语法格式如下：

```
pandas.read_excel(io, sheet_name=0, header=0,
            skiprows=None, skip_footer=0,
            index_col=None, names=None,
            usecols=None, parse_dates=False,
            date_parser=None, na_values=None,
            thousands=None, convert_float=True,
            converters=None, dtype=None,
            true_values=None, false_values=None,
            engine=None, squeeze=False, **kwds)
```

常用参数解析如下：

1）io，接收字符串，表示路径，该字符串可能是一个 URL，包括 http、ftp、s3 和文件。

2）sheet_name，要读取的工作表，接收的是字符串则指工作表名称，接收的是 int 类型则指工作表索引，没有设置时将会自动获取所有表。

3）header，用于解析 DataFrame 的列标签。

4）index_col，行索引的列编号或列名。

5）names，要使用的列名列表，如果文件没有标题行，应显式地表示为 names=None。

6）converters，字典，默认为 None，在某些列中转换值的函数的命令。键可以是整数或列标签，值是接收一个输入参数的函数，为 Excel 单元格内容，并返回转换后的内容。

2. 写 Excel 文件

to_excel()方法的功能是将 DataFrame 对象写入 Excel 工作表中，该方法的语法格式如下：

```
to_excel(self, excel_writer, sheet_name='Sheet1',
        na_rep='', float_format=None
        columns=None, header=True,
        index=True, index_label=None,
        startrow=0, startcol=0,
        engine=None, merge_cells=True,
        encoding=None, inf_rep='inf',
        verbose=True, freeze_panes=None)
```

常用参数解析如下：

excel_writer，表示读取的文件路径。

sheet_name，表示工作表的名称，可以接收字符串，默认为 Sheet1。

na_rep，缺失值填充。

index，是否写行索引，默认为 True。

columns，选择输出的列。

3. Python 读写 Excel 文件综合案例

【**例 7-13**】Excel 文件"证券交易.xlsx"存储在文件夹 D:\E20190522 中，其数据如图 7-28 所示。要求读取该 Excel 文件存放于 DataFrame 中，然后截取这一 DataFrame 中的"代码"和"名称"构成一个新的 DataFrame 对象，并将这一新的 DataFrame 数据写入 Excel 文件"证券交易_代码名称.xlsx"。

提示：在证券交易表格中涉及股票市盈率、市净率。市盈率（price earnings ratio，P/E ratio）又称本益比、股价收益比率或市价盈利比率（简称市盈率），是常用来评估股价水平是否合理的指标之一，由股价除以年度每股盈余（EPS）得出（以公司市值除以年度股东应占溢利也可得出相同结果）。证券市场广泛谈及的市盈率通常指静态市盈率，用来作为比较不同价格的股票是否被高估或低估的指标。

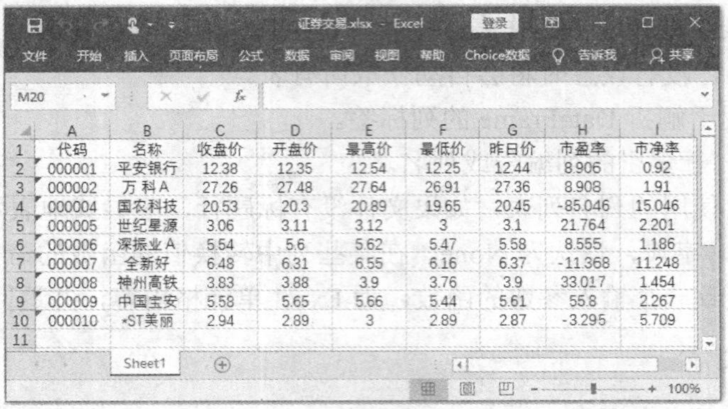

图 7-28   Excel 文件数据

股票净值是公司资本金、资本公积金、资本公益金、法定公积金、任意公积金、未分配盈余等项目的合计，它代表全体股东共同享有的权益，又称净资产。市净率指的是每股股价与每股净资产的比例，可用于股票投资分析。一般来说，市净率较低的股票，投资价值较高，相反，则投资价值较低。

操作步骤：

```
import pandas as pd
#读 Excel 文件写入 DataFrame 对象
dataf=pd.read_excel(r'D:\E20190522\证券交易.xlsx',converters = {u'代码':
    str})
print(dataf)
#print(dataf.to_html())
#截取 DataFrame 中的'代码'、'名称'
dataf1=dataf.loc[:,['代码','名称'] ]
print(dataf1)
#DataFrame 对象写入 Excel 文件
dataf1.to_excel(r'D:\E20190522\证券交易_代码名称.xlsx')
```

程序执行到 print(dataf)时的运行结果如图 7-29 所示。

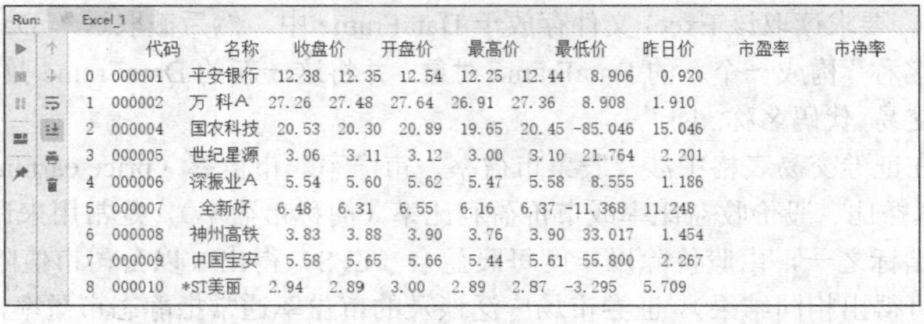

图 7-29   程序执行到 print(dataf)时的运行结果

分步解析：根据图 7-29 所示结果可见，在 PyCharm 中直接使用 print()输出较大的 DataFrame 对象时，列方向并没严格对齐，为阅读带来不便，使用如下语句：

```
print(dataf.to_html())
```

将输出的结果保存为 dataf.html 文件，使用浏览器打开可得到较好的阅读效果，如图 7-30 所示。

	代码	名称	收盘价	开盘价	最高价	最低价	昨日价	市盈率	市净率
0	000001	平安银行	12.38	12.35	12.54	12.25	12.44	8.906	0.920
1	000002	万 科A	27.26	27.48	27.64	26.91	27.36	8.908	1.910
2	000004	国农科技	20.53	20.30	20.89	19.65	20.45	-85.046	15.046
3	000005	世纪星源	3.06	3.11	3.12	3.00	3.10	21.764	2.201
4	000006	深振业A	5.54	5.60	5.62	5.47	5.58	8.555	1.186
5	000007	全新好	6.48	6.31	6.55	6.16	6.37	-11.368	11.248
6	000008	神州高铁	3.83	3.88	3.90	3.76	3.90	33.017	1.454
7	000009	中国宝安	5.58	5.65	5.66	5.44	5.61	55.800	2.267
8	000010	*ST美丽	2.94	2.89	3.00	2.89	2.87	-3.295	5.709

图 7-30   浏览器浏览效果

程序执行到 print(dataf1)时的运行结果如图 7-31 所示。

```
Run:    Excel_1
       代码      名称
    0  000001   平安银行
    1  000002   万 科A
    2  000004   国农科技
    3  000005   世纪星源
    4  000006   深振业A
    5  000007   全新好
    6  000008   神州高铁
    7  000009   中国宝安
    8  000010   *ST美丽
```

图 7-31   程序执行到 print(dataf1)时的运行结果

分步解析：语句 dataf1=dataf.loc[:,['代码','名称']] 的作用是提取 dataf 中的 "代码" 与 "名称" 列存入 dataf1。写入 Excel 文件 "证券交易_代码名称.xlsx" 后的结果如图 7-32 所示。

图 7-32   写入的 Excel 文件 "证券交易_代码名称.xlsx" 后的结果

语句 dataf1.to_excel(r'D:\E20190522\证券交易_代码名称.xlsx') 中没有指明存放表单名，因此默认为 Sheet1。

7.4　Python 与 Access 综合应用

7.4.1　ODBC 简介与设置

　　开放数据库连接（open database connection，ODBC）是微软公司提出的一种数据访问的方法，Microsoft Access 数据库提供了 ODBC 驱动程序，Python 程序能以 ODBC 的方式访问数据库中的数据。为了便于访问数据，Windows 系统提供了 ODBC 数据源管理工具，用来设置数据源名称（data source name，DSN）。DSN 是一个数据源的标志，ODBC 数据源管理工具为 Access 数据库设置了相应的 DSN。因此，Python 程序可以按 DSN 直接访问数据库。

　　本书应用环境是 64 位 Office 2016，在 Windows 10 添加 DSN 的步骤是，选择"控制面板" | "管理工具" | "ODBC 数据源（64 位）"命令，打开图 7-33 所示的"ODBC 数据源管理程序（64 位）"对话框，选择"系统 DSN"选项卡，单击"添加"按钮，弹出"创建新数据源"的对话框，如图 7-34 所示，选择"Microsoft Access Driver(*.mdb,*.accdb)"选项。

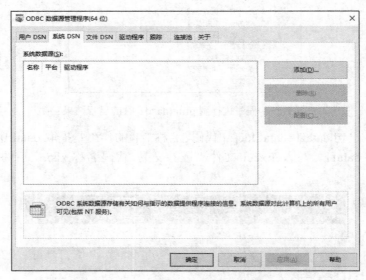

图 7-33　"ODBC 数据源管理程序（64 位）"对话框

　　注意，DSN 有 3 种类型，即用户 DSN、系统 DSN 和文件 DSN。用户 DSN 只对设置它的用户可见，而且只能在设置了该 DSN 的机器上使用；系统 DSN 对机器上的所有用户都是可见的；文件 DSN 将 DSN 的配置信息存在文件中。

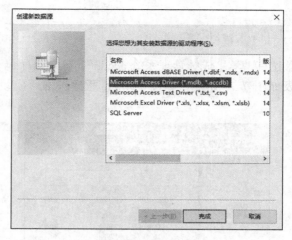

图 7-34　"创建新数据源"对话框

单击"完成"按钮，弹出图 7-35 所示的"ODBC Microsoft Access 安装"对话框，给数据源取名后，单击"确定"按钮即可。

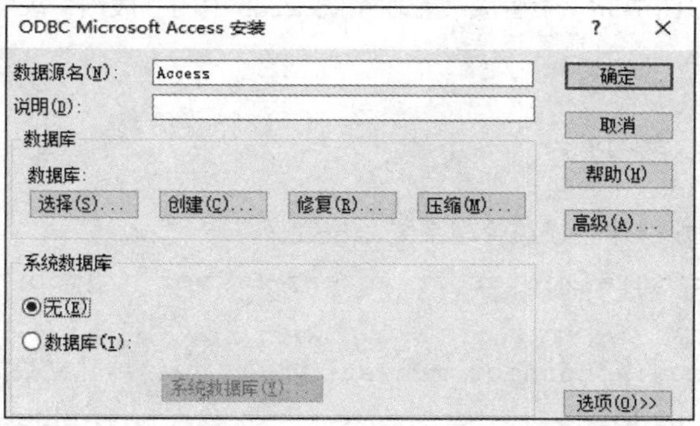

图 7-35　"ODBC Microsoft Access 安装"对话框

需要安装驱动 AccessDatabaseEngine_X64.exe 后才可利用 Python 程序通过 ODBC 操作 Access。

7.4.2　Python 操作 Access 数据库

Python 中用来操作 ODBC 的类库是 pypyodbc，该库不是 Python 内置的，需要手动安装，方法为在命令行窗口中输入"pip install pypyodbc"进行手动安装。编写 Python 程序时导入该库，格式如下：

```
import pypyodbc
```

操作数据库前首先需要建立数据库连接，产生 cursor 游标，然后执行 SQL 语句，示例格式如下：

```
con = 'Driver={Microsoft Access Driver (*.mdb,*.accdb)};DBQ=' + '路径与
    数据库名称'
db=pypyodbc.win_connect_mdb(con)                    #建立数据库连接
```

```
curser = db.cursor()                                #产生 cursor 游标
curser.execute('SQL 语句')                          #执行 SQL 语句
```

【例 7-14】在 D 盘建有“学生成绩管理系统.accdb”，该数据库包含学生、成绩、班级、课程表，其“成绩”表如图 7-36 所示，请用 Python 程序读取“成绩”表中的所有数据并显示。

Access
登录
文件
开始
创建
外部数据
数据库工具
帮助
字段
表
告诉我
所有 Ac...
表
班级
成绩
课程
学生
成绩
学号
课程编号
分数
20180102 CJ002 78
20180102 CJ003 90
20180102 CJ004 68
20180103 CJ002 81
20180103 CJ003 84
记录:
第 1 项(共 5 项)
数据表视图

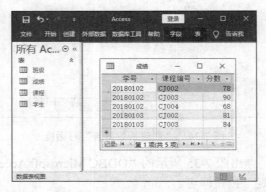

图 7-36 学生成绩管理系统.accdb 中的“成绩”表

操作步骤：

```
import pandas as pd
import pypyodbc
database = "D:\\学生成绩管理系统.accdb"
strODBC = 'Driver={Microsoft Access Driver (*.mdb,*.accdb)};DBQ=' +
    database
db = pypyodbc.win_connect_mdb(strODBC)              #建立数据库连接
curser = db.cursor()                                #产生 cursor 游标
sqlSelect= "select * from 成绩"
curser.execute(sqlSelect)
for row in curser.fetchall():
    for field in row:
        print(field, end=' ')
    print(' ')
db.commit()
curser.close()
db.close()
```

程序运行结果如图 7-37 所示。

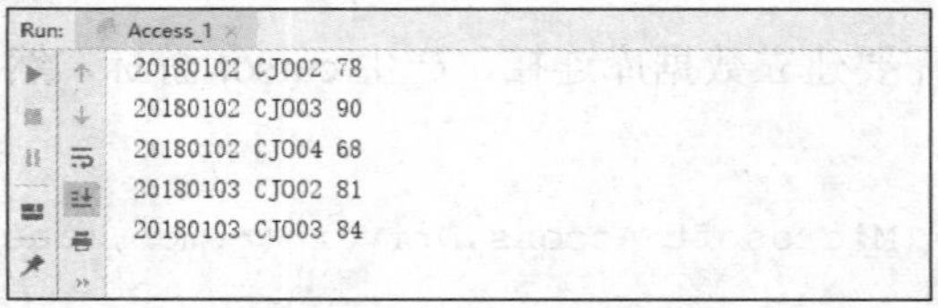

Run:
Access_1
20180102 CJ002 78
20180102 CJ003 90
20180102 CJ004 68
20180103 CJ002 81
20180103 CJ003 84

图 7-37 读取“成绩”表中数据程序的运行结果

例题解析：在 for 循环中，语句 print(field, end=' ') 中 end=' ' 的作用是不换行。20180102 CJ002 78 将在同一行显示。end 表示 print 将如何结束，默认为 end='\n'（换行）。

7.4.3　Python 与 Access 的综合应用案例

本节通过一个简单选股模型演示 Python 与 Access 在证券交易中的综合应用。

【例 7-15】要求将 3 天的证券交易 Excel 文件数据用 Python 程序写入 Access 数据以便后续分析选股。

数据准备：在 D:\\E201905 文件夹中有 3 个 Excel 文件，分别是证券交易"20190521.xlsx""证券交易 20190522.xlsx""证券交易 20190523.xlsx"，为 5 月 21～23 日证券代码为 000001～0000010 的股票交易数据。其中，证券交易 20190521 的数据如表 7-3 所示，证券交易 20190522 的数据如图 7-28 所示，证券交易 20190523 的数据如表 7-4 所示。

表 7-3　2019 年 5 月 21 日股票交易数据

代码	名称	收盘价	开盘价	最高价	最低价	昨日价	市盈率	市净率
000001	平安银行	12.56	12.4	12.73	12.36	12.38	9.036	0.934
000002	万科 A	27.52	27.28	27.79	27.2	27.26	8.993	1.928
000004	国农科技	21.8	20.4	21.91	20.4	20.53	−90.307	15.977
000005	世纪星源	3.12	3.08	3.14	3.05	3.06	22.191	2.244
000006	深振业 A	5.62	5.53	5.63	5.53	5.54	8.678	1.203
000007	全新好	6.61	6.55	6.7	6.5	6.48	−11.596	11.474
000008	神州高铁	3.87	3.83	3.91	3.82	3.83	33.362	1.469
000009	中国宝安	5.88	5.6	6	5.58	5.58	58.8	2.389
000010	*ST 美丽	2.92	2.96	2.99	2.9	2.94	−3.273	5.67

表 7-4　2019 年 5 月 23 日股票交易数据

代码	名称	收盘价	开盘价	最高价	最低价	昨日价	市盈率	市净率
000001	平安银行	12.29	12.24	12.42	12.14	12.4	8.842	0.914
000002	万科 A	26.72	27.2	27.28	26.66	27.36	8.732	1.872
000004	国农科技	20.65	21.2	21.45	20.49	21.48	−85.543	15.134
000005	世纪星源	3.03	3.08	3.09	3.02	3.1	21.55	2.18
000006	深振业 A	5.4	5.57	5.58	5.38	5.55	8.338	1.156
000007	全新好	6.69	6.75	6.87	6.64	6.88	−11.737	11.613
000008	神州高铁	3.71	3.77	3.78	3.7	3.82	31.983	1.408
000009	中国宝安	5.82	5.79	5.97	5.72	5.71	58.2	2.365
000010	*ST 美丽	2.87	2.93	2.93	2.87	2.93	−3.217	5.573

在 D 盘创建一个空的数据库命名为"stock.accdb"，作为接收交易数据的数据库。

环境准备：为 Windows 10、64 位的 Access 2016 安装驱动 AccessDatabaseEngine_X64，设置 Access 的 ODBC 数据源，导入 Python 中用来操作 ODBC 的类库 pypyodbc。

提示：目前，Python 还没有直接支持 Access 建表与插入数据的类库，需要用户编写一个实现 Access ODBC 数据库连接，并能进行表操作的类。

操作步骤:

```python
import pandas as pd
import pypyodbc
class WriteAccessTable:
    def __init__(self):
        #确定操作的数据库
        database = "D:\\stock.accdb"
        #ODBC，数据库连接
        strODBC = 'Driver={Microsoft Access Driver (*.mdb,*.accdb)};DBQ='\
            + database
        #建立数据库连接
        self.db = pypyodbc.win_connect_mdb(strODBC)
    def __del__(self):
        #关闭数据库连接
        self.db.close()
        print("完成数据库操作")
    def writeAccessTable_stock(self, df_data, table_name):
        #产生数据库操作 cursor 游标
        curser = self.db.cursor()
        #创建 Access 数据库表
        tablename = table_name
        #code:代码
        #name:名称
        #trade:收盘价
        #open:开盘价
        #high:最高价
        #low:最低价
        #settlement:昨日价
        #per:市盈率
        #pb:市净率
        sqlCreateTable = "CREATE TABLE " + tablename +\
                    "([code] varchar(6)," \
                    "[name] varchar (10), " \
                    "[trade]float," \
                    "[open]float," \
                    "[high]float," \
                    "[low]float," \
                    "[settlement]float," \
                    "[per]float," \
                    "[pb]float," \
                    "PRIMARY KEY([code]))"
        curser.execute(sqlCreateTable)
```

```
        self.db.commit()
        print("已创建" + tablename + "表")
        #操作 Access 数据库表，插入数据
        for index, row in df_data.iterrows():
            try:
                sqlInsertRecord = \
                    "INSERT INTO %s(code,name,trade,open,high,low, settlement,
                        per,pb)" \
                    "VALUES('%s','%s',%f,%f,%f,%f,%f,%f,%f)" \
                    %(tablename, row[0], row[1], row[2], row[3],
                        row[4], row[5], row[6], row[7], row[8])
                    curser.execute(sqlInsertRecord)
            except Exception as error:
                print(error)
                print("插入", row[0], row[1], "出错")
        self.db.commit()
        print("操作" + tablename + "表，插入数据完成")


if __name__ == '__main__':
    dataf1 = pd.read_excel(r'D:\E201905\证券交易 20190521.xlsx',
        converters={u'代码': str})
    dataf2 = pd.read_excel(r'D:\E201905\证券交易 20190522.xlsx',
        converters={u'代码': str})
    dataf3 = pd.read_excel(r'D:\E201905\证券交易 20190523.xlsx',
        converters={u'代码': str})
    wat = WriteAccessTable()
    wat.writeAccessTable_stock(dataf1, "stock20190521")
    wat.writeAccessTable_stock(dataf2, "stock20190522")
    wat.writeAccessTable_stock(dataf3, "stock20190523")
```

PyCharm 程序的运行结果如图 7-38 所示。

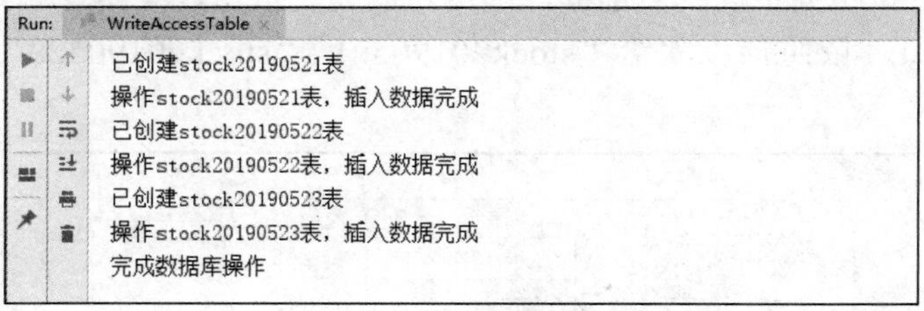

图 7-38　PyCharm 程序的运行结果

Python 程序运行后 stock 数据库增加了 3 张表，分别是 stock20190521、stock20190522、stock20190523，如图 7-39 所示。

例题解析：在创建表时利用语句 sqlCreateTable = "CREATE TABLE " + tablename +…

+"PRIMARY KEY([code])"中的 PRIMARY KEY([code])，已指定了[code]字段为主键，查看表的设计视图可确认，如图 7-40 所示。

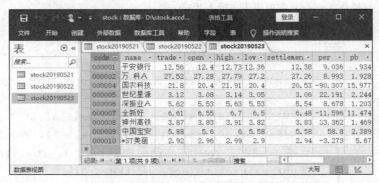

图 7-39   程序运行后 stock 数据库的变化

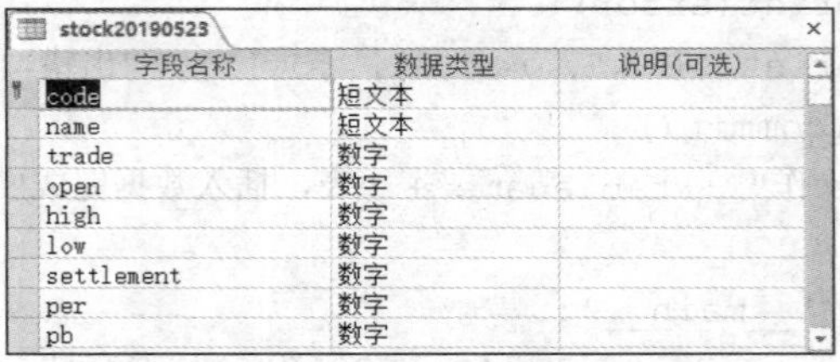

图 7-40   表 stock20190523 的设计视图

【例 7-16】在 stock 数据库中将 3 张表关联，设计一个查询，按两天涨跌幅排序。

操作步骤：

1）打开数据库 stock.accdb，单击"数据库工具"|"关系"|"关系"按钮，打开"关系"窗口。在"关系"组中，打开"显示表"对话框，按 Ctrl 键，用鼠标分别选中所有表，单击"添加"按钮，将选中的"stock20190521"表、"stock20190522"表、"stock20190523"表添加到"关系"窗口。

2）在"stock20190521"表中，选中 code 字段，按住鼠标左键，将其拖动到"stock2019052"表的"stock20190521"字段上，松开左键。打开"编辑关系"对话框，勾选"实施参照完整性"和"级联更新相关字段"复选框，单击"创建"按钮，关闭"编辑关系"对话框，返回"关系"窗口。依照该步骤给"stock20190521""stock20190523"表建立关联，如图 7-41 所示。

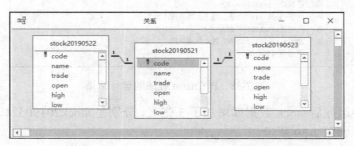

图 7-41   stock.accdb 数据库中的表关系

3）新建查询，保存查询名称为"两天涨跌幅降序查询"。打开查询设计视图窗口和"显示表"对话框。添加"stock20190521"表和"stock20190523"表到查询设计视图窗口。

4）在第 1 列"字段"行的单元格输入"代码: code"，在第 2 列"字段"行的单元格输入"名称: name"，第 3 列"字段"行的单元格中输入内容稍多，可以右击，在弹出的快捷菜单中选择"生成器"命令，弹出"表达式生成器"对话框，输入内容如图 7-42 所示。

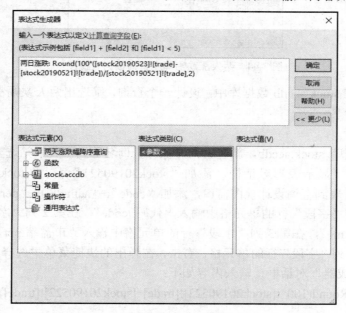

图 7-42　表达式生成器输入

5）单击"确定"按钮，返回查询设计视图窗口，在"排序"行选择"降序"选项，如图 7-43 所示。

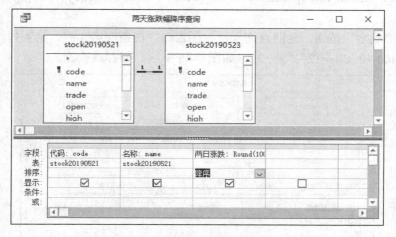

图 7-43　两天涨跌幅降序查询设计视图效果

6）切换到数据表视图，查看查询结果，如图 7-44 所示，完成查询设计。

	两天涨跌幅降序查询	－ □ ×
代码	名称	两日涨跌
000007	全新好	1.21
000009	中国宝安	-1.02
000010	*ST美丽	-1.71
000001	平安银行	-2.15
000005	世纪星源	-2.88
000002	万 科A	-2.91
000006	深振业A	-3.91
000008	神州高铁	-4.13
000004	国农科技	-5.28

图 7-44　两天涨跌幅降序查询数据表视图

【例 7-17】 在 stock.accdb 数据库中，设计一个查询，筛选出两天跌幅都不超过 2%且市盈率低于 10 的股票。

操作步骤：

1）打开数据库 stock.accdb，新建查询，保存查询名称为"股票筛选查询"。打开查询设计视图窗口和"显示表"对话框。添加"stock20190521"表、"stock20190522"表和"stock20190523"表到查询设计视图窗口，添加"code"、"name"和"per"字段。

2）在第 1 列"字段"行的单元格中输入"代码: code"，在第 2 列"字段"行的单元格中输入"名称: name"，在第 3 列"字段"行的单元格中输入"市盈率:per"。

3）选中第 4 列"字段"行的单元格，右击，在弹出的快捷菜单中选择"生成器"命令，弹出"表达式生成器"对话框，输入内容如下：

今天涨跌：Round(100*([stock20190523]![trade]−[stock20190522]![trade])/[stock20190522]![trade],2)

选中第 5 列"字段"行的单元格，右击，在弹出的快捷菜单中选择"生成器"命令，弹出"表达式生成器"对话框，输入内容如下：

昨天涨跌：Round(100*([stock20190522]![trade]−[stock20190521]![trade])/[stock20190521]![trade],2)

4）单击"确定"按钮，返回查询设计视图窗口，在条件第 3 列、第 4 列、第 5 列分别输入"<=10 and >0""> =-2"">=-2"，如图 7-45 所示，保存该查询。

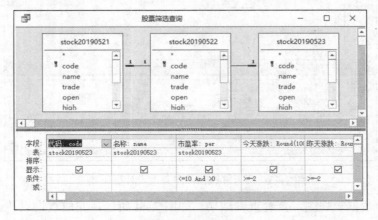

图 7-45　股票筛选查询设计视图

5）在导航窗格中，双击“股票筛选查询”，查看查询结果，如图 7-46 所示。完成查询设计。

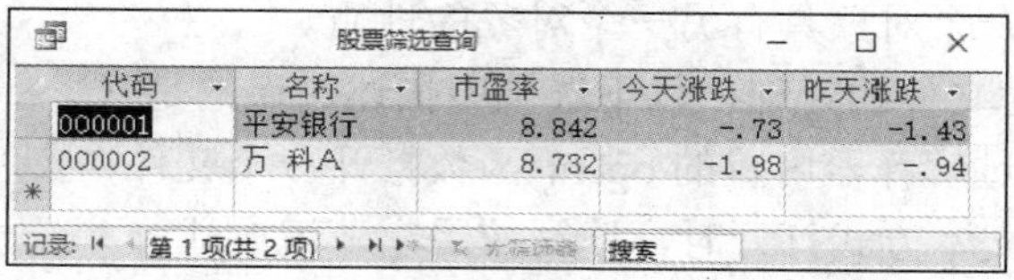

股票筛选查询

代码	名称	市盈率	今天涨跌	昨天涨跌
000001	平安银行	8.842	-.73	-1.43
000002	万 科A	8.732	-1.98	-.94

记录：第 1 项(共 2 项)　搜索

图 7-46　股票筛选查询数据视图

本 章 小 结

Anaconda 是一个包含数据科学常用包的 Python 发行版本，其包含程序与语句编辑器 Jupyter Notebook。PyCharm 是一种 Python IDE，带有一整套可以帮助用户在使用 Python 语言开发时提高效率的工具，如调试、语法高亮显示、Project 管理、代码跳转、智能提示、自动完成、单元测试、版本控制。

文件是数据的集合，Python 中提供了一系列可以对文件进行操作的函数，包括读取文件、写入文件；NumPy 是 Python 中的一个运算速度很快的数学库，其重视数组操作，允许在 Python 中进行向量和矩阵计算。

类是现实世界或思维世界中的实体在计算机中的反映。类是对象的抽象，对象是类的具体实例。类由 3 部分组成：类名、属性、方法。Python 程序要完成具体的功能，还需要根据类来创建实例对象。Python 提供了一个构造方法，该方法的固定名称为__init__，当创建类的实例时，系统会自动调用构造方法，从而实现对类进行初始化的操作。在类内部，可以有属性和方法，而外部代码可以通过直接调用实例变量的方法来操作数据，这样，就隐藏了内部的复杂逻辑。封装是面向对象方法的特点之一，把隐藏属性、方法与方法实现细节的过程称为封装。这体现了对私有属性的封装。继承用于指定一个类将从其父类获取大部分或全部功能，它是面向对象编程的一个特征。其方便用户通过对现有类进行修改来创建一个新的类。多态其实就是同一操作方法作用于不同的对象时，有着不同的解释，执行不同的逻辑，产生不同的结果。

Excel 文件是常用的数据存储方式，其数据均以二维表的形式显示，且可对数据进行统计、分析等操作，其文件扩展名有.xls 和.xlsx 两种。结合 DataFrame，Pandas 中提供了对 Excel 文件进行读写操作的方法。ODBC 是微软公司提出的一种数据访问的方法，Microsoft Access 数据库提供了 ODBC 驱动程序，Python 程序能以 ODBC 的方式访问 Access 数据库中的数据。

习　　题

一、选择题

1．关于面向对象的继承，以下选项中描述正确的是（　　）。

A．继承是指一组对象所具有的相似性质

    B. 继承是指类之间共享属性和操作的机制

    C. 继承是指各对象之间的共同性质

    D. 继承是指一个对象具有另一个对象的性质

2. 关于 Python 对文件的处理，以下选项中描述错误的是（　　）。

    A. Python 通过解释器内置的 open()函数打开一个文件

    B. 当文件以文本方式打开时，读写按照字节流方式

    C. 文件使用结束后要用 close()方法关闭，释放文件的使用授权

    D. Python 能够以文本和二进制两种方式处理文件

3. 以下选项中不是 Python 对文件的写操作方法的是（　　）。

    A. writelines　　　　B. write 和 seek　　　C. writetext　　　　D. write

4. 以下选项中不是 Python 数据分析的第三方库的是（　　）。

    A. numpy　　　　　B. scipy　　　　　　C. pandas　　　　　D. requests

5. 文件 book.txt 在当前程序所在目录内，其内容是一段文本：book，下面代码的输出结果是（　　）。

```
txt=open("book.txt","r")print(txt)
txt.close()
```

    A. book.txt　　　　　　　　　　　　B. txt
    C. 以上答案都不对　　　　　　　　　D. book

6. 下述概念中不属于面向对象这种编程范畴的是（　　）。

    A. 对象、消息　　　　　　　　　　　B. 继承、多态
    C. 类、封装　　　　　　　　　　　　D. 过程调用

7. 类与对象的关系是（　　）。

    A. 类是对象的抽象　　　　　　　　　B. 类是对象的具体实例
    C. 对象是类的抽象　　　　　　　　　D. 对象是类的子类

8. 构造方法在（　　）时被调用。

    A. 类定义时　　　　　　　　　　　　B. 创建对象时
    C. 调用对象方法时　　　　　　　　　D. 使用对象的变量时

9. 下面关于构造方法的说法中不正确的是（　　）。

    A. 当创建类的实例时，系统会自动调用构造方法

    B. 构造方法不可以带参数

    C. Python 提供了一个构造方法，该方法的固定名称为__init__

    D. 当创建类的实例时，可利用构造方法对类进行初始化的操作

10. 下列关于继承的说法中不正确的是（　　）。

    A. 继承用于指定一个类将从其父类获取其大部分或全部功能

    B. 继承是面向对象编程的一个特征

    C. 继承方便用户对现有类进行几个或多个修改来创建一个新的类

    D. 子类可继承父类的功能，但不能添加新的功能

二、操作题

1. 声明并实现一个 Point 类，表示直角坐标系中的一个点。Point 类要求包含私有数据域 x 和 y（表示坐标）；具有构造方法，将坐标设置为给定的参数，坐标默认参数值为原点；访问方法 get_x 和 get_y，分别用于访问点的 x 坐标和 y 坐标；成员方法 distance，用于计算两个点之间的距离。测试时输入两个点坐标，创建两个 Point 对象，输出两个点之间的距离。

2. 设计 Shape 类，包含私有数据域 color 及其对应的访问方法和赋值方法，__str__ 方法用来返回描述几何形状的字符串，计算面积方法 getArea 不实现任何功能的虚方法。

从 Shape 类派生出 Circle 类和 Rectangle 类。其中，Circle 类继承了 Shape 类所有可以访问的数据域和方法，新增表示半径的 radius 数据域及对应的访问方法和赋值方法，重定义计算圆面积的 getArea 方法，重定义__str__方法返回描述圆的字符串。

同样，Rectangle 类继承了 Shape 类所有可以访问的数据域和方法，新增表示矩形宽、高的 width 和 height 数据域及对应的访问方法和赋值方法，重定义矩形面积的 getArea 方法，重定义__str__方法返回描述矩形的字符串。

测试时，创建一个带半径参数的 Circle 类对象，输出描述字符串和面积。创建一个带宽、高参数的 Rectangle 类对象，输出描述字符串和面积。

3. 编写 Python 程序，操作"商品出入库管理"Access 数据库，增加一名员工数据 (ZG201603,杨郝,男,1988/7/9,党员,6000.00)到数据库的"职工信息"表。

参 考 文 献

教育部考试中心，2018．全国计算机等级考试二级教程：Access 数据库程序设计（2019 年版）[M]．北京：高等教育出版社．

教育部考试中心，2018．全国计算机等级考试二级教程：MS Office 高级应用（2019 年版）[M]．北京：高等教育出版社．

教育部考试中心，2018．全国计算机等级考试二级教程：Python 语言程序设计（2019 年版）[M]．北京：高等教育出版社．

刘相滨，刘艳松，2016．Office 高级应用[M]．北京：电子工业出版社．

王珊，萨师煊，2014．数据库系统概论[M]．5 版．北京：高等教育出版社．

谢华，冉洪艳，2017．Office 2016 高效办公应用标准教程[M]．北京：清华大学出版社．

应芳萍，2017．PPT 思维：如何高效制作商务幻灯片[M]．北京：电子工业出版社．

于化龙，2018．Camtasia Studio 9.1 详解与微课制作[M]．北京：清华大学出版社．

PHILLIPS D，2018．Python 3 面向对象编程[M]．孙雨生，译．2 版．北京：电子工业出版社．